国家科学技术学术著作出版基金资助出版

超高阶导模共振原理及应用

殷　澄　王贤平　陈　凡　曹庄琪　著

科学出版社

北　京

内 容 简 介

本书围绕金属包覆波导结构，结合国内外研究现状及作者们最新的研究成果，详细论述了超高阶导模的光学特性及其在各个领域的应用。

本书可供光学工程、通信领域的相关研究人员、高年级本科生和研究生阅读和参考。

图书在版编目（CIP）数据

超高阶导模共振原理及应用/殷澄等著.—北京：科学出版社，2021.5
ISBN 978-7-03-067353-4

Ⅰ.①超… Ⅱ.①殷… Ⅲ.①功能材料—纳米技术—研究 Ⅳ.①TB383

中国版本图书馆 CIP 数据核字（2020）第 258342 号

责任编辑：钱　俊　崔慧娴 / 责任校对：彭珍珍
责任印制：吴兆东 / 封面设计：无极书装

科学出版社 出版
北京东黄城根北街 16 号
邮政编码：100717
http://www.sciencep.com

北京虎彩文化传播有限公司 印刷

科学出版社发行　各地新华书店经销
*

2021 年 5 月第　一　版　开本：720×1000　B5
2023 年 1 月第二次印刷　印张：15 1/2
字数：300 000

定价：118.00 元
（如有印装质量问题，我社负责调换）

前　言

对称金属包覆波导又称为双面金属包覆波导，其结构由介质导波层上下镀两层贵金属薄膜(一般为金或银)组成，而对可见和近红外光而言，贵金属介电系数的实部一般为负数，这一特点使对称金属包覆波导的导模有效折射率可处于 $0<n_{\text{eff}}<1$ 区域。对普通介质波导、单面金属包覆波导以及表面等离子体波等共振，有效折射率都大于空气折射率($n_0=1$)，$0<n_{\text{eff}}<1$ 这一区域是其他导波和表面等离子体波等共振所不允许的。但为了有效激发这类导模，并尽可能使 $n_{\text{eff}} \to 0$，一般需增加导波层的厚度，使其达到毫米或亚毫米量级。毫米或亚毫米量级双面金属包覆波导中可容纳数千个导模，导模的有效折射率越小，则其模阶数越高。本书中我们把 $n_{\text{eff}} \to 0$ 的模式称为超高阶导模(ultrahigh-order modes, UHM)。

超高阶导模具有以下特殊的性质。

(1) 自由空间耦合技术。由于有效折射率可存在区域为 $0<n_{\text{eff}}<1$，因此，不需要棱镜和光栅等耦合器件，激光可直接以小角度从空气入射于波导的上包层激发波导中的超高阶导模，我们称这一技术为自由空间耦合技术。

(2) 偏振不灵敏。毫米或亚毫米量级双面金属包覆波导中可容纳数千个导模，即模阶数 m 可达到数千甚至 1 万以上，造成波导色散方程中与偏振相关的全反射相移可忽略不计，因此，超高阶导模偏振不灵敏或偏振弱相关。

(3) 高品质因子(Q 值)。品质因子(Q 值)反映了共振腔约束光功率的能力，可定义为激发光波长与共振峰光谱半宽度之比。在双面金属包覆波导中，共振峰半宽度主要取决于导模的本征损耗，即导模传播常数的虚部，而这一参数反比于导波层厚度。因此，对于毫米或亚毫米尺度的双面金属包覆波导，有特别窄的共振峰半宽度，说明双面金属包覆波导共振腔具有极高的品质因子(Q 值)。

(4) 高灵敏度。利用双面金属包覆波导可构成各类不同测量参数的传感器，根据本书推导的统一的灵敏度公式可知，传感器的测量灵敏度反比于导模的有效折射率 n_{eff}。由于超高阶导模的有效折射率 $n_{\text{eff}} \to 0$，因此，利用激发超高阶导模的传感器灵敏度远高于其他导模或表面等离子共振的传感器。

(5) 宽带慢波特性。超高阶导模的群速度可写为

$$\frac{\text{d}\omega}{\text{d}\beta} = \frac{n_{\text{eff}}}{n} \cdot \frac{c}{n+\omega \cdot \text{d}n/\text{d}\omega}$$

式中，ω 为光频，β 为导模传播常数，因子 $\dfrac{c}{n+\omega \cdot \mathrm{d}n/\mathrm{d}\omega}$ 显然是光在折射率为 n 的介质中传输的群速度；而因子 $\dfrac{n_{\text{eff}}}{n}$ 可称为慢波因子，当有效折射率 $n_{\text{eff}} \to 0$ 时，超高阶导模的群速度也趋于 0。由上式可见，这种慢光并非源于材料的强色散，而是源于超高阶导模的有效折射率，因此具有宽带的特点。超高阶导模的慢波特性使传感器中光与物质相互作用时间获得极大的延长，从而提高了传感灵敏度，这是超高阶导模传感器高灵敏度的物理原因。

(6) 高功率密度。超高阶导模传感器中待测样品处于对称金属包覆波导的导波层，双面金属包覆使光能难以泄漏，因此样品中能容纳高功率密度的振荡电磁场，不仅有利于探测灵敏度的提高，而且为对分子识别极其有利的荧光和拉曼信号增强提供了条件。另外，样品腔中的高功率密度还为光捕获等研究开辟了一条新的途径。

(7) 大的探测范围。由于倏逝场的穿透深度一般小于微米尺度，因此表面等离子共振生物分子相互作用仪探测生物样本的尺度远小于光波长尺度。而超高阶导模传感器的样品室厚度是毫米或亚毫米尺度，可探测几微米到数十微米尺度的病菌和生物细胞，为生命科学的研究创造了有利条件。

超高阶导模还具有强色散引起的超大 Goos-Hänchen 位移和 Imbert-Fedorov 位移等特性，这里不再讨论。

超高阶导模传感器可在很多领域发挥作用，根据我们实验团队目前所做的工作，大概可分为以下几个方面。

(1) 物理参数测量：包括溶液浓度、位移、激光波长、环境温度、晶体的电光系数和压电系数等。

(2) 环境保护和食品安全领域：已完成的工作包括饮用水中草甘膦农药和六价铬重金属离子浓度的检测、大肠杆菌繁殖的实时观察、葡萄糖浓度的检测等。

(3) 光捕获、光催化和非线性光学：利用波导腔内的高功率密度，实现了捕获纳米粒子而形成的波导光栅以及明显的光催化效应，同时还开展了连续倍频、无规激光输出和拉曼散射等工作。

(4) 生命科学领域：利用荧光激发开展了"镰刀型细胞贫血病"的研究、表皮生长因子 EGFR 的探测、癌细胞和药物的相互作用研究等工作。

本书介绍了平板波导中一种新型的共振模式，这种共振除了上述提到的特征之外，还有容易激发、测量光路方便、耦合效率高和分辨率高等优点。通过适当的设计，容易制备成一些结构简单的测量仪器，如高精度折射率仪，有毒有害气体、农药浓度检测计，生物分子相互作用仪等。

本书的第 1～4 章、第 7 章由殷澄撰写，第 5 章、第 8 章由王贤平撰写，第 6 章由陈凡撰写。曹庄琪撰写前言并且核校全稿。本书在写作过程中参考了大量的文献资料，包括专著、期刊、学术论文，在此向这些文献的作者表示最诚挚的感谢！由于作者水平有限，书中的不妥之处在所难免，恳请广大读者批评指正。

曹庄琪

2020 年秋

上海交通大学

目　　录

前言
第1章　金属的光学特性 ··· 1
　1.1　导体中的电磁波 ··· 1
　1.2　Drude 模型下的复介电系数 ··· 4
　1.3　金和银 ··· 8
　1.4　金属界面的折射和反射 ··· 13
　1.5　单层金属膜的透射和反射 ··· 17
　1.6　金属内负折射效应的探讨 ··· 21
　1.7　本章小结 ··· 23
　　参考文献 ··· 24
第2章　转移矩阵理论 ··· 25
　2.1　散射矩阵和转移矩阵 ·· 25
　2.2　分析转移矩阵 ·· 30
　2.3　反射率、透射率和波函数 ··· 34
　2.4　转移矩阵求解光子禁带 ··· 38
　2.5　本章小结 ··· 44
　　参考文献 ··· 44
第3章　平板波导结构 ··· 45
　3.1　平板波导的模式 ·· 45
　3.2　介质平板光波导 ·· 48
　　3.2.1　波导的模式 ·· 48
　　3.2.2　功率束缚比例因子 ··· 53
　3.3　表面等离激元波导 ··· 55
　　3.3.1　单金属/介质界面 ··· 58
　　3.3.2　MDM 结构 ·· 63
　　3.3.3　DMD 结构 ·· 65
　3.4　本章小结 ··· 69
　　参考文献 ··· 70

第 4 章　双面金属包覆波导 ·· 71

　　4.1　双面金属包覆波导的模式 ··· 71

　　4.2　双面金属包覆波导的反射特性 ··· 78

　　4.3　超高阶导模 ··· 83

　　4.4　本章小结 ··· 90

　　参考文献 ·· 91

第 5 章　GH 和 IF 位移效应 ·· 92

　　5.1　波束传播法 ··· 92

　　5.2　古斯-汉欣位移效应 ·· 96

　　　　5.2.1　古斯-汉欣位移 ··· 96

　　　　5.2.2　古斯-汉欣位移的物理解释 ··· 97

　　　　5.2.3　超高阶导模的古斯-汉欣位移增强 ···································· 99

　　　　5.2.4　古斯-汉欣位移和光斑形变 ··· 101

　　　　5.2.5　正负古斯-汉欣位移 ·· 104

　　5.3　IF 位移效应 ··· 109

　　　　5.3.1　光自旋霍尔效应 ·· 109

　　　　5.3.2　基于超高阶导模的 IF 位移增强 ···································· 111

　　5.4　GH 位移和 IF 位移的统一理论 ·· 116

　　　　5.4.1　一般光束位置的描述 ··· 117

　　　　5.4.2　入射光与反射光的描述 ·· 119

　　　　5.4.3　GH 位移和它的量子化 ·· 121

　　　　5.4.4　IF 位移和它的量子化 ·· 122

　　5.5　因果律佯谬 ·· 123

　　　　5.5.1　光波导中的困惑 ·· 123

　　　　5.5.2　盖尔斯-特纳尔斯干涉仪中的因果律佯谬 ······················ 125

　　　　5.5.3　因果律佯谬的解释 ·· 126

　　5.6　本章小结 ··· 129

　　参考文献 ·· 129

第 6 章　基于超高阶导模的振荡波传感器 ·· 132

　　6.1　高灵敏光学传感器 ·· 132

　　　　6.1.1　表面等离子体共振传感器 ·· 132

　　　　6.1.2　干涉仪传感器 ··· 134

　　　　6.1.3　环型谐振腔传感器 ·· 135

　　　　6.1.4　光纤传感器 ··· 137

6.2　超高阶导模传感 ······· 138
　　6.2.1　传感原理 ······· 138
　　6.2.2　灵敏度分析 ······· 140
　　6.2.3　探测深度 ······· 144
6.3　具体应用实例 ······· 146
　　6.3.1　位移传感 ······· 146
　　6.3.2　角度传感 ······· 149
　　6.3.3　波长传感 ······· 150
　　6.3.4　浓度传感 ······· 153
6.4　本章小结 ······· 158
参考文献 ······· 158

第7章　涡旋光束 ······· 161
7.1　光场的角动量 ······· 161
　　7.1.1　角动量的定义 ······· 161
　　7.1.2　自旋和轨道角动量的划分 ······· 162
7.2　涡旋光束的模式特性 ······· 164
　　7.2.1　近轴光线传输方程 ······· 164
　　7.2.2　Hermite-Gauss 模式 ······· 167
　　7.2.3　Laguerre-Gauss 模式 ······· 169
　　7.2.4　Bessel 光束 ······· 171
7.3　涡旋光束的角动量 ······· 173
7.4　离轴涡旋点传输的动力学模型 ······· 178
7.5　离轴涡旋点传输的实验研究 ······· 186
7.6　涡旋光束的双面金属包覆波导散射实验 ······· 190
　　7.6.1　实验及现象 ······· 190
　　7.6.2　基于几何光学的简单模型 ······· 193
7.7　涡旋光束的古斯-汉欣位移效应 ······· 198
7.8　本章小结 ······· 200
参考文献 ······· 200

第8章　超高阶导模的其他应用 ······· 202
8.1　超高阶导模用于产生慢光 ······· 202
　　8.1.1　超高阶导模实现慢光原理 ······· 203
　　8.1.2　慢光的实验研究 ······· 205
8.2　超高阶导模在光操控领域的应用 ······· 211
　　8.2.1　超高阶导模作用于磁流体 ······· 211

　　8.2.2　超高阶导模组装二氧化硅微球 ································· 220

8.3　超高阶导模用于拉曼效应的增强 ································· 225

8.4　超高阶导模用于低阈值染料激光的激发 ····················· 232

8.5　本章小结 ·· 235

参考文献 ·· 235

第1章　金属的光学特性

金属具有非常高的电导率，使得电磁场在其内发生强烈的衰减效应，将电磁能转变为热能。正因如此，金属在日常生活中给人们的印象是高反射的、不透明的；古时候的人们就懂得将金属的表面打磨得非常光滑，作为反射镜使用。随着表面等离激元学(plasmonics)的迅速发展，金属材料的光学特性，尤其是加工了微观结构以后的光学特性受到越来越多的重视。虽然现代电子论认为金属中存在的自由电子服从费米统计规律，但经典的 Maxwell 电磁理论足以在一般情况下诠释金属和电磁波之间的各种相互作用。通常在数学上只需要引进一个简单的复介电系数，就可以像一般介质材料一样处理金属材料。这种数学形式上的简单与所产生的光学特性的复杂形成非常鲜明的对比。

关于金属的光学特性，在相关的光学、固体物理和表面等离激元学的书籍中都有详细介绍，本章仅简单介绍并总结与超高阶导模密切相关的结论，而忽略主要的推导过程。本章的内容安排如下：首先介绍电磁波在吸收介质中的传输规律，接着给出 Drude 模型下复介电系数，并且对金和银这两种非常重要的贵金属进行详细的讨论，最后分别探讨金属界面和单层金属膜的光学特性。这里特别需要指出的是，金属微纳米粒子的光学特性(包括局域表面等离子体共振现象)并不在本书讨论的范畴之内。

1.1　导体中的电磁波

金属，尤其贵金属(金和银)的光学特性与光的频率是密切相关的。在微波和红外波段，金属可以被看成完美导体，并用于微波波导的包覆层；在近红外和可见光波段，电磁波可以部分进入金属内部，从而导致更大的耗散；在紫外波段，金属常常表现得像一个介质。对于不同金属来说，其光学特性取决于具体的电子能带结构，在数学上可以用一个复介电系数 $\varepsilon(\omega)$ 来描述。而该参数与表示金属导电特征的电导率 $\sigma(\omega)$ 之间存在密切的内在联系。对金属而言，上述两个参数都应该是复数，即有 $\varepsilon(\omega) = \varepsilon_1(\omega) + i\varepsilon_2(\omega)$ 和 $\sigma(\omega) = \sigma_1(\omega) + i\sigma_2(\omega)$ ，这里的下标 1 和 2 分别表示实部和虚部。

宏观尺度下 Maxwell 方程组的微分形式可以写作

$$\nabla \cdot \boldsymbol{D} = \rho_{\text{ext}} \tag{1.1a}$$

$$\nabla \times \boldsymbol{E} = -\frac{\partial \boldsymbol{B}}{\partial t} \tag{1.1b}$$

$$\nabla \cdot \boldsymbol{B} = 0 \tag{1.1c}$$

$$\nabla \times \boldsymbol{H} = \boldsymbol{j}_{\text{ext}} + \frac{\partial \boldsymbol{D}}{\partial t} \tag{1.1d}$$

其中，$\boldsymbol{D}$ 为电位移矢量(electric displacement vector)；$\boldsymbol{E}$ 为电场强度(electric field)；$\boldsymbol{B}$ 为磁感应强度(magnetic field 或 magnetic flux density)；$\boldsymbol{H}$ 为磁场强度(magnetizing field 或 auxiliary magnetic field)。一般的教材习惯上把介质中的电荷划分为自由电荷和束缚电荷。如果单将这种划分用到金属上，就会显得界限含糊，其原因在后面还会说明[1]。因此，我们将总电荷 ρ 和总电流 $\boldsymbol{j}$ 划分为内部和外加的，即 $\rho = \rho_{\text{int}} + \rho_{\text{ext}}$，$\boldsymbol{j} = \boldsymbol{j}_{\text{int}} + \boldsymbol{j}_{\text{ext}}$。

对于线性、各向同性的时不变介质材料，式(1.1)中描述电磁场的四个宏观物理量还由下列物质方程所联系，即

$$\begin{cases} \boldsymbol{D} = \varepsilon_0 \boldsymbol{E} + \boldsymbol{P} = \varepsilon_0 \varepsilon_{\text{r}} \boldsymbol{E} \\ \boldsymbol{B} = \mu_0 \boldsymbol{H} \\ \boldsymbol{j} = \sigma \boldsymbol{E} \end{cases} \tag{1.2}$$

式中，ε_0 和 μ_0 分别是真空中的介电常数和磁导率；ε_{r} 和 σ 分别是材料的相对介电系数和电导率。这里需要对式(1.2)做几点说明，我们已经假设本书只讨论无磁性介质，即有 $\boldsymbol{M} = 0$ 和 $\mu_{\text{r}} = 1$。另外，从严格意义上说，当考虑随时间变化的电磁场时，电极化强度 $\boldsymbol{P}$ 的变化相对于 $\boldsymbol{E}$ 的变化存在滞后效应[2]，因此式(1.2)只有在傅里叶频域空间才严格成立，并且需要改写为

$$\begin{cases} \boldsymbol{D}(\omega) = \varepsilon(\omega)\boldsymbol{E}(\omega) \\ \boldsymbol{j}(\omega) = \sigma(\omega)\boldsymbol{E}(\omega) \end{cases} \tag{1.3}$$

电极化强度 $\boldsymbol{P}$ 与内部电荷 ρ_{int} 之间存在如下关系：

$$\nabla \cdot \boldsymbol{P} = -\rho_{\text{int}} \tag{1.4}$$

考虑到内部电荷的守恒定律 $\nabla \cdot \boldsymbol{J}_{\text{int}} = -\partial \rho_{\text{int}}/\partial t$，可以得到如下等式：

$$\boldsymbol{J}_{\text{int}} = \frac{\partial \boldsymbol{P}_{\text{int}}}{\partial t} \tag{1.5}$$

将上面四个式子结合在一起，可以推导出介电系数与电导率之间的联系：

$$\varepsilon(\omega) = \varepsilon_0 + \frac{\text{i}\sigma(\omega)}{\omega} \tag{1.6}$$

同样的结论可以直接利用微观尺度的 Maxwell 方程组的微分形式得到。与推导介

质中的波动方程的过程类似，导体中的波动方程也可以从方程组中得到

$$\nabla^2 \boldsymbol{E} = \mu_0 \sigma \frac{\partial \boldsymbol{E}}{\partial t} + \mu_0 \varepsilon_0 \frac{\partial^2 \boldsymbol{E}}{\partial t^2} \tag{1.7}$$

上式的推导过程中，假设金属内部的电荷密度始终为 0，即 $\nabla \cdot \boldsymbol{E} = 0$。考虑到特定频率 ω 的单色光，电场 $\boldsymbol{E}$ 形如 $\boldsymbol{E} = \boldsymbol{E}_0 \mathrm{e}^{-\mathrm{i}\omega t}$，可以将式(1.7)写成一般波动方程的形式

$$\nabla^2 \boldsymbol{E} + \hat{k}^2 \boldsymbol{E} = 0 \tag{1.8}$$

其中复数形式的波矢 $\hat{k}$ 由下式给出

$$\hat{k}^2 = \omega^2 \mu_0 \left(\varepsilon_0 + \frac{\mathrm{i}\sigma}{\omega} \right) \tag{1.9}$$

式(1.9)与式(1.6)是相通的。仔细分析式(1.6)发现，它给出了导体的复介电系数与复电导率之间的内部关系，同时也反映了将导体中的电荷划分为自由电荷与束缚电荷的不合理性。因为介电系数通常用来描述束缚电荷在外场驱动下形成电极化强度的过程，而电导率是用来描述自由电荷形成电流的过程，所以两者之间不应该直接关联。式(1.6)表明，在导体中束缚电荷与自由电荷的界限变得含糊，这一现象在光频段范围内表现得尤其明显。

在经典电子论中，金属的电导率 σ 取决于电子密度 n(注意不要将这个量和折射率符号混淆)、电子电量 e、电子质量 m 和电子自由碰撞时间 τ，其表达式为

$$\sigma = \frac{ne^2\tau}{m} \tag{1.10}$$

公式(1.10)在 1.2 节讨论 Drude 模型时也很重要。在量子力学中，电子质量和自由碰撞时间分别被有效质量和弛豫时间所代替[3]。

除了电导率之外，$\varepsilon(\omega)$ 与复折射率 $\hat{n}(\omega) = n(\omega) + \mathrm{i}\kappa(\omega)$ 之间也有密切关联，其中 $\kappa(\omega)$ 又称为消光系数(extinction coefficient)。利用关系式 $\hat{n}(\omega) = \sqrt{\varepsilon(\omega)}$ 很容易得到

$$\begin{cases} \varepsilon_{\mathrm{r}} = n^2 - \kappa^2 \\ \varepsilon_{\mathrm{i}} = 2n\kappa \end{cases} \tag{1.11}$$

和相对的关系式

$$\begin{cases} n^2 = \dfrac{1}{2}\left(\varepsilon_{\mathrm{r}} + \sqrt{\varepsilon_{\mathrm{r}}^2 + \varepsilon_{\mathrm{i}}^2} \right) \\ \kappa^2 = \dfrac{1}{2}\left(-\varepsilon_{\mathrm{r}} + \sqrt{\varepsilon_{\mathrm{r}}^2 + \varepsilon_{\mathrm{i}}^2} \right) \end{cases} \tag{1.12}$$

利用复折射率 $\hat{n}$ 可以很方便地讨论导体中的平面波的表达形式,将复波矢 $\hat{k} = \omega\hat{n}/c$ 代入沿 x 轴正向传输的平面波导表达式 $\boldsymbol{E} = \boldsymbol{E}_0 \mathrm{e}^{\mathrm{i}(\hat{k}x - \omega t)}$ 中,就可以得到

$$E = E_0 \mathrm{e}^{-\frac{\omega\kappa}{c}x} \mathrm{e}^{\mathrm{i}\omega\left(\frac{n}{c}x - t\right)} \tag{1.13}$$

上式是一个波长为 $\lambda = 2\pi c/(\omega n)$ 的平面波,并且在波的传输方向上存在衰减。根据 Beer 定律,其衰减系数 α 可以通过下式计算:

$$\alpha = \frac{2\omega\kappa}{c} \tag{1.14}$$

趋肤深度(skin depth)通常定义为能量密度减小到 $1/\mathrm{e}^2$ 时波前进的距离 δ ,所以根据式(1.14)可以得到

$$\delta = \frac{1}{\alpha} = \frac{c}{2\omega\kappa} = \frac{\lambda}{4\pi\kappa} \tag{1.15}$$

金属的趋肤深度一般是几十纳米的量级。上面的描述表明,进到金属内部的光会在很短距离内被全部吸收;而通常光能的绝大部分在金属的表面被反射了,只有极少的部分可以进入金属内部。这是因为金属的费米能级位于某个能带内部,从而导致电子的能级是准连续的,即任何频率的光子都可以将电子激发到更高的能级上,从而被吸收。一般情况下,我们看到的金属都是不透明的,除非金属膜的厚度小于趋肤深度。对于理想导体,其电导率 $\sigma \to \infty$,则会导致 $\varepsilon \to \mathrm{i}\infty$,以及 $n, \kappa \to \infty$ 。理想导体严格禁止电磁波进入其内部,入射的电磁波在理想导体的表面全部被反射[4]。

1.2 Drude 模型下的复介电系数

1.1 节已经说明,绝大部分金属的光学特性(源于金属内部的电子行为)都可以用一个频率相关的复介电系数 $\varepsilon(\omega)$ 来描述。本节将简单介绍 Drude 模型,该模型的核心思想是把金属中的自由电子看作是在带正电的原子核晶格结构的背景下做运动的自由电子气体。在 Drude 模型中,有关晶格和电子间相互作用的细节并不需要特别考虑,因为这些因素都被包含在电子的有效光学质量 m 中,从而得以简化。对于大部分碱金属来说,该模型的适用范围一直延伸到紫外频域;但是对贵金属来说,能带间的跃迁在可见光波段已经非常明显,在这种情况下 Drude 模型需要进一步修正才能适用。电子气中的自由电子在外电场作用下产生振荡,而碰撞所产生的抑制效应可以用碰撞频率 γ 来描述。γ 与自由碰撞时间 τ 的关系为 $\gamma = \tau^{-1}$,其典型值是 $\gamma = 100\mathrm{THz}$,对应于室温下的 $\tau = 10^{-14}\mathrm{s}$ 。根据上面的描述,

我们假设外加电场为 $E = E_0 e^{-i\omega t}$，电子电量为 e，则金属中自由电子的运动满足下面的方程：

$$m\frac{\partial^2 \boldsymbol{r}(t)}{\partial t^2} + m\gamma\frac{\partial \boldsymbol{r}(t)}{\partial t} = -e\boldsymbol{E}_0 e^{-i\omega t} \tag{1.16}$$

求解上面的方程，所得到的电子相对平衡位置的位移矢量 $r(t)$ 是一个复数，包含了驱动电场与电子响应之间的相对相位信息

$$\boldsymbol{r}(t) = \frac{e}{m}\cdot\frac{\boldsymbol{E}_0 e^{-i\omega t}}{\omega^2 + i\gamma\omega} \tag{1.17}$$

考虑到极化强度 $\boldsymbol{p} = -ne\boldsymbol{r}(t)$，其中 n 是自由电子密度。则利用式(1.17)和式(1.2)，可以得到金属中自由电子气体模型的介电系数

$$\varepsilon(\omega) = 1 - \frac{\omega_p^2}{\omega^2 + i\gamma\omega} \tag{1.18}$$

其中，$\omega_p = e\sqrt{n/(\varepsilon_0 m)}$ 又称为等离子体频率。式（1.18）就是 Drude 模型下的复介电系数公式。因为 $\varepsilon(\omega) = \varepsilon_r(\omega) + i\varepsilon_i(\omega)$，它的实部和虚部可以分别写作

$$\varepsilon_r(\omega) = 1 - \frac{\omega_p^2}{\omega^2 + \gamma^2} \tag{1.19}$$

$$\varepsilon_i(\omega) = \frac{\omega_p^2\gamma}{\omega(\omega^2 + \gamma^2)} \tag{1.20}$$

下面针对式(1.18)进行简单的讨论。如果 $\omega \gg \omega_p$，则有 $\varepsilon(\omega) \to 1$，此时的金属不再表现金属特性(对实际金属，这个波段范围的 $\varepsilon(\omega)$ 需要进行修正)，因此，我们仅讨论 $\omega < \omega_p$ 的情况。对于高频极限 $\omega \to \omega_p$，有 $\omega \gg \gamma$，此时可以忽略阻尼效应，将介电系数近似等效于

$$\varepsilon(\omega) = 1 - \frac{\omega_p^2}{\omega^2} \tag{1.21}$$

对于低频极限，有 $\omega \ll \gamma$，从而有 $\varepsilon_i \gg \varepsilon_r$，此时可以把介电系数看成是纯虚数，有

$$n \approx \kappa = \sqrt{\varepsilon_i/2} = \sqrt{\frac{\omega_p^2}{2\omega\gamma}} \tag{1.22}$$

在这个频率范围内，金属主要表现为吸收特性，此时的衰减系数为

$$\alpha = \frac{2\omega\kappa}{c} = \frac{\omega_p}{c}\sqrt{\frac{2\omega}{\gamma}} \tag{1.23}$$

引入直流电导率的表达式 $\sigma_0 = ne^2/(m\gamma) = \varepsilon_0 \omega_p^2/\gamma$，可以将吸收系数改写为 $\alpha = \sqrt{2\sigma_0\mu_0\omega}$，根据公式(1.15)，可得此时的趋肤深度为

$$\delta = \sqrt{\frac{1}{2\sigma_0\mu_0\omega}} \tag{1.24}$$

在中间的频率范围内，即 $\gamma \ll \omega \ll \omega_p$，复折射率可以近似认为是虚数，从而导致金属的反射率 $R \approx 1$。此时的 $\varepsilon(\omega)$ 和 $\delta(\omega)$ 都表现出复杂的特性。

式(1.21)又称为自由电子气体的 Drude 模型，和式(1.18)相比，其中的区别在于碰撞频率 γ 趋近于零，即碰撞时间 τ 趋近于无穷。式(1.21)在一些渐近和极限情况下的值为

$$\begin{cases} \varepsilon \to \infty, & \omega \to 0 \\ \varepsilon = 0, & \omega = \omega_p \\ \varepsilon \to 1, & \omega \to \infty \end{cases} \tag{1.25}$$

上述介电系数所描述的材料会表现出怎样的电磁传输特性？首先，平面波形式的电磁波 $\exp[j(\omega t - \boldsymbol{k} \cdot \boldsymbol{r})]$ 的传输不再是无色散的。它的波数 k 必须满足如下条件：

$$k = \frac{\omega}{c}\sqrt{\varepsilon(\omega)\mu} = k_0\sqrt{1 - \frac{\omega_p^2}{\omega^2}} \tag{1.26}$$

上式给出了色散关系

$$\omega^2 k_0^2 = \omega^2 k^2 + \omega_p^2 k_0^2 \tag{1.27}$$

该色散关系可以很简单地通过把 ω/ω_p 看作 k/k_0 的函数来绘制，如图 1.1 所示。除了式（1.27）给出的体等离子体色散关系以外，真空中的电磁波的色散关系表现为一条过原点的直线 $\omega = kc$，通常称为光线（light ray），而等离子体的色散关系为一条水平的直线 $\omega = \omega_p$。

图 1.1 给出的色散关系曲线也被称为体等离子体色散关系，它具有如下渐近形式：

$$\begin{cases} \omega \to \omega_p, & k \to 0 \\ \omega \to kc, & k \to \infty \end{cases} \tag{1.28}$$

很明显，体等离子体色散关系曲线融合了等离子体的色散关系 $\omega = \omega_p$ 和真空中的光线 $\omega = kc$。一个比较简单的物理解释是，这种波既不是一个纯粹的电磁波，也不是一个纯粹的等离子体波。它的本质是等离子体波与电磁波(光波)之间发生了强烈的相互作用，从而导致了体等离子体激元(bulk plasmon-polariton)的产生。

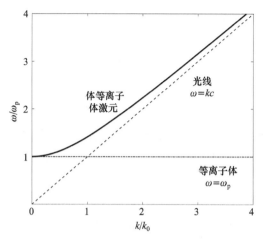

图 1.1　体等离子体激元(实线)、等离子体(点划线)和真空中电磁波(虚线)的色散曲线

图 1.1 表明，在高频区域，这种体模式表现得很像光波，因为它的色散曲线与光线接近；而随着波数的减少，色散曲线逐渐与光线偏离。当频率低于等离子体频率 ω_p 时，这种体模式无法在电子气中传输，这是因为自由电子完全屏蔽了这个频段的光波；而当频率高于等离子体频率 ω_p 时，体等离子体激元的模式可以传输，这是因为电子已经没有足够的响应速度来完全屏蔽这种模式。

接下来讨论金属中的电磁场能量密度，一般关于电磁场的教材中所常见的电磁场能量密度公式其实只能应用于无色散的线性材料之中。这里讨论的是介电系数由式 (1.18) 所描述的那类材料中的电磁场能量密度 w，它在一般情况下可以写作

$$w = \frac{1}{2}(\boldsymbol{E} \cdot \boldsymbol{D} + \boldsymbol{H} \cdot \boldsymbol{B}) \tag{1.29}$$

上式与表征能流的坡印亭矢量 $\boldsymbol{S} = \boldsymbol{E} \times \boldsymbol{H}$ 一起出现在电磁场的能量守恒定律中

$$\frac{\partial w}{\partial t} + \nabla \cdot \boldsymbol{S} = -\boldsymbol{J} \cdot \boldsymbol{E} \tag{1.30}$$

上式右侧是指电磁场的能量通过对电荷做功转化为其他形式的能量。但在金属中，如果材料的介电系数由式 (1.18) 描述，即 $\varepsilon(\omega) = \varepsilon_r(\omega) + i\varepsilon_i(\omega)$，此时的能量密度需要修正为[1]

$$w_{\text{eff}} = \frac{\varepsilon_0}{4}\left(\varepsilon_r + \frac{2\omega\varepsilon_i}{\gamma}\right)|\boldsymbol{E}|^2 \tag{1.31}$$

除了能量密度公式需要修正外，在研究光与金属纳米结构相互作用时，还需要进一步考虑尺寸效应。在 Drude 模型中，在固定温度的情况下，碰撞频率 γ 经

常被处理为常数。但是根据定义，γ 为电子的费米速度 v_F 和电子平均自由程 l 的比值，即 $\gamma = v_F / l$。因此，当被研究的金属的尺度接近于或者小于电子在金属内部的平均自由程时，电子在金属内部的运动就会进一步受到金属结构的几何尺寸的影响。金和银的费米速度 v_F 都近似等于 1.4×10^6 m/s，因此根据表 1.1 中的碰撞频率可以解出金属银中的电子平均自由程 l_{Ag} 约为44nm，而金属金中的电子平均自由程 l_{Au} 约为13nm。考虑了上述尺度效应以后，金属微结构中的电子的有效平均自由程应该做如下修正[6]：

$$\frac{1}{l_{eff}} = \frac{1}{l} + \frac{1}{R} \tag{1.32}$$

其中，R 代表金属微结构的尺寸，而此时的碰撞频率也相应修正为

$$\gamma_{eff} = \gamma + a \frac{v_F}{R} \tag{1.33}$$

这里的 a 是一个与金属微结构形状相关的参数。

表 1.1 几种常见金属的等离子体频率 ω_p 和碰撞频率 γ [5]

金属	ω_p / eV	$\gamma / (10^{15} s^{-1})$	ω_p / eV	$\gamma / (10^{15} s^{-1})$
金	9.1	13.8	0.072	0.11
银	9.2	14	0.021	0.032
铜	8.8	13.4	0.092	0.14
铝	15.1	22.9	0.605	0.92

最后需要强调，本节所讨论的 Drude 模型在应用到实际金属时，还需要针对各种实际情况做进一步的修正，由于本书基本上只涉及金和银两种贵金属，下节仅对这两种金属进行详细的探讨。

1.3 金 和 银

我们都知道，未氧化的银在日光照射下是闪光的银白色，这是因为它在整个可见光波段都呈现高反特性；而与之相对应，黄金表现为金黄色，这是因为黄金在可见光的高频区域存在比较明显的吸收。很显然，这种差异是不能用 Drude 的复介电系数公式来描述的，因为从表 1.1 给出的参数来看，这两种金属的参数几乎相同。因此，我们必须对式(1.18)进行修正。这种误差主要是因为 Drude 模型只考虑金属内部的自由电子，而没有考虑束缚电子的贡献。对金来说，能带间的

跃迁在可见光频域就十分显著，而银的带间跃迁则位于可见光频域之外，这种束缚电子跃迁所产生的影响需要在 Drude 模型中引入对应的修正。

通常，带间跃迁可以用具有共振频率 ω_0 的束缚电子的经典图像来描述，因此可以将式(1.16)替换为

$$m\frac{\partial^2 \boldsymbol{r}(t)}{\partial t^2} + m\gamma\frac{\partial \boldsymbol{r}(t)}{\partial t} + m\omega_0^2 \boldsymbol{r}(t) = -e\boldsymbol{E}_0 \mathrm{e}^{-\mathrm{i}\omega t} \tag{1.34}$$

这里增加的一项对介电系数 $\varepsilon(\omega)$ 的贡献可以写作标准的 Lorentz 振子形式，即

$$\varepsilon_{\mathrm{ib}}(\omega) = 1 + \frac{\omega_b^2}{\omega_0^2 - \omega^2 - \mathrm{i}\gamma_b\omega} \tag{1.35}$$

其中，ω_0 是束缚电子在外加电场作用下的共振频率，而 ω_b 和 γ_b 是分别与束缚电子的密度和衰减相关的参数。考虑了式(1.35)的修正项以后，包含自由电子和束缚电子的贡献的 Drude 介电系数模型可写作

$$\varepsilon(\omega) = \varepsilon_{\mathrm{ib}}(\omega) + 1 - \frac{\omega_p^2}{\omega^2 + \mathrm{i}\gamma\omega} \tag{1.36}$$

需要指出的是，式(1.35)所描述的束缚电子的贡献即使在远离共振频率 ω_0 后，在长波极限仍旧会对介电系数产生一个非零的影响，这一点可以通过将 $\omega = 0$ 代入式(1.35)来证明。因此，即使所研究的频率范围位于远离束缚电子共振频率的区域(金对应红外频域，银对应可见光频域)，仍旧需要考虑上述非零的贡献项。换一句话说，当所研究的频率范围远离束缚电子的共振频率 ω_0 时，我们可以简单地将式(1.36)中的 $\varepsilon_{\mathrm{ib}}(\omega)$ 替换为常数项 ε_∞。还需要进一步指出的是，由于贵金属中束缚电子的复杂能带结构通常在紫外和深紫外区域存在多个带间跃迁，因此 ε_∞ 要将所有相关的带间跃迁的影响考虑在内。金和银的 ε_∞ 经验值通常分别取 9 和 5，最终，在远离束缚电子的共振频率 ω_0 的区域内，Drude 模型的介电系数可以简单地写作

$$\varepsilon(\omega) = \varepsilon_\infty - \frac{\omega_p^2}{\omega^2 + \mathrm{i}\gamma\omega} = \varepsilon_\infty - \frac{\omega_p^2}{\omega^2 + \gamma^2} + \mathrm{i}\frac{\omega_p^2\gamma}{\omega(\omega^2 + \gamma^2)} \tag{1.37}$$

下面将对修正后的 Drude 模型与实验测量的银(Ag)和金(Au)的介电系数(折射率)的数值进行比较。学术界所广泛接受的实验数据来自于 1972 年的一篇参考文献[7]，根据文献中的数据，我们将银和金的介电系数随波长变化的实验结果分别绘制在图 1.2 和图 1.3 中。

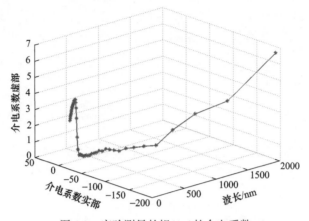

图 1.2　实验测量的银(Ag)的介电系数

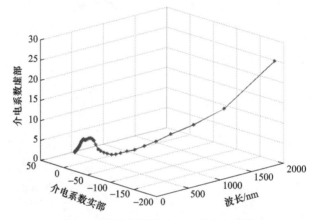

图 1.3　实验测量的金(Au)的介电系数

由于银的带间跃迁存在于可见光频段之外，因此式(1.37)可以直接用来计算银的介电系数。根据前文的说明，相关参数的取值分别为 $\varepsilon_\infty = 5, \gamma = 3.2 \times 10^{13} \mathrm{s}^{-1}$，$\omega_{\mathrm{p}} = 1.4 \times 10^{16} \mathrm{s}^{-1}$。比较结果如图 1.4 所示。

参考图 1.4 给出的比较结果，可以看出，在可见光频率内，修正后的 Drude 模型可以非常准确地描述银的介电系数随波长变化的情况。同时，数值计算的复折射率与实验测量结果的比较在图 1.5 中给出，从图中可以看出，在波长小于 400nm 的波长范围内，数值模型与实验测量结果之间存在较大的差异。如果不加特殊说明，本书后面部分用到的银的介电系数都来自于由式(1.37)所描述的 Drude 模型。

我们可以仿照银的处理方法来讨论金元素，即直接利用式(1.37)，并且代入 $\varepsilon_\infty = 9$ 进行计算，此时得到的比较结果如图 1.6 所示。

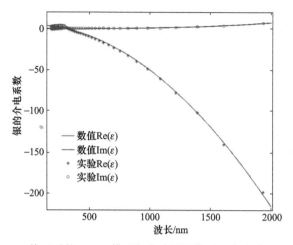

图 1.4　修正后的 Drude 模型与实验测量值对比(银的介电系数)

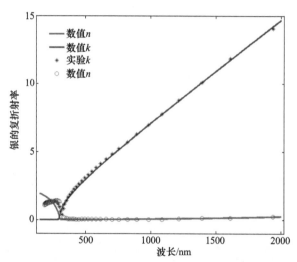

图 1.5　修正后的 Drude 模型与实验测量值对比(银的复折射率)

　　从图中可见，式(1.37)给出的结果并不能用于波长小于 700nm 的区间，实验测量值与 Drude 模型之间存在明显差异。为了使实验结果更加精确，可以把共振频率约为 450nm 的带间跃迁效应考虑在模型中，即把式(1.36)与式(1.37)结合起来考虑，尝试用以下修正的模型来模拟金的介电系数[5]：

$$\varepsilon(\omega) = \varepsilon_{\mathrm{ib}}(\omega) + \varepsilon'_{\infty} - \frac{\omega_{\mathrm{p}}^{2}}{\omega^{2} + \mathrm{i}\gamma\omega} = 1 + \varepsilon'_{\infty} + \frac{\omega_{\mathrm{b}}^{2}}{\omega_{0}^{2} - \omega^{2} - \mathrm{i}\gamma_{\mathrm{b}}\omega} - \frac{\omega_{\mathrm{p}}^{2}}{\omega^{2} + \mathrm{i}\gamma\omega} \tag{1.38}$$

其中，用到的参数如下：$\omega_{\mathrm{b}} = 4.5604 \times 10^{15}\mathrm{s}^{-1}$，$\omega_{0} = 4.2564 \times 10^{15}\mathrm{s}^{-1}$，$\omega_{\mathrm{p}} = 1.38 \times 10^{16}\mathrm{s}^{-1}$，$\gamma_{\mathrm{b}} = 9.1208 \times 10^{14}\mathrm{s}^{-1}$，$\gamma = 1.1 \times 10^{14}\mathrm{s}^{-1}$ 和 $\varepsilon'_{\infty} = 7.8$(需要减去已

经包含在模型中的带间跃迁的贡献)。

对比图 1.6 和图 1.7，可以看出，由于考虑了中心频率为 450nm 的带间跃迁效应，式(1.38)即使在 500nm 附近都能给出与实验非常吻合的结果，模型的适用范围比式(1.37)增加了许多。但是当波长继续变短时，仿真与实验测量值的差异仍旧存在。很显然，仅仅考虑一个带间跃迁对整个介电系数的影响是不够的。这个案例说明，我们可以通过修正 Drude 模型，使得理论结果与实验结果不断接近。但本节不再就此做更深入地讨论。

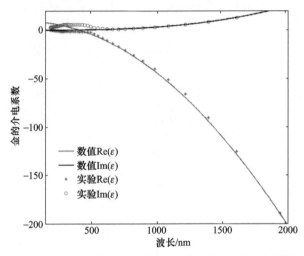

图 1.6　式(1.37)的结果与实验测量值对比(金的介电系数)

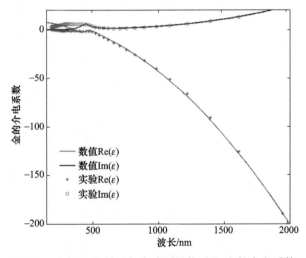

图 1.7　式(1.38)的结果与实验测量值对比(金的介电系数)

1.4　金属界面的折射和反射

本节首先讨论金属界面的折射定律,然后简单介绍电磁波在金属/介质界面反射的偏振特性。通常,透明介质材料的介电系数和折射率都是实数,而金属的介电系数和折射率都是复数,所以将折射定律应用到这种情况时要格外小心,因为直接套用折射定律得到的折射角也是一个复数。通常的折射定律写成

$$\sin \theta_t = \frac{n_1}{n_2}\sin \theta_i \tag{1.39}$$

其中,n_1, n_2 分别是入射介质和折射介质的折射率;下标 t 和 i 分别表示透射光线和入射光线。如果假设介质 1 是空气,而介质 2 是金属,则上述公式需要改写为

$$\sin \hat{\theta}_t = \frac{1}{n+i\kappa}\sin \theta_i \tag{1.40}$$

其中,$n+i\kappa$ 是金属的复折射率,因而 $\hat{\theta}_t$ 是金属中的复折射角。但是实际的角度不应该是复数,因此还需要仔细分析式(1.40)所表达的物理内涵。

假设 xz 平面是入射面(图 1.8),根据复折射角 $\hat{\theta}_t$ 的定义,折射波在金属内部的波矢方向的单位矢量的各个空间分量分别为

$$s_x = \sin \hat{\theta}_t, \quad s_y = 0, \quad s_z = \cos \hat{\theta}_t \tag{1.41}$$

根据式(1.40)可以展开为

$$s_x = \frac{\sin \theta_i}{n+i\kappa} = \frac{n-i\kappa}{n^2+\kappa^2}\sin \theta_i \tag{1.42a}$$

$$s_z = \sqrt{1-\sin^2 \hat{\theta}_t} = \sqrt{1-\frac{n^2-\kappa^2}{\left(n^2+\kappa^2\right)^2}\sin^2 \theta_i + i\frac{2n\kappa}{\left(n^2+\kappa^2\right)^2}\sin^2 \theta_i} \tag{1.42b}$$

为了便于书写,将式(1.42b)记为如下形式:

$$s_z = q e^{i\gamma} = q\left(\cos \gamma + i\sin \gamma\right) \tag{1.43}$$

简单分析(1.42b)和(1.43)两式,可以发现

$$q^2 \cos 2\gamma = 1 - \frac{n^2-\kappa^2}{\left(n^2+\kappa^2\right)^2}\sin^2 \theta_i$$

$$q^2 \sin 2\gamma = \frac{2n\kappa}{\left(n^2+\kappa^2\right)^2}\sin^2 \theta_i \tag{1.44}$$

因此,q, γ 都不是空间坐标的函数。金属内部的透射波(存在很大的吸收)在空间上的相位变化为[4]

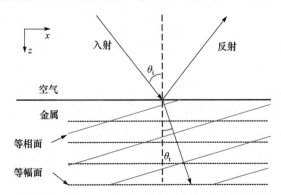

图 1.8　金属/空气界面的折射定律：折射角和等效折射率由式(1.48)定义

图中虚线代表金属内部折射波的等振幅面，而浅色实线表示等实相位面。等振幅面与界面法线垂直，而等实相位面与折射波的波矢方向垂直

$$\boldsymbol{k} \cdot \boldsymbol{r} = \frac{\omega}{c}(n+\mathrm{i}\kappa)(s_x e_x + s_z e_z) \cdot (x e_x + z e_z)$$

$$= \frac{\omega}{c}(n+\mathrm{i}\kappa)\left[\frac{n-\mathrm{i}\kappa}{n^2+\kappa^2}\sin\theta_\mathrm{i} x + zq(\cos\gamma + \mathrm{i}\sin\gamma)\right]$$

$$= \frac{\omega}{c}\left[x\sin\theta_\mathrm{i} + zq(n\cos\gamma - \kappa\sin\gamma) + \mathrm{i}zq(\kappa\cos\gamma + n\sin\gamma)\right] \tag{1.45}$$

上式中相位的虚部表示金属对电磁波的吸收，因此电磁波的等振幅面的方程为

$$zq(\kappa\cos\gamma + n\sin\gamma) = 常数 \tag{1.46}$$

即等振幅面与金属/空气的界面相互平行，而等实相位面则由下面方程给出：

$$x\sin\theta_\mathrm{i} + zq(n\cos\gamma - \kappa\sin\gamma) = 常数 \tag{1.47}$$

等实相位面不但取决于 x 坐标，还取决于入射角 θ_i，因此它通常和等振幅面不重合。因此，根据式(1.47)中等实相位面的定义，我们可以重新给出一个实数形式的折射角 θ_t，其物理意义是等实相位面法线方向与金属/空气界面的法线方向的夹角。

$$\sin\theta_\mathrm{t} = \frac{\sin\theta_\mathrm{i}}{\sqrt{\sin^2\theta_\mathrm{i} + q^2(n\cos\gamma - \kappa\sin\gamma)^2}} \tag{1.48}$$

上式还可以改写成新的折射定律的形式，如果引入一个金属的等效折射率 n_{eff}，则有

$$\sin\theta_\mathrm{t} = \sin\theta_\mathrm{i}/n_{\mathrm{eff}}, \quad n_{\mathrm{eff}} = \sqrt{\sin^2\theta_\mathrm{i} + q^2(n\cos\gamma - \kappa\sin\gamma)^2} \tag{1.49}$$

这里定义的等效折射率不仅取决于材料本身的特性，还取决于入射角 θ_i。图 1.8 给出了入射角为 θ_i 的平面波在金属表面入射时折射波的等实相位面和等振幅面以及实折射角 θ_t 的示意图。图 1.9 给出了银在不同波长和入射角度下的等效折射率。

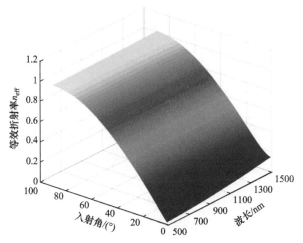

图 1.9 不同波长和入射角下银的等效折射率 n_{eff} ，根据式(1.49)计算

接着我们可以借助银的 Drude 模型式(1.37)和式(1.49)来研究银的等效折射率随入射角和波长的变化情况。首先考虑入射角等于 0° 的极端情形，即垂直入射的情况，此时等实相位面与等振幅面重合，折射角也是 0°。同时，$s_z=1$，可以发现 $q=1, \gamma=0$，我们有 $n_{\text{eff}}=n(\omega)$，与消光系数 $\kappa(\omega)$ 无关。

对于金属界面的反射和折射，菲涅耳公式是成立的，但应该代入式(1.40)所定义的复折射角 $\hat{\theta}_t$ 和金属的复折射率 $\hat{n}$。菲涅耳公式可以写成如下形式：

$$\begin{cases} t_p = \dfrac{2\sin\hat{\theta}_t\cos\theta_i}{\sin(\theta_i+\hat{\theta}_t)\cos(\theta_i-\hat{\theta}_t)}, \quad t_s = \dfrac{2\sin\hat{\theta}_t\cos\theta_i}{\sin(\theta_i+\hat{\theta}_t)} \\[2mm] r_p = \dfrac{\tan(\theta_i-\hat{\theta}_t)}{\tan(\theta_i+\hat{\theta}_t)}, \quad r_s = -\dfrac{\sin(\theta_i-\hat{\theta}_t)}{\sin(\theta_i+\hat{\theta}_t)} \end{cases} \tag{1.50}$$

其中，s 偏振(也叫 TE 偏振)表示光矢量(电场强度矢量)的振动方向垂直于入射面，而 p 偏振(或 TM 偏振)表示光矢量的振动方向平行于入射面。对于非金属介质，入射光为 s 偏振，则反射光和折射光都只含 s 偏振，类似结论对 p 偏振光也成立，即这两种波是彼此独立无关的。但是对于金属材料来说，由于 $\hat{\theta}_t$ 是复量，此时的反射系数和折射系数也都是复量。举例来说明金属表面反射的特殊性，即它可以使入射的线偏振光变成椭圆偏振光。下面对其进行详细分析。

假设入射的线偏光的振幅分量分别为 I_s 和 I_p，而对应的反射波的分量分别是 R_s 和 R_p，则可以把反射系数分别写作

$$r_s = \frac{R_s}{I_s} = \rho_s e^{i\phi_s}, \quad r_p = \frac{R_p}{I_p} = \rho_p e^{i\phi_p} \tag{1.51}$$

其中，ρ 和 ϕ 分别是反射系数的幅值和相位角。则入射光的振动方位角 α_i 与反射

光的振动方位角 $\hat{\alpha}_r$ (见图 1.10 中的定义)之间存在如下关系：

$$\tan\hat{\alpha}_r = \frac{R_s}{R_p} = \frac{r_s I_s}{r_p I_p} = \frac{\rho_s}{\rho_p} \mathrm{e}^{\mathrm{i}(\phi_s - \phi_p)} \tan\alpha_i \tag{1.52}$$

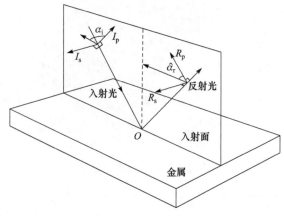

图 1.10　金属表面反射时，入射光与反射光的振动方位角定义

不难证明，对于垂直入射的情形 ($\theta_i = 0$)，有 $\tan\hat{\alpha}_r = -\tan\alpha_i$；而在掠入射 $\theta_i = \pi/2$ 的情形下，有 $\tan\hat{\alpha}_r = \tan\alpha_i$。两种极端情形都没有改变反射光的偏振在空间中的绝对方向(需考虑垂直入射情形下反射光的传输方向与入射光相反)。下面以银的 Drude 模型为例来讨论银和空气界面的反射系数和偏振方位角特性。首先分别计算 s 光和 p 光入射的反射系数的振幅和相位，见图 1.11 和图 1.12。两图再一次证明了银的高反特性，并且注意到，对金属来说，由于复介电系数的存在，严格意

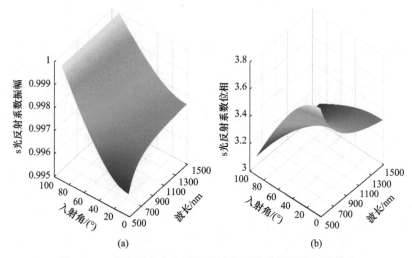

图 1.11　s 光在银和空气界面的反射系数的振幅和相位分布

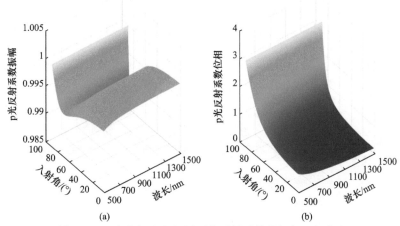

图 1.12 p 光在银和空气界面的反射系数的振幅和相分布

义的起偏角(布儒斯特角)是不存在的。p 光的反射系数振幅中存在极小值，这些极小值发生的入射角被称为准起偏角[4]，这些极小值(或者说准起偏角)也与图 1.13 中 ρ_s/ρ_p 的极大值相互对应。从图 1.13 中还可以看出，针对任意波长，当入射角从 0° 增加到 90° 时，$\phi_s - \phi_p$ 都是从 π 递减到 0，因此总是会有一个角度对应的 $\phi_s - \phi_p$ 等于 $\pi/2$，此时，若入射光是线偏光，则反射光是椭圆偏振光。特别地，如果 $(\rho_s/\rho_p) \cdot \tan\alpha_i = 1$ 也成立，则反射光将变成圆偏振光。

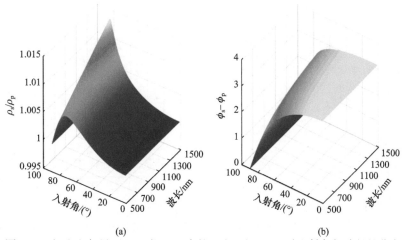

图 1.13 银和空气界面上，式(1.52)中的 ρ_s/ρ_p 和 $\phi_s - \phi_p$ 随入射角与波长的分布

1.5 单层金属膜的透射和反射

1.4 节仅仅考虑了一个金属/介质界面，本节考虑稍复杂的情况，所研究的物

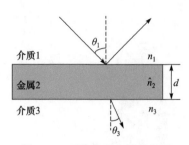

图 1.14　两种介质之间的单层
金属膜

理模型是两种介电材料之间夹着一层平行的单层金属膜的透射、反射特性。模型的具体结构示意见图 1.14，其中厚度为 d，复折射率为 $\hat{n}_2$ 的单层金属膜夹在两种半无限大的介质层中，它们的折射率分别是 n_1 和 n_3。

图 1.14 所示的单层金属膜的反射和透射系数公式与单层介质膜的反射与透射系数公式的推导过程是相同的，所以这里直接给出最后结果，详细推导过程可以查阅参考文献[4]。

$$r = \frac{r_{12} + r_{23}\mathrm{e}^{i2k_0 d\hat{n}_2 \cos\hat{\theta}_2}}{1 + r_{12}r_{23}\mathrm{e}^{i2k_0 \hat{n}_2 \cos\hat{\theta}_2 d}} \tag{1.53}$$

$$t = \frac{\tau_{12}\tau_{23}\mathrm{e}^{ik_0 d\hat{n}_2 \cos\hat{\theta}_2}}{1 + r_{12}r_{23}\mathrm{e}^{i2k_0 \hat{n}_2 \cos\hat{\theta}_2 d}} \tag{1.54}$$

其中，$k_0 = 2\pi/\lambda$ 是真空中的波矢大小，而 $\hat{n}_2$ 和 $\hat{\theta}_2$ 可由折射定律获得；r_{ij} 和 τ_{ij} 分别是第 i 层和第 j 层之间的界面上的反射系数和透射系数。对 TE 模(s 光)，有

$$r_{ij} = \frac{n_i \cos\theta_i - n_j \cos\theta_j}{n_i \cos\theta_i + n_j \cos\theta_j}, \quad \tau_{ij} = \frac{2n_i \cos\theta_i}{n_i \cos\theta_i + n_j \cos\theta_j} \tag{1.55}$$

对 TM 模(p 光)，则有

$$r_{ij} = \frac{n_j \cos\theta_i - n_i \cos\theta_j}{n_j \cos\theta_i + n_i \cos\theta_j}, \quad \tau_{ij} = \frac{2n_i \cos\theta_i}{n_j \cos\theta_i + n_i \cos\theta_j} \tag{1.56}$$

根据上面 4 个式子，可以计算单层金属膜的反射率 R、透射率 T 和吸收率 A 分别为

$$R = |r|^2, \quad T = \frac{n_3 \cos\theta_3}{n_1 \cos\theta_1}|t|^2, \quad A = 1 - R - T \tag{1.57}$$

下面来看一些具体的例子。首先考虑 $n_1 = n_3$ 的情形，即单层金属膜夹在同一种介质材料中。假设介质材料为玻璃($n_1 = 1.5$)，我们首先探讨一下在正入射的情况下，银膜的厚度 d 与反射率 R 和吸收率 A 之间的联系。

从图 1.15(a)可以看出，银膜的反射率随着膜厚的增加而单调递增，当膜厚超过 100nm 时，可以认为所有光能都最终被反射。而银膜的吸收率与膜厚的关系更加复杂，在任一波长下都存在一个最佳膜厚，能最大限度地吸收光能。另外需要注意的是，当膜厚超过最佳吸收厚度继续增大时，吸收反而不断减少，这是由于此时的光能不能进入金属膜内部。这种对称结构可以用来激发长程表面等离子体

波(long range surface plasmon wave)。

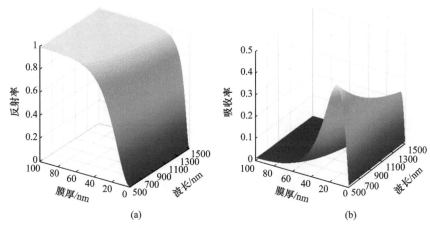

图 1.15 正入射情况下，不同厚度的银膜的反射率与吸收率的数值模拟

接下来讨论非对称情况($n_1 \neq n_3$)。由于篇幅关系，这里只讨论在物理上比较有意思的 $n_1 > n_3$ 情形，即入射光和反射光位于折射率较大的材料中，而透射光位于折射率较小的材料中。对于相反的情形，感兴趣的读者可以自行根据式(1.53)

(1.57)模拟。这一次我们固定金属膜的厚度，假设膜厚 $d = 30\text{nm}$ ，并且设 $n_1 = 1$ 和 $n_3 = 1.5$ ，则认为在一块玻璃棱镜的底部镀了一层厚度为 d 的银膜，而入射激光从玻璃棱镜射向银膜与玻璃的界面，这种结构又称为 Kretschmann 结构。如果银膜厚度为 0，那么在玻璃和空气界面发生全反射的角度是 41.8°。考虑到入射的激光束具有不同的波长和入射角，并且根据电场矢量与入射面的关系，还可以分为 TE 和 TM 两种偏振状态，我们首先讨论 TE 偏振。

从图 1.16 中可以看出，当入射角大于 41.8°时，光能绝大部分被反射回到棱镜中；另外，从吸收分布可以看出 500nm 的吸收要大于 1500nm，这主要是因为随着波长靠近红外区域，银可以被近似当成理想导体，由于理想导体的趋肤效应，电磁波的能量无法进入金属内部。接着我们比较 TM 偏振的结果。

TM 偏振入射下的反射率(图 1.17)表现出与 TE 偏振截然不同的特性，针对任一波长，它的反射率随入射角变化的谱线中都会存在一个共振吸收峰，这就是表面等离子体共振(surface plasmon resonance，SPR)。这里的计算结果表明，只有 TM 偏振可以激发表面等离子体共振，而入射光能的一部分转化为沿着金属/空气界面传输的表面等离子体波，这种波只能存在于介电系数符号相反的两种材料的界面上。有趣的是，表面等离子体共振形成的共振吸收峰与金属材料介电系数的虚部密切相关，这一结论可以通过下面的例子证明。考虑一个 Kretschmann 结构，其中石英棱镜的折射率为 $n = 1.5$ ，其表面镀了 55nm 厚的银膜。假设银在

$\lambda = 632.8\text{nm}$ 时的介电系数为 $\varepsilon_{\text{Ag}} = -16 + i\varepsilon_i$，当 ε_i 取值分别为 0.5、0.1 和 0 时，可得到表面等离子体共振的吸收峰，如图 1.18 所示。

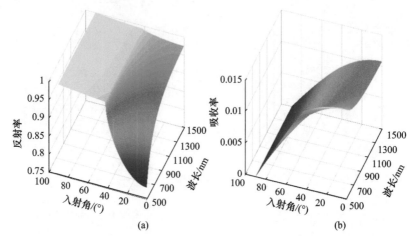

图 1.16　TE 偏振的入射光在 Kretschmann 结构中的反射率和吸收率

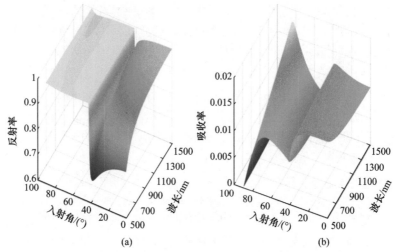

图 1.17　TM 偏振的入射光在 Kretschmann 结构中的反射率和吸收率

从图 1.18 可以看出，当金属的介电系数存在虚部时，可以形成表面等离子共振吸收峰，这表明金属对电磁能的吸收是产生表面等离子体共振的必要条件。仔细分析还发现，介电系数的虚部会改变共振吸收峰的耦合深度，但是不会导致共振频率的平移，即不会改变表面等离子体波的耦合角度。表面等离子体波可以将光能束缚在界面附近极小的空间内，因此具有突破传统光学衍射极限的能力。它是目前比较热门的表面等离激元学[1]的基础。对此感兴趣的读者可以容易地找到该领域的文献，这里不再作深入讨论。

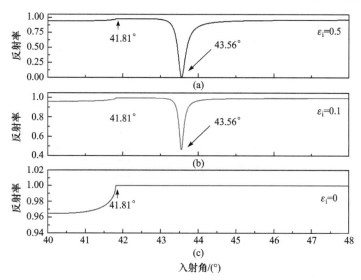

图 1.18 不同介电系数虚部下的表面等离子体共振吸收峰(Kretschmann 结构)

全内反射(TIR)发生在入射角 θ=41.81°，而共振吸收峰位于 θ=43.56°。当金属的介电系数虚部等于零时，共振吸收峰完全消失

1.6 金属内负折射效应的探讨

本章的最后提出一个关于金属内部电磁波传输的设想。本章的基础是引入一个复介电系数来概括金属的光学性质，但是复介电系数的引入导致折射角也成为复数，从而无法准确判断电磁波在金属内部的传输方向。在这种前提下，作为一种有益的讨论，本节尝试用复频率的概念来取代复介电系数的概念。

式(1.48)根据等相位面定义了金属空气界面的折射角，因此该折射角描述了位相传输的方向，即相速度；而金属内部的散射光场的实际传输方向应该是由群速度所决定的，即能量传输方向。本节基于群速度的定义详细讨论金属内部的负折射效应。需要特别说明一下，本节假设平面波的表达式为 $\exp(\mathrm{i}\omega t - \mathrm{i}\boldsymbol{k}\cdot\boldsymbol{r})$。

由于金属对电磁波的高吸收特性，金、银等贵金属的趋肤深度仅为几十纳米，目前采用实验的方法来确定金属内部的能流传输方向是不可能的，而可能发生的古斯-汉欣位移效应则使得这一现象更加扑朔迷离。陈良尧课题组通过精确的实验证实了光在金、银界面上发生负折射[8,9]，他们将该效应归于金属的群折射率为负，即

$$n_{\mathrm{g}} = n + \omega \mathrm{d}n/\mathrm{d}\omega < 0 \tag{1.58}$$

但实际上，由于金属的折射率是复数，根据上式定义的群折射率依然是复数，使用复的群折射率并不能获得实的折射角，而折射光路无法确定的困难依旧存在。

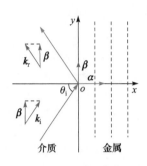

图 1.19　光在金属界面上发生折射的波矢分布

θ_i 是入射角；β 是传播常数；k_i, k_r 分别是入射波矢和反射波矢；α 是光在金属内部的衰减系数；虚线表示光场在金属内部的等振幅面，与金属界面平行

如果从群速度的定义 $v_g \propto \nabla_k \omega$ 出发，光的能流传输方向可以由波矢的等频率曲线决定。下面对其进行详细分析。根据前面章节的结论，光在金属界面发生折射时的波矢分布如图 1.19 所示。

由电磁场的边界条件，可以确定入射光、反射光和折射光的波矢具有相同的切向分量，即传播常数 β，而金属的复介电系数决定了金属内部的波矢为复数。结合以上两点可以判定金属内部波矢的切向分量是实数，而法向分量是复数。而复波矢是经典 Snell 定律失效的根源，如果可以在复介电系数材料中定义实数波矢，那么折射方向就不再有歧义，因此我们回到波矢定义的基本公式

$$c^2 k^2 = \omega^2 \tilde{\varepsilon} \tag{1.59}$$

如果波矢 k 是实数，而介电系数 $\tilde{\varepsilon}$ 是复数，为了使等式成立，唯一可以调整的就是对频率引入复数，即 $\tilde{\omega} = \omega + i\omega_i$。将复频率和复介电系数代入式(1.59)，并且令等式右侧的虚部等于零，可以得到

$$\begin{cases} c^2 k^2 = \varepsilon_r \left(\omega^2 - \omega_i^2 \right) + 2\omega\omega_i\varepsilon_i \\ 2\omega\omega_i\varepsilon_r - \varepsilon_i \left(\omega^2 - \omega_i^2 \right) = 0 \end{cases} \tag{1.60}$$

对式(1.60)中的第二个等式求解，并且消去负根，可以得到

$$\omega_i = \frac{\omega\varepsilon_i}{\sqrt{\varepsilon_r^2 + \varepsilon_i^2} + \varepsilon_r} \tag{1.61}$$

将 ω_i 代入式(1.60)中的第一个公式，可以得到

$$\begin{cases} c^2 k^2 = \omega^2 n_{eff}^2 \\ n_{eff}^2 = \dfrac{2\left(\varepsilon_r^2 + \varepsilon_i^2 \right)}{\sqrt{\varepsilon_r^2 + \varepsilon_i^2} + \varepsilon_r} \end{cases} \tag{1.62}$$

式(1.62)给出了等效折射率 n_{eff} 的定义，但是它的符号是不确定的，即我们还不能确定此时发生的是正折射还是负折射。根据群折射率的定义，负折射效应发生的判据应为

$$|n_{eff}| + \omega d|n_{eff}|/d\omega < 0 \tag{1.63}$$

因此，如果式(1.63)成立，金属的等效折射率应为 $-|n_{eff}|$，反之也成立。综上所述，

本节针对具有复介电系数的金属材料定义了一个实数的等效折射率，并且保证金属内部的波矢是实数，避免了折射光的轨迹无法定义的问题。作为负折射效应的判据，式(1.63)与 $\mathrm{d}k/\mathrm{d}\omega<0$ 是等价的，为了证明这种假说的合理性，图 1.20 画出了根据式(1.62)计算贵金属银和金内部的波矢随波长变化的情况，其中金属的介电系数由 Drude 模型给出。

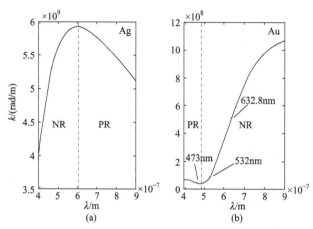

图 1.20　贵金属银(a)和金(b)的波矢随波长变化情况，当 $\mathrm{d}k/\mathrm{d}\lambda>0$ 时，发生负折射效应，而当 $\mathrm{d}k/\mathrm{d}\lambda<0$ 时，发生正折射效应

图 1.20 中用 PR(positive refraction)和 NR(negative refraction)表征了正负折射区域，其中关于金的计算结果与文献[10]中的实验结果相吻合，但是关于复频率的假说的正确性还需要做进一步的检验。而复频率的物理意义可以解释如下：将 $\tilde{\omega}=\omega+\mathrm{i}\omega_{\mathrm{I}}$ 代入平面波，可以得到

$$\exp(-\omega_{\mathrm{I}}t)\exp(\mathrm{i}\omega t-\mathrm{i}\boldsymbol{k}\cdot\boldsymbol{r})\tag{1.64}$$

上式很清晰地表明，ω_{I} 导致了电磁能量的损耗，而这种损耗是与时间相关的，即电磁波在金属内部传输的时间。这与复波矢的虚部是不同的，复波矢的虚部代表电磁能在金属内部的损耗与传输的路径相关，而复频率则表明，只要电磁波在金属内部传输，每一个时刻损失的能量都是相同的。

1.7　本 章 小 结

本章主要讨论了金属的光学性质，1.1 节从最基础的电磁理论开始，引入金属的复介电系数和复折射率；1.2 节和 1.3 节介绍了经典的 Drude 模型，并且通过修正将该模型具体应用到金和银两种贵金属上；1.4 和 1.5 节分别考虑了单个金属/

介质界面和单层金属膜的光学特性；1.6 节针对金属内部的负折射效应探索性地提出一个基于复频率的设想。有了这些基础，第 2 章将以简单的光波导理论为起点，介绍双面金属包覆波导结构的各种特性。

参 考 文 献

[1] Stefan A. Maier. Plasmonics：Fundamentals and Applications. New York: Springer Press, 2007: 1-19.

[2] 吴重庆. 光波导理论. 2 版. 北京: 清华大学出版社，2005: 1-7.

[3] 黄坤, 韩汝琦. 固体物理学. 北京: 高等教育出版社，1988: 275-300.

[4] 马科斯.玻恩, 埃米尔.沃尔夫. 光学原理. 7 版. 杨葭荪译. 北京: 电子工业出版社，2006: 614-657.

[5] Cai W S, Shalaev V. Optical Metamaterials, Fundamentals and Applications. New York: Springer Press, 2010: 1-25.

[6] Karlsson A V, Beckman O. Optical extinction in colloid system Nacl-Na. Solid State Commun., 1967, 5: 795-798.

[7] Johnson P B, Christy R W. Optical constants of the noble metals. Phys. Rev. B, 1972, 6: 4370.

[8] Wu Y, Gu W, Chen Y, et al. Negative refraction at the pure Ag/air interface observed in the visible Drude region. Applied Physics Letters, 2008, 93: 071910.

[9] Liu Z, Zheng Y, Yang L, et al. Continuous sign change crossing zero of the light refraction observedat the Au/air interface. Opt. Matter., 2017, 73: 247.

[10] Wu Y, Gu W, Chen Y R, et al. Experimental observation of light refraction going from negative to positive in the visible regionat the pure air/Au interface. Phys. Rev. B., 2008, 77: 035134.

第 2 章　转移矩阵理论

转移矩阵是一种分析波在一维系统中传输的有效数学工具,可广泛地用来描述微观粒子、电磁波、超声和弹性波的传输。转移矩阵 **M** 连接了不同传输方向上的波函数,它的优势在于扩展性,可以很顺利地将单势垒情形推广到多势垒情形,使复杂问题简单化。散射矩阵 **S** 则可以推广到更高的维度,因此使用范围更加广泛。转移矩阵 **M** 与散射矩阵 **S** 尽管在数学形式上不同,但内部有着密切的关联。另外,分析转移矩阵属于转移矩阵的一种,它同时连接了波函数及其一阶导数,是一种方便有效的工具。

本章将介绍上述三种矩阵的基本定义,主要侧重于转移矩阵和分析转移矩阵的应用。本章利用分析转移矩阵计算单层介质膜的反射系数、透射系数,并且计算电场分量的分布;作为一个稍微复杂的例子,本章还会利用转移矩阵来计算一维光子晶体的色散关系和能带结构。这些例子为后续章节利用这些数学工具来分析各种金属波导结构打下了基础。

2.1　散射矩阵和转移矩阵

在量子力学中,最简单的一维散射问题就是一个运动的电子被单势垒散射,假设运动电子的质量为 m ,而势垒函数表示为 $V(x)$,则该电子的运动状态可由定态薛定谔方程描述

$$-\frac{\hbar^2}{2m}\frac{\partial^2 \psi(x)}{\partial x^2}+[V(x)-E]\psi(x)=0 \tag{2.1}$$

本章借助量子力学来引入转移矩阵,是因为薛定谔方程和亥姆霍兹方程在数学形式上是一致的,而且由于不涉及偏振等因素,分析时更加简单。进一步假设单势垒仅在有限的区域内不为零,即

$$V(x)\neq 0,\quad 0<x<l \tag{2.2}$$

根据波动方程,在 $[0,\ l]$ 区间外,波函数可以描述成平面波的线性叠加,即

$$\psi(x)=\begin{cases}\psi_{\mathrm{L}}^{+}(x)+\psi_{\mathrm{L}}^{-}(x),\ & x\leqslant 0\\ \psi_{\mathrm{R}}^{+}(x)+\psi_{\mathrm{R}}^{-}(x),\ & x\geqslant l\end{cases} \tag{2.3}$$

其中，下标 L,R 表示波函数位于的区间，而正负号表示波函数传输方向，且正号表示从左向右传播。基于上述讨论，可以用图 2.1 直观地表征这个简单的一维散射问题。

图 2.1　一个典型的散射实验

ψ_L^+, ψ_R^- 分别是从左、右入射的波，而 ψ_L^-, ψ_R^+ 则包含被单势垒反射和透射的波

一般情况下，可以引入散射矩阵 S 来将出射波分量和入射波分量联系在一起，其表达式为

$$\begin{pmatrix} \psi_L^-(x=0) \\ \psi_R^+(x=l) \end{pmatrix} = S \begin{pmatrix} \psi_L^+(x=0) \\ \psi_R^-(x=l) \end{pmatrix} \tag{2.4}$$

其中

$$S = \begin{pmatrix} S_{11} & S_{12} \\ S_{21} & S_{22} \end{pmatrix} \tag{2.5}$$

散射矩阵的元素完全确定了单势垒的散射特性和透射特性。与此类似，我们还可以定义转移矩阵 M，来联系单势垒右侧和左侧的波函数。

$$\begin{pmatrix} \psi_R^+(x=l) \\ \psi_R^-(x=l) \end{pmatrix} = M \begin{pmatrix} \psi_L^+(x=0) \\ \psi_L^-(x=0) \end{pmatrix} \tag{2.6}$$

相对而言，散射矩阵更容易推广到三维空间中，而转移矩阵则更加适合分析一维系统。比较(2.4)和(2.6)两式，可以比较容易地发现两个矩阵的矩阵元之间的关系，具体表达式为

$$M = \begin{pmatrix} M_{11} & M_{12} \\ M_{21} & M_{22} \end{pmatrix} = \begin{pmatrix} S_{21} - \dfrac{S_{22}S_{11}}{S_{12}} & \dfrac{S_{22}}{S_{12}} \\ -\dfrac{S_{11}}{S_{12}} & \dfrac{1}{S_{12}} \end{pmatrix} \tag{2.7}$$

和

$$S = \begin{pmatrix} -\dfrac{M_{21}}{M_{22}} & \dfrac{1}{M_{22}} \\ M_{11} - \dfrac{M_{12}M_{21}}{M_{22}} & \dfrac{M_{12}}{M_{22}} \end{pmatrix} \tag{2.8}$$

接下来我们来讨论流密度守恒和时间反演不变性对上述两个矩阵施加的限定条件。在量子力学中，概率流密度的定义为

$$j(x) = \frac{\hbar i}{2m}\left[\psi(x)\frac{\partial \psi^*(x)}{\partial x} - \psi^*(x)\frac{\partial \psi(x)}{\partial x}\right] \tag{2.9}$$

在光学和电磁学中有完全类似的定义存在。运用概率流密度守恒，我们可以得到散射矩阵必须满足[1]

$$\boldsymbol{S}^{\dagger}\boldsymbol{S} = \begin{pmatrix} S_{11}^* & S_{21}^* \\ S_{12}^* & S_{22}^* \end{pmatrix}\begin{pmatrix} S_{11} & S_{12} \\ S_{21} & S_{22} \end{pmatrix} = 1 \tag{2.10}$$

通过计算可以得到

$$\begin{cases} |S_{11}|^2 + |S_{21}|^2 = 1, & |S_{22}|^2 + |S_{12}|^2 = 1 \\ S_{11}^* S_{12} + S_{21}^* S_{22} = 0, & S_{12}^* S_{11} + S_{22}^* S_{21} = 0 \end{cases} \tag{2.11}$$

针对转移矩阵得到的限定表达式有所不同，可写作[1]

$$\boldsymbol{M}^{\dagger}\begin{pmatrix} 1 & 0 \\ 0 & -1 \end{pmatrix}\boldsymbol{M} = \begin{pmatrix} M_{11}^* & M_{21}^* \\ M_{12}^* & M_{22}^* \end{pmatrix}\begin{pmatrix} 1 & 0 \\ 0 & -1 \end{pmatrix}\begin{pmatrix} M_{11} & M_{12} \\ M_{21} & M_{22} \end{pmatrix} = \begin{pmatrix} 1 & 0 \\ 0 & -1 \end{pmatrix} \tag{2.12}$$

上式等效为

$$\begin{cases} |M_{11}|^2 - |M_{21}|^2 = 1, & |M_{22}|^2 - |M_{12}|^2 = 1 \\ M_{11}^* M_{12} - M_{21}^* M_{22} = 0, & M_{12}^* M_{11} - M_{22}^* M_{21} = 0 \end{cases} \tag{2.13}$$

与此类似，时间反演不变性也对上述两个矩阵提出了类似的要求，对散射矩阵有

$$\begin{cases} |S_{11}|^2 + S_{12}^* S_{21} = 1, & |S_{22}|^2 + S_{21}^* S_{12} = 1 \\ S_{11}^* S_{12} + S_{12}^* S_{22} = 0, & S_{21}^* S_{11} + S_{22}^* S_{21} = 0 \end{cases} \tag{2.14}$$

针对转移矩阵有更加简单的形式[1]

$$\boldsymbol{M} = \begin{pmatrix} M_{11} & M_{12} \\ M_{12}^* & M_{11} \end{pmatrix} \tag{2.15}$$

上文只是针对散射矩阵和转移矩阵的一般规律进行讨论，并没有指出它们各个矩阵元的物理意义。不难证明，对应散射矩阵，它的各个矩阵元其实是

$$\boldsymbol{S} = \begin{pmatrix} r' & t \\ t' & r \end{pmatrix} \tag{2.16}$$

其中，r', t' 分别表示从左向右入射的波遇到势垒的反射系数和透射系数，而 r, t 则分别表示从右向左入射的波的反射系数和透射系数。运用式(2.7)，可以知道

$$\boldsymbol{M} = \begin{pmatrix} t' - \dfrac{rr'}{t} & \dfrac{r}{t} \\[2mm] -\dfrac{r'}{t} & \dfrac{1}{t} \end{pmatrix} \tag{2.17}$$

关于转移矩阵的具体形式，其推导过程并不复杂。下面给出一个具体的例子。

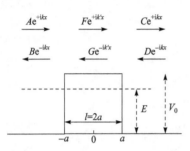

图 2.2　一个宽度为 $2a$，高度为 V_0 的矩形方势函数和能量为 E 的粒子的波函数分布，这里并没有规定粒子的具体入射方向

根据薛定谔方程，它的解在图 2.2 所示的三个不同区间内的解的分布可以写作

$$\psi(x) = \begin{cases} Ae^{ikx} + Be^{-ikx}, & x < -a \\ Fe^{ik'x} + Ge^{-ik'x}, & -a < x < a \\ Ce^{ikx} + De^{-ikx}, & a < x \end{cases} \tag{2.18}$$

其中，$k = \sqrt{2mE}/\hbar$，$k' = \sqrt{2m(E-V_0)}/\hbar$。如果势函数的高度大于粒子的能量 $E < V_0$，则 k' 是纯虚数。如果有 $V_0 < E$，则 $V_0 < 0$ 对应方势阱，在势阱内部有 $k' > k$；相反，$V_0 > 0$ 对应方势垒，且有 $k' < k$。根据转移矩阵的定义式 (2.6)，势函数两侧的波函数由下式连接在一起

$$\begin{pmatrix} Ce^{ika} \\ De^{-ika} \end{pmatrix} = \boldsymbol{M} \begin{pmatrix} Ae^{-ika} \\ Be^{ika} \end{pmatrix} \tag{2.19}$$

或者可以写作

$$\begin{cases} Ce^{ika} = M_{11}Ae^{-ika} + M_{12}Be^{ika} \\ De^{-ika} = M_{21}Ae^{-ika} + M_{22}Be^{ika} \end{cases} \tag{2.20}$$

为了确定转移矩阵的矩阵元，需要把系数 F, G, C, D 都用 A, B 来表示。因此，我们运用波函数及其一阶导数在势函数的两侧即 $x = \pm a$ 处都连续的条件，就可以得到四个线性关系。首先，在 $x = -a$ 处

$$\begin{cases} e^{-ika}A + e^{ika}B = e^{-ik'a}F + e^{ik'a}G \\ ke^{-ika}A - ke^{ika}B = k'e^{-ik'a}F - k'e^{ik'a}G \end{cases} \tag{2.21}$$

另外两个可以在 $x = a$ 处得到，即

$$\begin{cases} e^{-ika}D + e^{ika}C = e^{-ik'a}G + e^{ik'a}F \\ ke^{-ika}C - ke^{ika}D = k'e^{-ik'a}F - k'e^{ik'a}G \end{cases} \tag{2.22}$$

运用式(2.20)~式(2.22)，通过简单的数学计算，就可以得到转移矩阵的各个矩阵元，它们是

$$
\begin{cases}
M_{11} = \cos 2k'a + \dfrac{i}{2}\left(\dfrac{k}{k'}+\dfrac{k'}{k}\right)\sin 2k'a \\[2mm]
M_{12} = \dfrac{i}{2}\left(\dfrac{k'}{k}-\dfrac{k}{k'}\right)\sin 2k'a \\[2mm]
M_{21} = -\dfrac{i}{2}\left(\dfrac{k'}{k}-\dfrac{k}{k'}\right)\sin 2k'a \\[2mm]
M_{22} = \cos 2k'a - \dfrac{i}{2}\left(\dfrac{k}{k'}+\dfrac{k'}{k}\right)\sin 2k'a
\end{cases}
\tag{2.23}
$$

从上式可以看出，在势函数为实数的情况下(即不存在吸收或者增益)，转移矩阵确实满足流密度守恒的限制条件(2.13)，同时也满足时间反演不变性的限制条件(2.15)。根据式(2.17)，很容易得出该方形势函数的透射率

$$
T = |t|^2 = \frac{1}{|M_{22}|^2} = \frac{1}{1+\dfrac{1}{4}\left(\dfrac{k}{k'}-\dfrac{k'}{k}\right)^2 \sin^2 2k'a}
\tag{2.24}
$$

这里定义一个无量纲参数 $\beta = 2ma^2|V_0|/\hbar^2$ 来表征势垒的特征，利用式(2.24)不难计算在给定 β 取值的情况下，势垒的透过率随 E/V_0 变化的情形。从图 2.3 可以看到，当 E/V_0 取负值时，对应 $V_0 < 0 < E$ 的情形，方势垒转变为方势阱，但计算所得的透过率并不完全等于 1，即粒子有一部分被反射。这种被吸引势场所反射的现象是经典力学所不允许的，因此又被称为量子反射。当 $0 < E/V_0 < 1$，即 $0 < E$

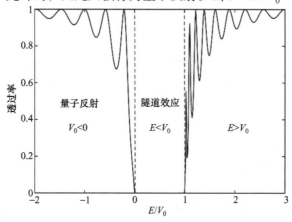

图 2.3　$\beta = 10$ 时，方势垒的透过率随 E/V_0 取值不同而变化

$< V_0$ 时，粒子的能量小于势垒的高度，这对应量子隧道效应。从图 2.3 中可见，粒子的隧穿概率是比较小的。当粒子的能量大于势垒高度时，即 $E/V_0 > 1$，粒子仍旧有一定概率被反射，这同样是与经典力学不符的。但在特定的能量，粒子透射的概率可以达到百分之百，被称为共振透射效应。

为了更全面地研究单势垒的透射，我们将 β 作为另一个变化参量，计算了单势垒透过率在 $(E/V_0, \beta)$ 平面上的透射率，计算结果如图 2.4 所示。

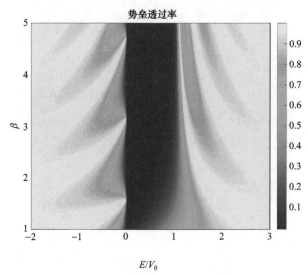

图 2.4 在 $(E/V_0, \beta)$ 平面上，计算所得的单势垒的透射率

2.2 分析转移矩阵

除了上面介绍的两种矩阵之外，常用的还有分析转移矩阵(analytical transfer matrix, ATM)。与散射矩阵和转移矩阵不同，这种矩阵将波函数及其一阶导数联系起来。有关分析转移矩阵的推导，读者可以根据 2.1 节的推导过程自行尝试，或者参考文献[2]。这里直接给出相关结论。

和量子力学不同，在光波导中起作用的不是势函数，而是介质的折射率。假设有一层均匀介质分布在 $[0, h]$ 区间内，其折射率为 n_1，该介质层之外的 $x < 0$ 区间的折射率为 n_0，而剩下的 $x > h$ 区间的折射率为 n_2，如果有 $n_1 > n_0, n_2$，则该结构对应一种最简单的平板波导结构。针对 TE 模式，我们选取 $\psi(x)$ 为 $E_y(x)$，则分析转移矩阵连接区间 $[0, h]$ 两侧的波函数 $E_y(x)$ 及其一阶导数 $E_y'(h)$，可以写出下面公式

$$\begin{bmatrix} E_y(h) \\ E'_y(h) \end{bmatrix} = \begin{bmatrix} \cos(\kappa h) & \dfrac{1}{\kappa}\sin(\kappa h) \\ -\kappa\sin(\kappa h) & \cos(\kappa h) \end{bmatrix} \begin{bmatrix} E_y(0) \\ E'_y(0) \end{bmatrix} \tag{2.25}$$

式中的 2×2 矩阵为

$$\boldsymbol{M}^{\mathrm{TE}}(h) = \begin{bmatrix} \cos(\kappa h) & \dfrac{1}{\kappa}\sin(\kappa h) \\ -\kappa\sin(\kappa h) & \cos(\kappa h) \end{bmatrix} \tag{2.26}$$

其中，$\kappa = \sqrt{k_0^2 n_1^2 - \beta^2}$，而传播常数 $\beta = k_0 n_0 \sin\theta_i$。因此，式(2.26)就是对应该平板波导波层的分析转移矩阵，它使导波层两端 $x=0$ 和 $x=h$ 界面上的电磁场矢量建立起关系。利用这种传递关系方程可完全确定光导波的传播特性。需要特别注意，与第 1 章的转移矩阵不同，分析转移矩阵是带方向性的。

利用类似的推导过程[2]，可得 TM 波满足的矩阵方程

$$\begin{bmatrix} H_y(h) \\ \dfrac{1}{n_2^2}H'_y(h) \end{bmatrix} = \begin{bmatrix} \cos(\kappa h) & \dfrac{n_1^2}{\kappa}\sin(\kappa h) \\ -\dfrac{\kappa}{n_1^2}\sin(\kappa h) & \cos(\kappa h) \end{bmatrix} \begin{bmatrix} H_y(0) \\ \dfrac{1}{n_0^2}H'_y(0) \end{bmatrix} \tag{2.27}$$

该波导结构对应的 TM 波的分析转移矩阵为

$$\boldsymbol{M}^{\mathrm{TM}}(h) = \begin{bmatrix} \cos(\kappa h) & \dfrac{n_1^2}{\kappa}\sin(\kappa h) \\ -\dfrac{\kappa}{n_1^2}\sin(\kappa h) & \cos(\kappa h) \end{bmatrix} \tag{2.28}$$

若把 TE 波和 TM 波对应导波层的分析转移矩阵写成统一的形式，则有

$$\boldsymbol{M}(h) = \begin{bmatrix} \cos(\kappa h) & \dfrac{f}{\kappa}\sin(\kappa h) \\ -\dfrac{\kappa}{f}\sin(\kappa h) & \cos(\kappa h) \end{bmatrix} \tag{2.29}$$

式中

$$f = \begin{cases} 1, & \mathrm{TE}\ \text{模式} \\ n_1^2, & \mathrm{TM}\ \text{模式} \end{cases} \tag{2.30}$$

很明显，和 2.1 节介绍的转移矩阵相比(见式(2.23))，分析转移矩阵的矩阵元更加简洁，这一优势在推导解析公式的过程中体现得十分明显[3]。在无吸收介质中，

流密度守恒定律成立，此时的分析转移矩阵是一个实系数的单位模矩阵，有

$$\det(\boldsymbol{M}) = \begin{vmatrix} m_{11} & m_{12} \\ m_{21} & m_{22} \end{vmatrix} = 1 \tag{2.31}$$

分析转移矩阵的逆矩阵由下式定义

$$\boldsymbol{M}\boldsymbol{M}^{-1} = \boldsymbol{I} \tag{2.32}$$

考虑到分析转移矩阵的两个特性，即式(2.29)和式(2.31)，有

$$\begin{cases} m_{11}m_{22} - m_{12}m_{21} = 1 \\ m_{11} = m_{22} \end{cases} \tag{2.33}$$

因此可得

$$\boldsymbol{M}^{-1} = \begin{bmatrix} m_{11} & -m_{12} \\ -m_{21} & m_{11} \end{bmatrix} \tag{2.34}$$

利用该矩阵的逆矩阵，可得到反向的传递关系。在方程(2.25)两边分别左乘一个转移矩阵 $\boldsymbol{M}^{-1}(h)$ 有

$$\begin{bmatrix} E_y(0) \\ E_y'(0) \end{bmatrix} = \begin{bmatrix} \cos(\kappa h) & -\dfrac{1}{\kappa}\sin(\kappa h) \\ \kappa \sin(\kappa h) & \cos(\kappa h) \end{bmatrix} \begin{bmatrix} E_y(h) \\ E_y'(h) \end{bmatrix} \tag{2.35}$$

同样，对 TM 波也有类似的关系

$$\begin{bmatrix} H_y(0) \\ \dfrac{1}{n_0^2} H_y'(0) \end{bmatrix} = \begin{bmatrix} \cos(\kappa h) & -\dfrac{n_1^2}{\kappa}\sin(\kappa h) \\ \dfrac{\kappa}{n_1^2}\sin(\kappa h) & \cos(\kappa h) \end{bmatrix} \begin{bmatrix} H_y(h) \\ \dfrac{1}{n_2^2} H_y'(h) \end{bmatrix} \tag{2.36}$$

由于分析转移矩阵及其逆矩阵互为逆矩阵关系，它们的地位是完全相同的，差别在于究竟是正向传递还是反向传递。这里规定，在其他章节中，如果不加特殊说明，转移矩阵指的是本节所介绍的分析转移矩阵，即式(2.29)和式(2.30)。

接下来讨论用于表征金属层的转移矩阵的形式。在金属薄膜波导和金属覆盖介质波导中，薄膜中的振荡场可转化为两个指数函数场的叠加，横向波数 κ 转化为衰减系数 α ，即有

$$\kappa = \mathrm{i}\alpha \tag{2.37}$$

利用恒等式

$$\begin{cases} \sin(\mathrm{i}x) = \mathrm{i}\sinh(x) \\ \cos(\mathrm{i}x) = \cosh(x) \end{cases} \tag{2.38}$$

则转移矩阵(2.26)转化成如下形式：

$$M(h) = \begin{bmatrix} \cosh(\alpha h) & \dfrac{1}{\alpha}\sin(\alpha h) \\ \alpha\sinh(\alpha h) & \cos(\alpha h) \end{bmatrix} \tag{2.39}$$

而上述转移矩阵逆转化成如下形式：

$$M^{-1}(h) = \begin{bmatrix} \cosh(\alpha h) & -\dfrac{1}{\alpha}\sinh(\alpha h) \\ -\alpha\sinh(\alpha h) & \cosh(\alpha h) \end{bmatrix} \tag{2.40}$$

对 TM 模，也有相应的转移矩阵，这里不再列举。

　　为了比较 2.1 节介绍的转移矩阵和本节介绍的分析转移矩阵，这里再举一个具体的例子，就是 δ 函数。因为 2.1 节是在量子力学框架下进行描述的，而本节是采用了波导理论，这里首先给出波导理论中 δ 函数的形式。粒子在空间中各处的波矢大小为 $\kappa = \sqrt{2m\left[E - V(x)\right]}\big/\hbar$，相对地，光波在空间中的横向传播常数写作 $\kappa = \sqrt{k_0^2 n^2(x) - \beta^2}$，其中 n_0 为光学中 δ 势函数外的折射率。在量子力学中，δ 势垒函数形如

$$V(x) = \frac{\hbar^2}{2m}\Lambda\delta(x) \tag{2.41}$$

上述势函数可以通过方势垒的极限情况获得，假设方势垒分布在 $[-a, \ a]$ 的区间内，且势垒宽度 $2a \to 0$，而方势垒的高度 $V_0 = \dfrac{\hbar^2}{2m}\dfrac{\Lambda}{2a} \to \infty$，因此该方势垒的宽高积为常数，即有 $2aV_0 = \dfrac{\hbar^2\Lambda}{2m}$。在势垒区域，忽略粒子自身能量 E，可以得到

$$\kappa' = \mathrm{i}\sqrt{\Lambda/(2a)} \tag{2.42}$$

与之类似，我们可以定义在光学中折射率分布为

$$n^2(x) = -\frac{1}{k_0^2}\Lambda\delta(x) \tag{2.43}$$

它也可以等效为一个宽为 $2a \to 0$，高度为 $n_0^2 = -\dfrac{1}{k_0^2}\dfrac{\Lambda}{2a} \to -\infty$ 的方折射率阱的极限情形，在折射率阱的内部，横向波矢同样由式(2.42)给出。有了(2.41)和(2.43)两式，我们就可以在完全相同的条件下，比较 2.1 节介绍的转移矩阵(由式(2.23)给出)和 2.2 节介绍的分析转移矩阵(由式(2.26)给出)在 δ 函数的特例。

　　首先，考虑以下两个极限式

$$\begin{cases} \lim_{a\to 0} \dfrac{\sin\kappa' a}{\kappa'} \sim a = 0 \\ \lim_{a\to 0} \dfrac{\kappa'}{\kappa}\sin 2\kappa' a = -\dfrac{\Lambda}{\kappa} \end{cases} \tag{2.44}$$

利用上式，我们可以根据式(2.23)写出适用于式(2.41)所示函数的转移矩阵 $\boldsymbol{M}_\Lambda$：

$$\boldsymbol{M}_\Lambda = \begin{pmatrix} 1+\dfrac{\Lambda}{2\mathrm{i}\kappa} & +\dfrac{\Lambda}{2\mathrm{i}\kappa} \\ -\dfrac{\Lambda}{2\mathrm{i}\kappa} & 1-\dfrac{\Lambda}{2\mathrm{i}\kappa} \end{pmatrix} \tag{2.45}$$

利用式(2.44)，我们也可以推导出分析转移矩阵的形式：

$$\boldsymbol{N}_\Lambda = \begin{pmatrix} 1 & 0 \\ \Lambda & 1 \end{pmatrix} \tag{2.46}$$

这里用 $\boldsymbol{N}$ 表示分析转移矩阵，以便和式(2.45)进行区分。式(2.46)的物理意义十分明确，它其实给出下面两个式子

$$\begin{cases} \psi(0^+) = \psi(0^-) \\ \dfrac{\partial\psi(0^+)}{\partial x} = \Lambda\psi(0^-) + \dfrac{\partial\psi(0^-)}{\partial x} \end{cases} \tag{2.47}$$

即 δ 函数两侧的波函数连续，一阶导数产生跃变，这和量子理论是吻合的。

2.3　反射率、透射率和波函数

本节将介绍分析转移矩阵的几个主要用处，包括计算一维光学系统的反射率(透射率)和波函数。下面举一个具体的例子，假设入射光是 TE 波，并且以 θ 角入射到一块厚度为 $2a$ 的无限大的介质板上。令真空的折射率为 n_0，而无限大介质板的折射率为 n，光在真空中的传播常数为 $k_0 = \omega\sqrt{\varepsilon_0\mu_0} = 2\pi/\lambda$，则 TE 波的电场分量 E_y 所遵从的方程为

$$\frac{\partial^2 E_y}{\partial x^2} + \left[k_0^2 n^2(x) - \beta^2 \right] E_y = 0 \tag{2.48}$$

因此 E_y 在各个区域的分布可以写作

$$E_y = \begin{cases} A\mathrm{e}^{\mathrm{i}kx} + B\mathrm{e}^{-\mathrm{i}kx}, & x < -a \\ F\mathrm{e}^{\mathrm{i}k'x} + G\mathrm{e}^{-\mathrm{i}k'x}, & -a < x < a \\ C\mathrm{e}^{\mathrm{i}kx}, & x > a \end{cases} \tag{2.49}$$

其中，$k = \sqrt{k_0^2 n_0^2 - \beta^2}$，$k' = \sqrt{k_0^2 n^2 - \beta^2}$，而传播常数 β 由入射光波长和入射角决定，即 $\beta = k_0 n_0 \sin\theta$。可以看出这个问题与量子力学中的矩形方势函数(图 2.5)是相同的。当然，比较(2.18)和(2.49)两式可以发现，在式(2.49)中规定了 $D = 0$，这是由于入射光的传输方向已经确定。

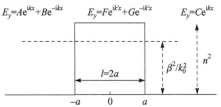

图 2.5 无限大介质板的反射和透射，等效于量子力学中一维矩形方势垒问题

根据电场分布函数(2.49)，不难得到电场函数的一阶导数分布

$$E_y' = \begin{cases} ik\left(Ae^{ikx} - Be^{-ikx}\right), & x < -a \\ ik'\left(Fe^{ik'x} - Ge^{-ik'x}\right), & -a < x < a \\ ikCe^{ikx}, & x > a \end{cases} \tag{2.50}$$

利用式(2.35)可以写出转移矩阵连接电场分布的表达式

$$\begin{bmatrix} E_y(-a) \\ E_y'(-a) \end{bmatrix} = \begin{bmatrix} \cos(2k'a) & -\dfrac{1}{k'}\sin(2k'a) \\ k'\sin(2k'a) & \cos(2k'a) \end{bmatrix} \begin{bmatrix} E_y(a) \\ E_y'(a) \end{bmatrix} \tag{2.51}$$

为了计算该平板的反射率和透射率，需要用到反射系数 $t = B/A$ 和透射系数 $t = C/A$，利用(2.49)和(2.50)两式，可以将式(2.51)改写为

$$\begin{bmatrix} e^{-ika} + re^{ika} \\ ik\left(e^{-ika} - re^{ika}\right) \end{bmatrix} = \begin{bmatrix} \cos(2k'a) & -\dfrac{1}{k'}\sin(2k'a) \\ k'\sin(2k'a) & \cos(2k'a) \end{bmatrix} \begin{bmatrix} te^{ika} \\ ikte^{ika} \end{bmatrix} \tag{2.52}$$

通过简单的数学推导，可以得到

$$\begin{cases} t = \dfrac{1}{\cos 2k'a - \dfrac{i}{2}\left(\dfrac{k'}{k} + \dfrac{k}{k'}\right)\sin 2k'a} \cdot e^{-2ika} \\[6mm] r = \dfrac{\dfrac{i}{2}\left(\dfrac{k'}{k} - \dfrac{k}{k'}\right)\sin 2k'a}{\cos 2k'a - \dfrac{i}{2}\left(\dfrac{k'}{k} + \dfrac{k}{k'}\right)\sin 2k'a} \cdot e^{-2ika} \end{cases} \tag{2.53}$$

利用上面的结果可以得到透射率和反射率的公式

$$
\begin{cases}
T = \dfrac{1}{1 + \dfrac{1}{4}\left(\dfrac{k'}{k} - \dfrac{k}{k'}\right)^2 \sin^2 2k'a} \\[4mm]
R = \dfrac{\dfrac{1}{4}\left(\dfrac{k'}{k} - \dfrac{k}{k'}\right)^2 \sin^2 2k'a}{1 + \dfrac{1}{4}\left(\dfrac{k'}{k} - \dfrac{k}{k'}\right)^2 \sin^2 2k'a}
\end{cases}
\tag{2.54}
$$

上述公式满足能量守恒定律 $T + R = 1$。还可以发现，透射率的结果与式(2.24)是相同的，这说明分析转移矩阵与 2.1 节介绍的转移矩阵在本质上是相通的，也说明了多层平板介质构成的光学系统与一维量子力学问题是相通的。

计算电场在全空间的分布就是求解式(2.49)中的系数。首先入射光的振幅 A 是给定的，它由激光器的功率决定，而利用式(2.53)可以确定 B, C 两个系数，接下去只需将 F, G 两个系数也用 A 表示，就可以得到波函数分布。利用在边界 $x = a$ 处波函数及其一阶导数连续的条件，可以写出

$$
\begin{cases}
F\mathrm{e}^{ik'a} + G\mathrm{e}^{-ik'a} = At\mathrm{e}^{ika} \\[2mm]
F\mathrm{e}^{ik'a} - G\mathrm{e}^{-ik'a} = \dfrac{k}{k'}At\mathrm{e}^{ika}
\end{cases}
\tag{2.55}
$$

化简可得

$$
\begin{cases}
F/A = \dfrac{k' + k}{2k'}\mathrm{e}^{i(k-k')a}t \\[3mm]
G/A = \dfrac{k' - k}{2k'}\mathrm{e}^{i(k+k')a}t
\end{cases}
\tag{2.56}
$$

利用(2.53)和(2.56)两式，可以得出 E_y 沿 x 轴的分布。下面来看一个具体的例子。假设有一块厚度为 6μm，折射率为 1.5 的玻璃板，而入射激光波长为 650nm，利用式(2.54)可以计算改变入射角时该平行玻璃板的反射率随入射角的变化，如图 2.6 所示。

如图 2.6 所示，一块很简单的玻璃板的反射率随着入射角的变化会产生振荡现象，这是由于光在玻璃板的两个界面上都发生了散射，而这两种散射机制相互干涉形成了振荡，这就是法布里-珀罗(FP)腔的振荡机制。若玻璃板的厚度增加，则振荡的次数也会增加。接下来，我们还将选取两个角度，分别是接近共振峰底部的 40°(A 点)和接近共振峰顶部的 62°(B 点)，作出这两种情况下的电场分布 $|E_y|$

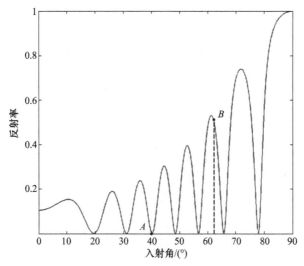

图 2.6   平行玻璃板的反射率随入射角的变化

和光强分布 $I \propto \left| E_y \right|^2$。在计算过程中，我们将入射光的电场分量 E_y 的振幅归一化为 1，即令 $A = 1$。根据图 2.5 的模型，玻璃板分布在 [−3μm, 3μm] 的区域内，外侧为空气。玻璃板的左侧是入射光和反射光以相反方向相互传输而形成的干涉场（因为入射光采用了无限大的平面波的模型）；玻璃板的右侧只存在透射光场。在玻璃板内部是一个 FP 腔的振荡场，从图 2.7 和图 2.8 可知，该振荡场的幅度与反射率密切相关，即当反射率为极小值（图 2.7）时，能量的耦合效率较高，因而玻璃区域电场振荡更剧烈；相对地，当反射率为极大值（图 2.8）时，能量的耦合效率较低。另一方面，在玻璃板的左侧，由于干涉效应，光场强度是周期分布的，而在玻璃板右侧，光场强度处处相同，这与透射光是平面波相吻合。

　　最后还需要说明的是，上面的例子在本质上就是一个最简单的平板光波导，但它在所有的区域都是振荡场。它并不能很好地将光能束缚在导波层内，即使在耦合效率很高的时候，也不能在玻璃板内产生很强的场强分布。当然，这个例子只是为了解释利用分析转移矩阵求一维光学系统的透射率、反射率以及场分布的步骤，当面对更复杂的结构（层数更多、材料的折射率为负数或者复数）时，利用上述方法都可以准确地求出上述物理量。如果研究对象不是离散的，而是连续变化的，那么应该首先将折射率分布离散化，再进行计算。这么处理得到的结果虽然是近似的，但是可以通过不断细分的办法使近似解向精确解不断逼近，最终得到的极限就是所求的解[3]。总之，转移矩阵方法不仅仅是一个数学工具，在很多场合都十分有用，这里不再展开叙述。

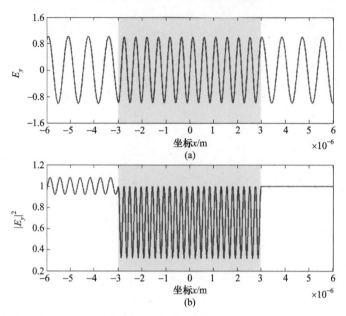

图 2.7　入射角为 40°时, 电场 y 分量的分布和光强分布, 图中的阴影标识了玻璃板所在的区域

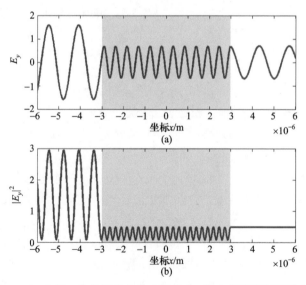

图 2.8　入射角为 62°时, 电场 y 分量的分布和光强分布, 图中的阴影标识了玻璃板所在的区域

2.4　转移矩阵求解光子禁带

本节利用光学的转移矩阵来求解一维光子晶体中的光子禁带。首先利用式 (2.17)来推导单界面的光学转移矩阵公式, 假设某一光学界面左侧材料的介电

系数和磁导率分别为 ε_1 和 μ_1；界面右侧的光学材料的介电系数和磁导率分别为 ε_2 和 μ_2，坐标系如图 2.9 所示。

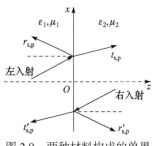

图 2.9　两种材料构成的单界面上的光学散射

我们考虑 TE(s)偏振，其向右和向左传输透射系数分别为

$$t_s' = \frac{2\mu_2 k_{1z}}{\mu_1 k_{2z} + \mu_2 k_{1z}}, \quad t_s = \frac{2\mu_1 k_{2z}}{\mu_1 k_{2z} + \mu_2 k_{1z}} \quad (2.57)$$

其向右和向左传输的反射系数分别为

$$r_s' = \frac{\mu_2 k_{1z} - \mu_1 k_{2z}}{\mu_1 k_{2z} + \mu_2 k_{1z}}, \quad r_s = \frac{\mu_1 k_{2z} - \mu_2 k_{1z}}{\mu_1 k_{2z} + \mu_2 k_{1z}} \quad (2.58)$$

将它们代入式(2.17)可得 TE(s)模式下单界面的转移矩阵为

$$\boldsymbol{M}_{12}^s = \frac{1}{2}\begin{pmatrix} 1 + \dfrac{\mu_2 k_{1z}}{\mu_1 k_{2z}} & 1 - \dfrac{\mu_2 k_{1z}}{\mu_1 k_{2z}} \\ 1 - \dfrac{\mu_2 k_{1z}}{\mu_1 k_{2z}} & 1 + \dfrac{\mu_2 k_{1z}}{\mu_1 k_{2z}} \end{pmatrix} \quad (2.59)$$

其下标 12 表示界面两侧的两种介质，上标表示偏振态。考虑到 $k_{1z} = k_1 \cos\theta_1$，$k_{2z} = k_2 \cos\theta_2$，并且利用阻抗 $z = \sqrt{\mu/\varepsilon}$，可以定义 $z_{21} = \dfrac{z_2}{z_1} = \dfrac{\mu_2}{\mu_1}\dfrac{k_1}{k_2} = \sqrt{\dfrac{\mu_2 \varepsilon_1}{\mu_1 \varepsilon_2}}$，则可以将上式改写为

$$\boldsymbol{M}_{12}^s = \frac{1}{2}\begin{pmatrix} 1 + z_{21}\dfrac{\cos\theta_1}{\cos\theta_2} & 1 - z_{21}\dfrac{\cos\theta_1}{\cos\theta_2} \\ 1 - z_{21}\dfrac{\cos\theta_1}{\cos\theta_2} & 1 + z_{21}\dfrac{\cos\theta_1}{\cos\theta_2} \end{pmatrix} \quad (2.60)$$

类似地，可以得到 TM(p)模式下单界面的转移矩阵为

$$\boldsymbol{M}_{12}^p = \frac{1}{2}\begin{pmatrix} 1 + \dfrac{\varepsilon_2 k_{1z}}{\varepsilon_1 k_{2z}} & 1 - \dfrac{\varepsilon_2 k_{1z}}{\varepsilon_1 k_{2z}} \\ 1 - \dfrac{\varepsilon_2 k_{1z}}{\varepsilon_1 k_{2z}} & 1 + \dfrac{\varepsilon_2 k_{1z}}{\varepsilon_1 k_{2z}} \end{pmatrix} \quad (2.61)$$

引入 $z_{12} = \dfrac{\varepsilon_2}{\varepsilon_1}\dfrac{k_1}{k_2} = \sqrt{\dfrac{\mu_1 \varepsilon_2}{\mu_2 \varepsilon_1}} = \dfrac{z_1}{z_2}$，可以将上式改为

$$M_{12}^{\mathrm{p}} = \frac{1}{2}\begin{pmatrix} 1+z_{12}\dfrac{\cos\theta_1}{\cos\theta_2} & 1-z_{12}\dfrac{\cos\theta_1}{\cos\theta_2} \\ 1-z_{12}\dfrac{\cos\theta_1}{\cos\theta_2} & 1+z_{12}\dfrac{\cos\theta_1}{\cos\theta_2} \end{pmatrix} \tag{2.62}$$

接下来考虑一个厚度为 h 的单层膜的光学特性。假设在材料 2 的单层膜的左侧是材料 1，右侧是材料 3，则该单层膜的转移矩阵可以写作

$$M = M_{12}\begin{pmatrix} \mathrm{e}^{\mathrm{i}k_{2z}h} & 0 \\ 0 & \mathrm{e}^{-\mathrm{i}k_{2z}h} \end{pmatrix}M_{23} \tag{2.63}$$

上式中的对角矩阵代表单层膜内均匀介质的转移矩阵。以 TE 偏振为例，单层膜的转移矩阵的四个矩阵元分别为

$$\begin{cases} M_{11}^{\mathrm{s}} = \dfrac{1}{2}\left(1+\dfrac{\mu_3 k_{1z}}{\mu_1 k_{3z}}\right)\cos k_{2z}h + \dfrac{\mathrm{i}}{2}\left(\dfrac{\mu_3 k_{2z}}{\mu_2 k_{3z}}+\dfrac{\mu_2 k_{1z}}{\mu_1 k_{2z}}\right)\sin k_{2z}h \\ M_{12}^{\mathrm{s}} = \dfrac{1}{2}\left(1-\dfrac{\mu_3 k_{1z}}{\mu_1 k_{3z}}\right)\cos k_{2z}h + \dfrac{\mathrm{i}}{2}\left(\dfrac{\mu_3 k_{2z}}{\mu_2 k_{3z}}-\dfrac{\mu_2 k_{1z}}{\mu_1 k_{2z}}\right)\sin k_{2z}h \\ M_{22}^{\mathrm{s}} = \dfrac{1}{2}\left(1+\dfrac{\mu_3 k_{1z}}{\mu_1 k_{3z}}\right)\cos k_{2z}h - \dfrac{\mathrm{i}}{2}\left(\dfrac{\mu_3 k_{2z}}{\mu_2 k_{3z}}+\dfrac{\mu_2 k_{1z}}{\mu_1 k_{2z}}\right)\sin k_{2z}h \\ M_{21}^{\mathrm{s}} = \dfrac{1}{2}\left(1-\dfrac{\mu_3 k_{1z}}{\mu_1 k_{3z}}\right)\cos k_{2z}h - \dfrac{\mathrm{i}}{2}\left(\dfrac{\mu_3 k_{2z}}{\mu_2 k_{3z}}-\dfrac{\mu_2 k_{1z}}{\mu_1 k_{2z}}\right)\sin k_{2z}h \end{cases} \tag{2.64}$$

类似地，可以得到 TM 偏振下单层膜的转移矩阵的矩阵元为

$$\begin{cases} M_{11}^{\mathrm{p}} = \dfrac{1}{2}\left(1+\dfrac{\varepsilon_3 k_{1z}}{\varepsilon_1 k_{3z}}\right)\cos k_{2z}h + \dfrac{\mathrm{i}}{2}\left(\dfrac{\varepsilon_3 k_{2z}}{\varepsilon_2 k_{3z}}+\dfrac{\varepsilon_2 k_{1z}}{\varepsilon_1 k_{2z}}\right)\sin k_{2z}h \\ M_{12}^{\mathrm{p}} = \dfrac{1}{2}\left(1-\dfrac{\varepsilon_3 k_{1z}}{\varepsilon_1 k_{3z}}\right)\cos k_{2z}h + \dfrac{\mathrm{i}}{2}\left(\dfrac{\varepsilon_3 k_{2z}}{\varepsilon_2 k_{3z}}-\dfrac{\varepsilon_2 k_{1z}}{\varepsilon_1 k_{2z}}\right)\sin k_{2z}h \\ M_{22}^{\mathrm{s}} = \dfrac{1}{2}\left(1+\dfrac{\varepsilon_3 k_{1z}}{\varepsilon_1 k_{3z}}\right)\cos k_{2z}h - \dfrac{\mathrm{i}}{2}\left(\dfrac{\varepsilon_3 k_{2z}}{\varepsilon_2 k_{3z}}+\dfrac{\varepsilon_2 k_{1z}}{\varepsilon_1 k_{2z}}\right)\sin k_{2z}h \\ M_{21}^{\mathrm{s}} = \dfrac{1}{2}\left(1-\dfrac{\varepsilon_3 k_{1z}}{\varepsilon_1 k_{3z}}\right)\cos k_{2z}h - \dfrac{\mathrm{i}}{2}\left(\dfrac{\varepsilon_3 k_{2z}}{\varepsilon_2 k_{3z}}-\dfrac{\varepsilon_2 k_{1z}}{\varepsilon_1 k_{2z}}\right)\sin k_{2z}h \end{cases} \tag{2.65}$$

最简单的一维光子晶体可以认为是由两种材料按照周期性排列成的无限长的层状结构，如图 2.10 所示。

为了写出一个光子晶体周期所对应的转移矩阵，可以把它看作是一个嵌在均匀材料 b 中的材料 a 中的单层膜，即

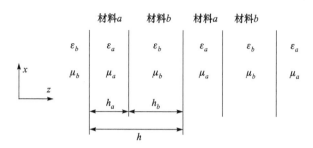

图 2.10　由两种材料构成的一维周期性层状结构(一维光子晶体)

$$M_{\text{Photonic\_crystal}} = \begin{pmatrix} e^{ik_{bz}h_b} & 0 \\ 0 & e^{-ik_{bz}h_b} \end{pmatrix} M_{\text{slab\_}a} \tag{2.66}$$

如果上述矩阵遵守时间反演不变性(time reversal symmetry)，上述矩阵的迹应该是实数，并且该矩阵的两个本征值 λ_1 和 λ_2 应该满足

$$\lambda_2 \lambda_1 = 1 \tag{2.67}$$

这里要分两种情形进行讨论。对于第一种情形，当 $|\lambda_1| = 1$ 时，我们得到

$$\lambda_1 = e^{iqh}, \quad \lambda_2 = e^{-iqh} \tag{2.68}$$

其中，q 表示波矢大小，并且也是一个实数。根据上述讨论，可以得到转移矩阵的迹满足

$$\text{Tr}M = \lambda_1 + \lambda_2 = 2\cos qh \tag{2.69}$$

式(2.69)给出了一个判断光子晶体导带的重要判据，即

$$|\text{Tr}M| < 2 \tag{2.70}$$

对于第二种情形，当 $|\lambda_1| \neq 1$ 时，可以得到

$$|\text{Tr}M| = |\lambda_1 + \lambda_1^{-1}| = 2\cosh \kappa h > 2 \tag{2.71}$$

在这种情况下，光子晶体内的波的振幅随着传输距离的增加呈指数衰减，因此式 (2.71)可以作为光子禁带的判据。

通过一些简单的数学计算，结合(2.64)、(2.65)和(2.66)三式，可以得到图 2.10 所示的一维光子晶体对应的转移矩阵的迹为

$$\text{Tr}M^{(s,p)} = 2\cos\phi_a \cos\phi_b - \left(z_{ab}^{(s,p)} + \frac{1}{z_{ab}^{(s,p)}}\right)\sin\phi_a \sin\phi_b \tag{2.72}$$

其中

$$\begin{cases} \phi_a = h_a k_{az} \\ \phi_b = h_b k_{bz} \\ z_{ab}^{(s)} = \dfrac{\mu_b k_{az}}{\mu_a k_{bz}} \\ z_{ab}^{(p)} = \dfrac{\varepsilon_b k_{az}}{\varepsilon_a k_{bz}} \end{cases} \tag{2.73}$$

式(2.69)也可以用于这个简单的光子晶体模型，其中周期厚度 $h = h_a + h_b$，我们可以计算出在给定的入射角条件下的色散关系 $\omega = \omega(q)$。因此，还需要用到材料 a 和 b 中的色散关系

$$\frac{\omega^2}{c^2} \varepsilon_a \mu_a = k_x^2 + k_{az}^2, \qquad \frac{\omega^2}{c^2} \varepsilon_b \mu_b = k_x^2 + k_{bz}^2 \tag{2.74}$$

式中，k_x 是波矢的切向分量大小，它在整个结构中是保持不变的。下面给出一个实际的例子，假设一维光子晶体结构由两种不吸收的介质构成，首先考虑在传输方向 θ_b 给定的情况下的色散关系。为了说明方便，可以考虑以下归一化的处理，设

$$k_0 n_b h_b = \pi/2, \qquad \omega_0 = k_0 c \tag{2.75}$$

利用上述归一化频率后，图 2.11 给出了两种不同偏振在三个不同角度 $\theta_b = 0, \pi/6, \pi/3$ 的色散关系。

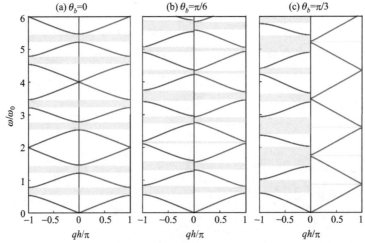

图 2.11　一维光子晶体在不同角度 θ_b 下的色散关系 $\omega = \omega(q)$

图中阴影区域对应光子禁带，每幅图的左右两半各自对应 TE 模和 TM 模，波导的结构参数为
$\varepsilon_a = 4, \varepsilon_b = 1, \mu_a = \mu_b = 1$，归一化参数为 $h_a = h_b = 1$，光速 $c = 1$

从图 2.11 可以看出，当 $\theta_b = 0$ 时，并不能区分 TE 和 TM 两种偏振，因此它们的色散关系是简并的；当 θ_b 增大时，两种模式的差异逐渐增大，其中 TE 模式

的光子禁带的宽度逐渐增大,而 TM 模式的光子禁带的宽度不断减小。在布儒斯特角时,TM 模式的光子禁带完全消失,在图 2.11 所用的例子中,布儒斯特角为 $\theta_B = \arctan(n_b / n_a) \approx 63°$。图 2.12 计算了光子晶体的禁带宽度随 n_a / n_b 的变化情况,可以看到 n_a / n_b 越大,光子晶体的禁带宽度越大。

接下来我们继续研究光子晶体的能带结构,把它绘制在 $(\omega/\omega_0,\ k_x/k_0)$ 平面上,判断每一个点对应的转移矩阵的迹是否满足式 (2.70),如果满足则说明该光子晶体结构具有与该点对应的传输模式。和图 2.12 一样,我们考虑不同比值 n_a / n_b 时的能带结构。在图 2.13 和图 2.14 中的两个例子中也保证 $n_a h_a = n_b h_b$。

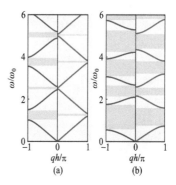

图 2.12 光子晶体的禁带宽度随 n_a / n_b 的变化情况

图中阴影部分代表光子禁带, (a)、(b)各自对应 TE 模和 TM 模, 其参数为 $\theta_b = \pi/4$, $n_a h_a = n_b h_b$ 。(a) $n_a = 1.5, n_b = 1$; (b) $n_a = 5, n_b = 1$

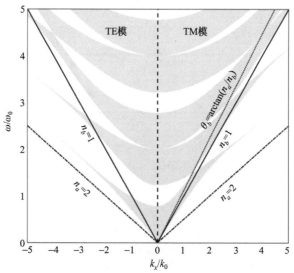

图 2.13 一维光子晶体的能带结构, 图中阴影部分对应光子晶体的能带。其中 $n_a = 2, n_b = 1$, 图的左右两侧分别对应 TE 模式和 TM 模式,虚线为材料 a 中的光线,实线为材料 b 中的光线。另外, 布儒斯特角对应的直线 $\omega = ck_x/\sin\theta_b$ 用点线的形式画在图的右侧

图 2.13 给出了 $n_a / n_b = 2$ 时的能带结构, 并且给出了两种材料中的光线: $k_x < k = \dfrac{\omega}{c} n$,因此在两条光线中间的区域对应的模式可以在这种材料中传输。由

图 2.13 可以看出 TE 模式和 TM 模式之间的明显差异。对于 TM 模式来说，布儒斯特角对应着一条特殊的直线：$\omega = ck_x / \sin\theta_b$，而 $\theta_b = \arctan(n_a / n_b)$。从图 2.13 可以看出，TM 模式在布儒斯特角处不存在光子禁带，这也解释了图 2.11 中出现的现象。图 2.14 中增加了比值 n_a / n_b，可以看到每一个能带的宽度都减小了，这与图 2.12 的结论是吻合的。

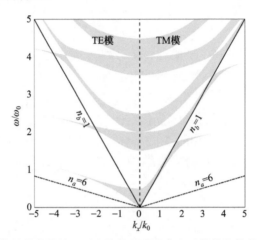

图 2.14　一维光子晶体的能带结构，图中阴影部分对应光子晶体的能带。其中 $n_a = 6, n_b = 1$，
左右两侧分别对应 TE 模式和 TM 模式；虚线为材料 a 中的光线，实线为材料 b 中的光线

2.5　本 章 小 结

本章介绍了转移矩阵和分析转移矩阵两种研究光波导所必需的数学工具，并且给出了一些具体例子来说明这些矩阵的应用，包括对反射率、透射率、模场分布和能结构的计算。

参 考 文 献

[1] Markos P, Soukoulis C M. Wave Propagation: From Electrons to Photonic Crystals and Left-Handed Materials. Princeton and Oxford: Princeton University Press, 2008: 1-27.

[2] 曹庄琪. 导波光学. 北京：科学出版社, 2007：31-39.

[3] 曹庄琪, 殷澄. 一维波动力学新论. 上海：上海交通大学出版社, 2012：79-90.

第3章 平板波导结构

本章介绍平板波导的相关理论。首先从麦克斯韦方程组出发推导出平板波导的 TE 模式和 TM 模式，然后讨论两种典型的平板波导结构，一种是将能量局限在某一介质层的介质平板波导结构，它又可以分为对称和非对称两种结构；另一种是将能量局限在金属/介质界面的表面波导结构，即表面等离激元波导结构，其中的典型结构为金属/介质/金属(MDM)和介质/金属/介质(DMD)。

3.1 平板波导的模式

本书研究的平板波导结构的折射率分布是层状的，可以想象在空间中存在 N 个与 x 轴垂直的平面，将整个空间分成 $N+1$ 个区间，每一个区间中填充了一种均匀介质。定义 z 轴是波导的导模传输方向，则光波导的折射率沿 z 向是不变的，这种平板波导属于正规光波导[1]。其实，在平板光波导中，折射率分布沿 y 方向也是不变的，这使得整个问题简化到一维。

可以证明，在正规光波导中，运用分离变量的方法总可以将光场写成分离的形式，这类似于线性矢量空间的基矢量的概念，被称为波导的模式，即

$$\begin{pmatrix} \boldsymbol{E}(x,y,z,t) \\ \boldsymbol{H}(x,y,z,t) \end{pmatrix} = \begin{pmatrix} \boldsymbol{E}^n(x,y) \\ \boldsymbol{H}^n(x,y) \end{pmatrix} e^{i(\beta_n z - \omega t)} \tag{3.1}$$

这里的上标 n 表示波导模式的模阶序数，而 $\boldsymbol{E}^n, \boldsymbol{H}^n$ 的空间分布仅由坐标 x, y 确定，它们还可以分解为横向分量 $\boldsymbol{E}_t^n, \boldsymbol{H}_t^n$ 和纵向分量 $\boldsymbol{E}_z^n, \boldsymbol{H}_z^n$。$\beta_n$ 是该模式的传播常数。通常所说的波导模式是亥姆赫兹方程的本征解，是波导结构所允许的一种光场分布，具有正交性，是光波导结构所允许的一种光场的分布。如果不考虑波导的吸收、泄漏等损耗因素，则模式沿着传输方向的分布是稳定的，这是波导模式的一个重要特性。模式是光波导的一个基本概念，它是指光场在垂直纵向的平面内分布的场图，一个波导的模式沿着纵向传输时，它的场分布形式不变。

根据激发条件，一般情况下波导中的总的场分布由多个模式的线性组合构成，即

$$\begin{pmatrix} \boldsymbol{E}_{\text{total}} \\ \boldsymbol{H}_{\text{total}} \end{pmatrix} = \sum_n \begin{pmatrix} \boldsymbol{E}^n(x,y) \\ \boldsymbol{H}^n(x,y) \end{pmatrix} e^{i\beta_n z} \tag{3.2}$$

这里还需要指出，波导模式的横向分量和纵向分量之间也是有联系的，直接将麦克斯韦方程组代入 $\boldsymbol{E}^n = \left(\boldsymbol{E}_t^n + \boldsymbol{E}_z^n\right)e^{i\beta_n z}$ 和 $\boldsymbol{H}^n = \left(\boldsymbol{H}_t^n + \boldsymbol{H}_z^n\right)e^{i\beta_n z}$，可得

$$\begin{cases} \boldsymbol{H}_z^n = -\dfrac{i}{\beta_n}\nabla_t \cdot \boldsymbol{H}_t^n \\[2mm] \boldsymbol{E}_z^n = -\dfrac{i}{\beta_n}\left(\dfrac{\nabla_t \varepsilon}{\varepsilon} \cdot \boldsymbol{E}_t^n + \nabla_t \cdot \boldsymbol{E}_t^n\right) \end{cases} \tag{3.3}$$

其中，$\nabla_t = \hat{x}\dfrac{\partial}{\partial x} + \hat{y}\dfrac{\partial}{\partial y}$。详细推导过程请参考有关文献[1]。基于电磁场的纵向分量 $\boldsymbol{E}_z^n, \boldsymbol{H}_z^n$ 是否为零，可以将波导的模式分为横电磁模(TEM)、横电模(TE)，横磁模(TM)和杂化模(hybrid)。它们的划分见表3.1。

表 3.1　波导模式的划分

模式名称	判断标准
横电磁模	$E_z^n=0, H_z^n=0$
横电模	$E_z^n=0, H_z^n \neq 0$
横磁模	$E_z^n \neq 0, H_z^n=0$
杂化模	$E_z^n \neq 0, H_z^n \neq 0$

在本书所关注的平板波导中，通常只涉及横电模(TE)和横磁模(TM)两种模式，因此接下来讨论平板波导的这两种模式所满足的方程。首先忽略自由电流密度，并且代入 $\partial/\partial t = -i\omega$，将麦克斯韦方程组中的两个旋度方程分别展开写作

$$\begin{cases} \dfrac{\partial \boldsymbol{E}_z}{\partial y} - \dfrac{\partial \boldsymbol{E}_y}{\partial z} = i\omega\mu_0 \boldsymbol{H}_x \\[2mm] \dfrac{\partial \boldsymbol{E}_x}{\partial z} - \dfrac{\partial \boldsymbol{E}_z}{\partial x} = i\omega\mu_0 \boldsymbol{H}_y \\[2mm] \dfrac{\partial \boldsymbol{E}_y}{\partial x} - \dfrac{\partial \boldsymbol{E}_x}{\partial y} = i\omega\mu_0 \boldsymbol{H}_z \end{cases} \tag{3.4}$$

和

$$\begin{cases} \dfrac{\partial H_z}{\partial y} - \dfrac{\partial H_y}{\partial z} = -\mathrm{i}\omega\varepsilon_0\varepsilon E_x \\[2mm] \dfrac{\partial H_x}{\partial z} - \dfrac{\partial H_z}{\partial x} = -\mathrm{i}\omega\varepsilon_0\varepsilon E_y \\[2mm] \dfrac{\partial H_y}{\partial x} - \dfrac{\partial H_x}{\partial y} = -\mathrm{i}\omega\varepsilon_0\varepsilon E_z \end{cases} \tag{3.5}$$

考虑到波导中的导模沿着 z 向传输，因此有 $\partial/\partial z = \mathrm{i}\beta$，并且在 y 向不存在折射率变化，因此有 $\partial/\partial y = 0$。运用上述条件，可以把(3.4)和(3.5)两式简化成两组相互独立且自洽的解。其中第一组称为 TM(或者 p)模，它仅包含 E_x, E_z, H_y 等非零分量，它们满足

$$\begin{cases} E_x = \dfrac{\beta}{\omega\varepsilon_0\varepsilon} H_y \\[2mm] E_z = \dfrac{\mathrm{i}}{\omega\varepsilon_0\varepsilon} \dfrac{\partial H_y}{\partial x} \\[2mm] \mathrm{i}\beta E_x - \dfrac{\partial E_z}{\partial x} = \mathrm{i}\omega\mu_0 H_y \end{cases} \tag{3.6}$$

如果知道了 TM 模式的 H_y 分量，就可以求出其他分量，而 H_y 所满足的波动方程是

$$\frac{\partial^2 H_y}{\partial x^2} + \left(k_0^2\varepsilon - \beta^2\right)H_y = 0 \tag{3.7}$$

另一组解又称为 TE(或者 s)模，它包含 H_x, H_z, E_y 等非零分量，它们满足

$$\begin{cases} H_x = -\dfrac{\beta}{\omega\mu_0} E_y \\[2mm] H_z = -\dfrac{\mathrm{i}}{\omega\mu_0} \dfrac{\partial E_y}{\partial x} \\[2mm] \mathrm{i}\beta H_x - \dfrac{\partial H_z}{\partial x} = -\mathrm{i}\omega\varepsilon_0\varepsilon E_y \end{cases} \tag{3.8}$$

与 TM 模式类似，TE 模式也可以通过求解 E_y 来确定，而 E_y 满足如下波动方程：

$$\frac{\partial^2 E_y}{\partial x^2} + \left(k_0^2\varepsilon - \beta^2\right)E_y = 0 \tag{3.9}$$

基于式(3.6)～式(3.9)，现在可以分析具体的平板波导的模式了。下面主要讨论两大类波导：一类是全介质波导，它又包含对称结构和非对称结构；另一类是

表面等离激元结构，主要包括金属/介质/金属(MDM)结构和介质/金属/介质(DMD)结构。

3.2　介质平板光波导

3.2.1　波导的模式

　　介质平板光波导(dielectric slab/planar optical waveguide)是由一些层状的介质板或者具有一定厚度的介质膜组成的。如图 3.1 所示，我们考虑一个最简单的结构：一块厚度为 $2a$ 的无限大的介质平板将整个空间分割成三个区域，波在介质板内沿 z 轴方向传输，大部分光能由于全内反射效应被束缚在介质板内部。这个结构与 2.3 节考虑的模型是相似的，但是 2.3 节讨论的是层状结构的反射和透射特性，这里讨论的是平板波导内的束缚模式及其色散关系。首先考虑波导中的最低阶束缚模，这里以 TM 模式为例。

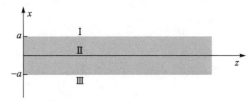

图 3.1　三层介质平板光波导：一层介质薄膜Ⅱ嵌在两个半无限大的材料Ⅰ和Ⅲ内

　　在 $x > a$ 的区域Ⅰ内，根据式(3.6)，可以写出场的各个分量

$$\begin{cases} \boldsymbol{H}_y = A\mathrm{e}^{\mathrm{i}\beta z}\mathrm{e}^{-p_1 x} \\[2mm] \boldsymbol{E}_x = \dfrac{A\beta}{\omega\varepsilon_0\varepsilon_1}\mathrm{e}^{\mathrm{i}\beta z}\mathrm{e}^{-p_1 x} \\[2mm] \boldsymbol{E}_z = -\dfrac{\mathrm{i}Ap_1}{\omega\varepsilon_0\varepsilon_1}\mathrm{e}^{\mathrm{i}\beta z}\mathrm{e}^{-p_1 x} \end{cases} \tag{3.10}$$

其中 A 是待定系数。同理，在 $x < -a$ 的区域Ⅲ内，我们有

$$\begin{cases} \boldsymbol{H}_y = B\mathrm{e}^{\mathrm{i}\beta z}\mathrm{e}^{p_3 x} \\[2mm] \boldsymbol{E}_x = \dfrac{B\beta}{\omega\varepsilon_0\varepsilon_3}\mathrm{e}^{\mathrm{i}\beta z}\mathrm{e}^{p_3 x} \\[2mm] \boldsymbol{E}_z = \dfrac{\mathrm{i}Bp_3}{\omega\varepsilon_0\varepsilon_3}\mathrm{e}^{\mathrm{i}\beta z}\mathrm{e}^{p_3 x} \end{cases} \tag{3.11}$$

因为是束缚模场，所以上面两式满足在 x 趋向无穷时场强衰变为零。在中间区域

Ⅱ内，电磁场的各个分量写作

$$\begin{cases} \boldsymbol{H}_y = Ce^{i\beta z}e^{p_2 x} + De^{i\beta z}e^{-p_2 x} \\ \boldsymbol{E}_x = \dfrac{C\beta}{\omega\varepsilon_0\varepsilon_2}e^{i\beta z}e^{p_2 x} + \dfrac{D\beta}{\omega\varepsilon_0\varepsilon_2}e^{i\beta z}e^{-p_2 x} \\ \boldsymbol{E}_z = \dfrac{iCp_2}{\omega\varepsilon_0\varepsilon_2}e^{i\beta z}e^{p_2 x} - \dfrac{iDp_2}{\omega\varepsilon_0\varepsilon_2}e^{i\beta z}e^{-p_2 x} \end{cases} \tag{3.12}$$

运用 $\boldsymbol{H}_y$ 和 $\boldsymbol{E}_z$ 在各个边界上都连续的条件，可以在 $x=a$ 的边界上获得如下两个方程：

$$\begin{cases} Ae^{-p_1 a} = Ce^{p_2 a} + De^{-p_2 a} \\ -\dfrac{Ap_1}{\varepsilon_1}e^{-p_1 a} = \dfrac{Cp_2}{\varepsilon_2}e^{p_2 a} - \dfrac{Dp_2}{\varepsilon_2}e^{-p_2 a} \end{cases} \tag{3.13}$$

而在 $x=-a$ 的边界上，可以得到

$$\begin{cases} Be^{-p_3 a} = Ce^{-p_2 a} + De^{p_2 a} \\ \dfrac{Bp_3}{\varepsilon_3}e^{-p_3 a} = \dfrac{Cp_2}{\varepsilon_2}e^{-p_2 a} - \dfrac{Dp_2}{\varepsilon_2}e^{p_2 a} \end{cases} \tag{3.14}$$

在式(3.10)～式(3.14)中，都使用了 $p_i^2 = \beta^2 - k_0^2\varepsilon_i$。求解(3.13)和(3.14)两式，消去所有待定系数可得

$$e^{-4p_2 a} = \frac{p_2\varepsilon_1 + p_1\varepsilon_2}{p_2\varepsilon_1 - p_1\varepsilon_2} \cdot \frac{p_2\varepsilon_3 + p_3\varepsilon_2}{p_2\varepsilon_3 - p_3\varepsilon_2} \tag{3.15}$$

上式即该三层平面波导的最低阶束缚模式的色散方程。假设区间Ⅰ和Ⅲ填充的是同一种介质，即 $\varepsilon_1 = \varepsilon_3$，则上面的色散关系可以分解成下面两个等式：

$$\tanh p_2 a = -\frac{p_1\varepsilon_2}{p_2\varepsilon_1} \tag{3.16}$$

$$\tanh p_2 a = -\frac{p_2\varepsilon_1}{p_1\varepsilon_2} \tag{3.17}$$

其中，式(3.16)所描述的电磁场的 $\boldsymbol{H}_y$ 是偶函数，而式(3.17)所描述的 $\boldsymbol{H}_y$ 是奇函数。对 TE 模式，也可以根据式(3.8)写出场分布函数，可以得到与式(3.15)类似的结果(这里省略了推导过程)：

$$e^{-4p_2 a} = \frac{p_2 + p_1}{p_2 - p_1} \cdot \frac{p_2 + p_3}{p_2 - p_3} \tag{3.18}$$

　　上面讨论了最低阶束缚模式，接下来继续讨论它的高阶模式。我们以 TE 模

式为例，略去公共因子 $e^{i\beta z}$，该平板波导三个区域中的电场分布为

$$\boldsymbol{E}_y = \begin{cases} A\,e^{p_3(x+a)}, & -\infty < x < -a \\ B\,e^{i\kappa_2 x} + C\,e^{-i\kappa_2 x}, & -a < x < a \\ D\,e^{-p_1(x-a)}, & a < x < +\infty \end{cases} \tag{3.19}$$

式中，A、B、C、D 是待定常数，且 $\kappa_2 = \left(k_0^2 \varepsilon_2 - \beta^2\right)^{1/2}$，说明在中间区域 II 中的电场分布为振荡场，显然 κ_2 是沿 x 方向的传播常数，而 p_3 和 p_1 分别是衬底和覆盖层中场的衰减系数。根据边界条件，可知 $\boldsymbol{E}_y$ 和 H_z 在边界上连续。而由式(3.8)，H_z 连续可用 $\partial \boldsymbol{E}_y / \partial x$ 连续代替。这里首先利用 $\boldsymbol{E}_y$ 在 $x = a$ 和 $x = -a$ 界面上连续和 $\partial \boldsymbol{E}_y / \partial x$ 在 $x = -a$ 界面上连续的条件，分别可得

$$\begin{cases} B\,e^{-i\kappa_2 a} + C\,e^{i\kappa_2 a} = A \\ i\kappa_2 \left(B\,e^{-i\kappa_2 a} - C\,e^{i\kappa_2 a} \right) = p_3 A \\ B\,e^{i\kappa_2 a} + C\,e^{-i\kappa_2 a} = D \end{cases} \tag{3.20}$$

利用上式，可以将 B、C、D 都用 A 来表示，这样 $\boldsymbol{E}_y(x)$ 可表示成如下形式：

$$\boldsymbol{E}_y(x) = \begin{cases} A\,e^{p_3(x+a)}, & -\infty < x < a \\ A\left[\dfrac{p_3}{\kappa_2}\sin(\kappa_2 a + \kappa_2 x) + \cos(\kappa_2 a + \kappa_2 x) \right], & -a < x < a \\ A\left(\cos 2\kappa_2 a + \dfrac{p_3}{\kappa_2}\sin 2\kappa_2 a \right)e^{-p_1(x-a)}, & a < x < +\infty \end{cases} \tag{3.21}$$

如果引入 $\tan\varphi_{23} = p_3/\kappa_2$，可以将上式改写为

$$\boldsymbol{E}_y(x) = \begin{cases} A\,e^{p_3(x+a)}, & -\infty < x < a \\ \dfrac{A}{\cos\varphi_{23}}\cos(\kappa_2 x + \kappa_2 a - \varphi_{23}), & -a < x < a \\ \dfrac{A}{\cos\varphi_{23}}\cos(2\kappa_2 a - \varphi_{23})e^{-p_1(x-a)}, & a < x < +\infty \end{cases} \tag{3.22}$$

上式中只有一个待定常数 A，它可通过对场的功率归一化求出。再利用 $\partial \boldsymbol{E}_y / \partial x$ 在 $x = a$ 界面上连续的条件，可得

$$-\kappa_2 \frac{A}{\cos\varphi_{23}}\sin\left(2\kappa_2 a - \varphi_{23}\right) = -p_1 \frac{A}{\cos\varphi_{23}}\cos\left(2\kappa_2 a - \varphi_{23}\right) \tag{3.23}$$

于是有

$$\tan\left(2\kappa_2 a - \varphi_{23}\right) = \frac{p_1}{\kappa_2} \tag{3.24}$$

或写成位相型方程

$$2\kappa_2 a = m\pi + \varphi_{23} + \varphi_{21}, \quad m = 0,1,2,\cdots \tag{3.25}$$

其中 $\tan\varphi_{21} = p_1/\kappa_2$。由于 κ_2, p_1 和 p_3 都是 β 的函数，因此可通过本征方程(3.25)求出模式本征值 β。考虑到 $\mathrm{e}^{\mathrm{i}2m\pi} = 1$，上述位相型本征方程还可以写成与之等价的传输型色散方程，其表达式为

$$\mathrm{e}^{\mathrm{i}2(\kappa_2 \cdot 2a - \varphi_{21} - \varphi_{23})} = 1 \tag{3.26}$$

与位相型色散方程相比，传输型色散方程的意义更加清晰。它表明光波经过一个空间周期传输后，振幅不变，而位相改变 $2m\pi$，不仅提供了位相的信息，而且还提供了振幅的信息。以后会看到，在多层波导或波导存在微扰(吸收、泄漏、耦合)时，传输型色散方程将发挥更大的作用。

通过与上面类似的推导过程，可以求出三层介质平板光波导结构的 TM 模式的相关公式，这里略去推导过程，仅仅给出有关结论，详细推导请参考文献[2]。首先将 TM 导模在平板波导三个区域中的磁场分布写为

$$\boldsymbol{H}_y = \begin{cases} A\mathrm{e}^{p_3(x+a)}, & -\infty < x < -a \\ B\mathrm{e}^{\mathrm{i}\kappa_2 x} + C\mathrm{e}^{-\mathrm{i}\kappa_2 x}, & -a < x < a \\ D\mathrm{e}^{-p_1(x-a)}, & a < x < +\infty \end{cases} \tag{3.27}$$

利用边界条件消去待定系数，可以得到 TM 模的磁场的表达式为

$$\boldsymbol{H}_y(x) = \begin{cases} A\mathrm{e}^{p_3 x}, & -\infty < x < -a \\ \dfrac{A}{\cos\varphi_{23}}\cos(\kappa_2 x + \kappa_2 a - \varphi_{23}), & -a < x < a \\ \dfrac{A}{\cos\varphi_{23}}\cos(2\kappa_2 a - \varphi_{23})\mathrm{e}^{-p_1(x-a)}, & a < x < +\infty \end{cases} \tag{3.28}$$

其位相型色散方程为

$$2\kappa_2 a = m\pi + \varphi_{23} + \varphi_{21}, \quad m = 0,1,2,\cdots \tag{3.29}$$

其中

$$\varphi_{23} = \arctan\left(\frac{\varepsilon_2}{\varepsilon_3}\frac{p_3}{\kappa_2}\right) = \arctan\left(\frac{n_2^2}{n_3^2}\frac{p_3}{\kappa_2}\right) \tag{3.30a}$$

$$\varphi_{21} = \arctan\left(\frac{\varepsilon_2}{\varepsilon_1}\frac{p_1}{\kappa_2}\right) = \arctan\left(\frac{n_2^2}{n_1^2}\frac{p_1}{\kappa_2}\right) \tag{3.30b}$$

通过比较可以发现，TM 模的色散关系与 TE 模的色散关系的差异仅在位相 φ_{21} 和 φ_{23} 上，当然，可以把式(3.29)改写成传输型色散方程，形式与式(3.26)相同。

最后给出一个典型的全介质对称波导的色散关系图(图 3.2)，分别利用 TE 模式的色散关系式(3.25)和 TM 模式的色散关系式(3.29)，并且代入对称波导的条件 $\varepsilon_1 = \varepsilon_3$，可以得出波导导模的有效折射率 $N = \beta/k_0$ 与波导厚度 $h = 2a$ 之间的关系。图中的实线表示 TM 模，虚线表示 TE 模。由图可见，在三层全介质平板对称波导中，导模的有效折射率介于包覆层的折射率 $\sqrt{\varepsilon_1}$ 与导波层的折射率 $\sqrt{\varepsilon_2}$ 之间，即

$$\sqrt{\varepsilon_1} < N = \beta/k_0 < \sqrt{\varepsilon_2} \tag{3.31}$$

上式表明波导的导模存在截止，这是一个重要概念。图 3.2 表明 $\beta = k_0\sqrt{\varepsilon_1}$ 是导模截止的临界点，若 $\beta < k_0\sqrt{\varepsilon_1}$，则覆盖和衬底层内的场由迅衰场转变为振荡场，此时光能不再被束缚在导波层附近，有些情况下，这样的光场也被称为泄漏模。

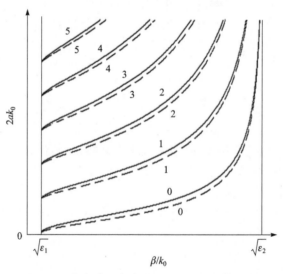

图 3.2　全介质对称波导($\varepsilon_1 = \varepsilon_3$)的色散关系

从图 3.2 中还可以看到全介质波导的导模存在截止厚度，即波导导波层厚度必须大于相应导模的截止厚度，该模式才有可能被激发，因此，随着波导导波层厚度的增加，该波导结构可以容纳的模式总数也会增加。图 3.2 还说明，低阶模的有效折射率一般大于高阶模。关于非对称结构($\varepsilon_1 \neq \varepsilon_3$)的色散关系图，感兴趣的读者可以自行画图。

3.2.2　功率束缚比例因子

3.2.1 节详细分析了三层介质平板光波导的导模的色散关系以及场分布,接下去要讨论导模所携带的功率。利用式(3.8)可以导出介质平板光波导 TE 模在 y 方向单位间隔内沿 z 方向携带的功率为

$$P = \frac{\beta}{2\omega\mu_0} \int_{-\infty}^{\infty} \left[E_y(x) \right]^2 \mathrm{d}x \tag{3.32}$$

把模场分布式(3.22)代入式(3.32),并利用色散方程(3.24),可得导波层、覆盖层和衬底中的功率分布,分别以 P_{core}、P_{sub} 和 P_{cover} 表示:

$$P_{\text{core}} = A^2 \frac{\beta}{2\omega\mu} \cdot \frac{\kappa_2^2 + p_3^2}{2\kappa_2^2} \left(2a + \frac{p_3}{\kappa_2^2 + p_3^2} + \frac{p_1}{\kappa_2^2 + p_1^2} \right) \tag{3.33}$$

$$P_{\text{sub}} = A^2 \frac{\beta}{2\omega\mu} \cdot \frac{1}{2p_3} \tag{3.34}$$

$$P_{\text{cover}} = A^2 \frac{\beta}{2\omega\mu} \cdot \frac{1}{2p_1} \cdot \frac{\kappa_2^2 + p_3^2}{\kappa_2^2 + p_1^2} \tag{3.35}$$

而 TE 模携带的全部功率为

$$\begin{aligned} P &= P_{\text{core}} + P_{\text{cover}} + P_{\text{sub}} \\ &= A^2 \frac{\beta}{2\omega\mu} \cdot \frac{\kappa_2^2 + p_3^2}{2\kappa_2^2} \left(2a + \frac{1}{p_3} + \frac{1}{p_1} \right) \end{aligned} \tag{3.36}$$

功率归一化的条件为

$$\frac{\beta}{2\omega\mu_0} \int_{-\infty}^{\infty} \left[E_y(x) \right]^2 \mathrm{d}x = 1 \tag{3.37}$$

于是可确定 TE 模的电磁场归一化系数

$$A = 2\kappa_2 \left[\frac{\omega\mu_0}{\beta \left(\kappa_2^2 + p_3^2 \right) h_{\text{eff}}} \right]^{1/2} \tag{3.38}$$

式中,$h_{\text{eff}} = 2a + \dfrac{1}{p_2} + \dfrac{1}{p_1}$ 是波导的有效厚度。

最后讨论功率约束比例因子。在半导体激光器中,导波层所占全部功率的比例是决定激光器阈值电流的关键因素。而在光波导传感器中,被探测区域的光功率所占总功率的比例对传感器的灵敏度也是至关重要的。首先定义功率约束因子为

$$\Gamma_{\text{core}} = \frac{P_{\text{core}}}{P} = \frac{2a + \dfrac{p_3^2}{\kappa_2^2 + p_3^2} + \dfrac{p_1^2}{\kappa_2^2 + p_1^2}}{2a + \dfrac{1}{p_3} + \dfrac{1}{p_1}} \tag{3.39}$$

而覆盖层和衬底的功率比例因子分别定义为

$$\Gamma_{\text{cover}} = \frac{P_{\text{cover}}}{P} = \frac{\kappa_2^2}{p_3\left(\kappa_2^2 + p_1^2\right)\left(2a + \dfrac{1}{p_3} + \dfrac{1}{p_1}\right)} \tag{3.40}$$

$$\Gamma_{\text{sub}} = \frac{P_{\text{sub}}}{P} = \frac{\kappa_1^2}{p_3\left(\kappa_2^2 + p_3^2\right)\left(2a + \dfrac{1}{p_3} + \dfrac{1}{p_1}\right)} \tag{3.41}$$

接着考虑 TM 模携带的功率。利用式(3.6)可知，三层介质平板光波导 TM 模在 y 方向单位间隔内沿 z 方向携带的功率为

$$P = \frac{\beta}{2\omega\varepsilon_0} \int_{-\infty}^{\infty} \frac{1}{\varepsilon_j}\left[H_y(x)\right]^2 \mathrm{d}x \tag{3.42}$$

通过直接计算，可得 TM 模的电磁场归一化系数

$$A = 2\kappa_2 \left[\frac{\varepsilon_2 \varepsilon_3^2 \omega\varepsilon_0}{\beta\left(\varepsilon_3^2 \kappa_2^2 + \varepsilon_2^2 p_3^2\right)h_{\text{eff}}}\right]^{1/2} \tag{3.43}$$

式中，TM 模的波导有效厚度定义为

$$h_{\text{eff}} = 2a + \frac{\varepsilon_2 \varepsilon_1}{p_1}\frac{\kappa_2^2 + p_1^2}{\varepsilon_1^2 \kappa_2^2 + \varepsilon_2^2 p_1^2} + \frac{\varepsilon_2 \varepsilon_3}{p_3}\frac{\kappa_2^2 + p_3^2}{\varepsilon_3^2 \kappa_2^2 + \varepsilon_2^2 p_3^2} \tag{3.44}$$

下面给出一个三层介质平板光波导的功率比例因子的具体计算实例，仅考虑入射波长为 785nm 的 TE 模式。设波导的覆盖层为空气，其介电系数为 $\varepsilon_1=1$；导波层为石英玻璃，其介电系数为 $\varepsilon_2=2.25$；而衬底层为金属，其介电系数为 $\varepsilon_3 = -26 + 1.5\mathrm{i}$。设导波层的厚度由 0.2μm 连续变化到 5μm，根据式(3.40)和式(3.41)，可以算出 $m=0,1,2$ 的导模分别在覆盖层和衬底层的功率比例因子。从图 3.3 中可以看出，对于这种结构，作为覆盖层的空气中的光功率要远大于金属衬底内部的光功率；随着模式序数的增高，覆盖层和衬底层内的功率都有所增加，即波导对模场的约束能力减弱。另外，导波层的厚度越大，泄漏到导波层外的功率越少。

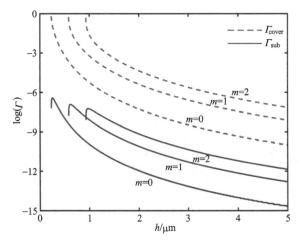

图 3.3　典型的三层介质平板光波导的导模在覆盖层和衬底层的功率比例因子

(导波层厚度 $h = 2a$)

3.3　表面等离激元波导

本书所关注的双面金属包覆波导是表面等离激元波导中金属/介质/金属 (MDM)结构的一种变体,而表面等离激元波导的最显著的特征就是可以把光能限制在亚波长尺度内,并且突破衍射极限[3],因此这类波导在纳米光子学器件、集成光路、生物化学传感等领域都有非常多的应用[4,5],图 3.4 给出了一个典型的表面等离激元波导结构,它是由一层薄膜 ε_g 夹在包覆层 ε_c 和衬底层 ε_s 之间构成

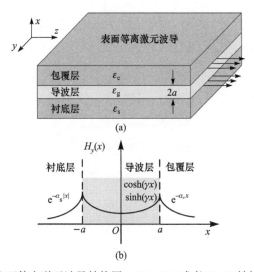

图 3.4　(a)典型的表面等离激元波导结构图;(b)MDM 或者 DMD 结构中的 TM 模场分布

的。本节将讨论三种情况：①夹在介质层 ε_c 和金属层 ε_g 之间的单一界面；②金属/介质/金属(MDM)结构，其中介质层 ε_g 夹在两个金属材料 ε_c 和 ε_s 之间；③介质/金属/介质(DMD)结构，其中金属层 ε_g 位于两种无吸收材料 ε_c 和 ε_s 之间。

如图 3.4 所示，模式沿着 z 轴方向传输，在 x 轴方向存在横向的束缚，而在 y 轴方向不存在束缚，中间的导波层的厚度是 $2a$。根据导波光学，模场的解应该含有传播因子 $\mathrm{e}^{\mathrm{j}\omega t - \mathrm{j}\beta z}$（注意这里的传播因子与前文并不相同，相差一个负号，但是对其物理意义不会产生影响），而在 x 轴方向上，在包覆层和衬底层中，模场离开界面以后呈指数衰减，衰减系数分别为 α_s 和 α_s，它们的表达式分别为

$$\begin{cases} \alpha_c^2 = \beta^2 - k_0^2 \varepsilon_c \\ \alpha_s^2 = \beta^2 - k_0^2 \varepsilon_s \end{cases} \tag{3.45}$$

其中，$k_0 = 2\pi / \lambda_0$ 是真空中的波矢大小。本节将主要考虑 TM 偏振的低阶模式，因此图 3.4(b)绘制了 MDM 和 DMD 结构中的磁场 H_y 分量随 x 轴的分布图。该模场的 E_x, E_z 分量可以根据式(3.6)推导。沿 z 轴方向的传播常数 β 也可以是一个复数，它的虚部必须小于零，即

$$\beta = \beta_r - \mathrm{j}\beta_i, \quad \beta_i > 0 \tag{3.46}$$

这样模场在沿 z 轴方向传输的过程中，其能量呈指数衰减，即有

$$\mathrm{e}^{-\mathrm{j}\beta z} = \mathrm{e}^{-\beta_i z}\mathrm{e}^{-\mathrm{j}\beta_r z} \tag{3.47}$$

传播常数的虚部 β_i 与模式的有效传输距离 L 有关，后者可以写作

$$L = (2\beta_i)^{-1} \tag{3.48}$$

在 DMD 结构中，导波层为金属，具有负的介电系数，因此中间层的横向传播系数 $k_g^2 = k_0^2 \varepsilon_g - \beta^2 < 0$；而在 MDM 结构中，对于最低阶的 TM 来说，模场是束缚在两个界面上的，在中间的介质层中的模场是两个指数衰减场的叠加。因此，无论对于哪一种结构，我们都可以对它的导波层定义"横向衰减系数" γ，满足

$$\gamma^2 = \beta^2 - k_0^2 \varepsilon_g \tag{3.49}$$

根据式(3.49)，在导波层中的模场应该是 $\cosh(\gamma x)$ 和 $\sinh(\gamma x)$ 函数的线性叠加。根据上面分析，写出 H_y 的表达式

$$H_y(x) = \begin{cases} H_0 \cosh(\gamma a - \varphi)\mathrm{e}^{\alpha_s(x+a)}, & x \leqslant -a \\ H_0 \cosh(\gamma x + \varphi), & -a < x < a \\ H_0 \cosh(\gamma a + \varphi)\mathrm{e}^{-\alpha_c(x-a)}, & x \geqslant a \end{cases} \tag{3.50}$$

其中，φ 是一个有待确定的参数。通过并不复杂的计算，不难推导出低阶 TM 模

式满足的色散关系方程为

$$e^{4\gamma a} = \frac{\left(\varepsilon_c \gamma - \varepsilon_g \alpha_c\right)\left(\varepsilon_s \gamma - \varepsilon_g \alpha_s\right)}{\left(\varepsilon_c \gamma + \varepsilon_g \alpha_c\right)\left(\varepsilon_s \gamma + \varepsilon_g \alpha_s\right)} \tag{3.51}$$

或者等效地写为

$$\tanh\left(2\gamma a\right) = -\frac{\varepsilon_g \gamma\left(\varepsilon_s \alpha_c + \varepsilon_c \alpha_s\right)}{\varepsilon_c \varepsilon_s \gamma^2 + \varepsilon_g^2 \alpha_c \alpha_s} \tag{3.52}$$

或者写成更加熟悉的形式

$$2\gamma a = \operatorname{atanh}\left(-\frac{\varepsilon_g \alpha_c}{\varepsilon_c \gamma}\right) + \operatorname{atanh}\left(-\frac{\varepsilon_g \alpha_s}{\varepsilon_s \gamma}\right) - \mathrm{j}m\pi \tag{3.53}$$

在式(3.53)中,当 m 取 0 或者 1 时,结合(3.45)和(3.49)两式,可以得到 TM$_0$ 和 TM$_1$ 模的传播常数。而参数 φ 可以由下式给出:

$$e^{4\varphi} = \frac{\left(\varepsilon_c \gamma - \varepsilon_g \alpha_c\right)\left(\varepsilon_s \gamma + \varepsilon_g \alpha_s\right)}{\left(\varepsilon_c \gamma + \varepsilon_g \alpha_c\right)\left(\varepsilon_s \gamma - \varepsilon_g \alpha_s\right)} \tag{3.54}$$

或者等效地写为

$$\tanh\left(2\varphi\right) = -\frac{\varepsilon_g \gamma\left(\varepsilon_s \alpha_c - \varepsilon_c \alpha_s\right)}{\varepsilon_c \varepsilon_s \gamma^2 - \varepsilon_g^2 \alpha_c \alpha_s} \tag{3.55}$$

特别地,当覆盖层和衬底层的材料相同,即 $\varepsilon_c = \varepsilon_s$ 时,式(3.54)简化为 $e^{4\varphi} = 1$。针对 φ 可以取 0 或者 $\mathrm{j}\pi/2$ 两种值,可以将 TM 模式划分为对称模式和反对称模式。$\varphi=0$ 的情况对应着对称模式,它的色散关系为

$$e^{2\gamma a} = \frac{\varepsilon_c \gamma - \varepsilon_g \alpha_c}{\varepsilon_c \gamma + \varepsilon_g \alpha_c}, \quad \tanh\left(\gamma a\right) = -\frac{\varepsilon_g \alpha_c}{\varepsilon_c \gamma} \tag{3.56}$$

而 $\varphi=\mathrm{j}\pi/2$ 的情况对应着反对称模式,它的色散关系为

$$e^{2\gamma a} = -\frac{\varepsilon_c \gamma - \varepsilon_g \alpha_c}{\varepsilon_c \gamma + \varepsilon_g \alpha_c}, \quad \coth\left(\gamma a\right) = -\frac{\varepsilon_g \alpha_c}{\varepsilon_c \gamma} \tag{3.57}$$

这里的对称模式和反对称模式是针对导波层的 H_y 分量或者 E_x 分量而言的。很明显,根据式(3.50),当 $\varphi=0$ 时,H_y 的函数正比于偶函数 $\cos(\gamma x)$;反过来,当 $\varphi=\mathrm{j}\pi/2$ 时,H_y 的函数正比于奇函数 $\sin(\gamma x)$。

最后考虑坡印亭矢量的 z 分量 $P_z(x)$,它给出了在单位时间内沿着 z 轴方向通过 xy 平面上单位面积的能量。

$$P_z(x) = \frac{1}{2}\mathrm{Re}\left[E_x(x)H_y^*(x)\right] = \frac{1}{2}\mathrm{Re}(\eta_{\mathrm{TM}})\left|H_y(x)\right|^2 \qquad (3.58)$$

其中 TM 模式的波阻抗 η_{TM} 为

$$\eta_{\mathrm{TM}} = \eta_0\frac{\beta}{k_0\varepsilon}, \quad \eta_0 = \sqrt{\mu_0/\varepsilon_0} \qquad (3.59)$$

根据(3.50)和(3.58)两式，可以得到三个区域的坡印亭矢量的表达式

$$P_z(x) = \frac{1}{2k_0}\eta_0\left|H_0^2\right|\begin{cases} \mathrm{Re}\left(\dfrac{\beta}{\varepsilon_s}\right)\left|\cosh(\gamma a - \varphi)\right|^2 \mathrm{e}^{2\alpha_{\mathrm{sr}}(x+a)}, & x \leqslant -a \\[3mm] \mathrm{Re}\left(\dfrac{\beta}{\varepsilon_g}\right)\left|\cosh(\gamma x + \varphi)\right|^2, & -a < x < a \\[3mm] \mathrm{Re}\left(\dfrac{\beta}{\varepsilon_c}\right)\left|\cosh(\gamma a + \varphi)\right|^2 \mathrm{e}^{-2\alpha_{\mathrm{cr}}(x-a)}, & x \geqslant a \end{cases} \qquad (3.60)$$

其中，$\alpha_{\mathrm{cr}}, \alpha_{\mathrm{sr}}$ 表示对 α_c, α_s 取实部。仿照 3.2.2 节的方法，对式(3.60)在三个区域内进行积分，可以得到在每个区域内在 y 方向单位间隔内沿 z 方向传输的能流大小。在导波层内有

$$P_g = \frac{1}{4k_0}\eta_0\left|H_0^2\right|\mathrm{Re}\left(\frac{\beta}{\varepsilon_g}\right)\left[\frac{\sinh(2\gamma_r a)\cosh(2\varphi_r)}{2\gamma_r} + \frac{\sin(2\gamma_i a)\cos(2\varphi_i)}{2\gamma_i}\right] \qquad (3.61)$$

在覆盖层和衬底层内分别有

$$P_c = \frac{1}{4k_0}\eta_0\left|H_0^2\right|\mathrm{Re}\left(\frac{\beta}{\varepsilon_c}\right)\frac{\left|\cosh(\gamma a + \varphi)\right|^2}{\alpha_{\mathrm{cr}}} \qquad (3.62)$$

和

$$P_s = \frac{1}{4k_0}\eta_0\left|H_0^2\right|\mathrm{Re}\left(\frac{\beta}{\varepsilon_s}\right)\frac{\left|\cosh(\gamma a - \varphi)\right|^2}{\alpha_{\mathrm{sr}}} \qquad (3.63)$$

上面三个式子中，下标 r,i 分别表征该物理量的实部和虚部。如果考虑能流沿 z 轴传输时的损耗，则上面的式子都必须乘以损耗因子 $\mathrm{e}^{-2\beta_i z}$，其中 $-\beta_i$ 是传播常数的虚部。后续小节中，我们将考虑一些具体的结构。

3.3.1　单金属/介质界面

本小节主要考虑单金属/介质界面的束缚 TM 模，它又被称为表面等离子体波 (surface plasmon wave)。假设金属与介质的界面在 $x = 0$ 的位置，则 TM 模的 $H_y(x)$

分量的分布如图 3.5 所示。

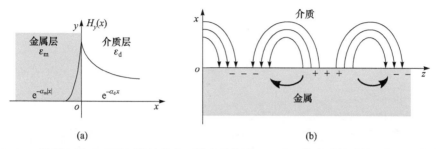

图 3.5　(a)沿单金属/介质界面传输的表面等离子体波；(b)表面等离子体波的电场和电荷分布

在图 3.5 所示的单金属/介质界面上产生沿着界面传输的表面模式的必要条件之一是两种材料的介电系数必须满足如下条件：

$$\varepsilon_m \varepsilon_d < 0 \quad \text{且} \quad \varepsilon_m + \varepsilon_d < 0 \tag{3.64}$$

忽略沿 z 轴方向的传播因子 $e^{-j\beta z}$，可写出 $H_y(x)$ 的表达式

$$H_y(x) = \begin{cases} H_0 e^{\alpha_m x}, & x < 0 \\ H_0 e^{-\alpha_d x}, & x > 0 \end{cases} \tag{3.65}$$

其中，H_0 是金属层和介质层的振幅系数；$\alpha_{m,d} = \beta^2 - k_0^2 \varepsilon_{m,d}$。接着根据 TM 模式的特点，将磁场的表达式(3.65)代入 TM 模的电场和磁场关系式(3.6)就可以写出 $E_x(x)$ 和 $E_z(x)$ 的表达式

$$E_x(x) = \begin{cases} \dfrac{\beta H_0}{\omega \varepsilon_0 \varepsilon_m} e^{\alpha_m x}, & x < 0 \\ \dfrac{\beta H_0}{\omega \varepsilon_0 \varepsilon_d} e^{-\alpha_d x}, & x > 0 \end{cases} \tag{3.66}$$

以及

$$E_z(x) = \begin{cases} \dfrac{-j \alpha_m H_0}{\omega \varepsilon_0 \varepsilon_m} e^{\alpha_m x}, & x < 0 \\ \dfrac{j \alpha_d H_0}{\omega \varepsilon_0 \varepsilon_d} e^{-\alpha_d x}, & x > 0 \end{cases} \tag{3.67}$$

利用 E_z 分量在 $x = 0$ 界面上的连续性条件，可以得到等离子波的激发必须满足的必要条件之二为

$$\alpha_m / \varepsilon_m = -\alpha_d / \varepsilon_d \tag{3.68}$$

进一步，我们可以得到表面等离子体波所满足的色散关系为

$$\beta = k_0 \sqrt{\frac{\varepsilon_{\mathrm{m}}\varepsilon_{\mathrm{d}}}{\varepsilon_{\mathrm{m}} + \varepsilon_{\mathrm{d}}}} \tag{3.69}$$

而表面等离子体波在金属层和介质层的衰减系数分别为

$$\alpha_{\mathrm{m}} = -\frac{k_0 \varepsilon_{\mathrm{m}}}{\sqrt{-\varepsilon_{\mathrm{m}} - \varepsilon_{\mathrm{d}}}} \tag{3.70}$$

$$\alpha_{\mathrm{d}} = \frac{k_0 \varepsilon_{\mathrm{c}}}{\sqrt{-\varepsilon_{\mathrm{m}} - \varepsilon_{\mathrm{d}}}} \tag{3.71}$$

金属的介电系数一般是复数，可以写作 $\varepsilon_{\mathrm{m}} = \varepsilon_{\mathrm{r}} + \mathrm{j}\varepsilon_{\mathrm{i}}$，并且其实部 $\varepsilon_{\mathrm{r}} < 0$。从式 (3.69)可以分析出，当满足 $\varepsilon_{\mathrm{r}} + \varepsilon_{\mathrm{d}} < 0$ 时，表面波的传播常数的实部 $\mathrm{Re}(\beta) > 0$，而它的虚部 $\mathrm{Im}(\beta) < 0$，因此这种表面波在物理上是可能存在的。接着比较(3.70)和(3.71)两式，可以发现

$$\mathrm{Re}(\alpha_{\mathrm{m}})/\mathrm{Re}(\alpha_{\mathrm{d}}) = |\varepsilon_{\mathrm{r}}|/\varepsilon_{\mathrm{d}} \tag{3.72}$$

由于金属的介电系数的实部的绝对值一般远远大于介质的介电系数，即 $|\varepsilon_{\mathrm{r}}|/\varepsilon_{\mathrm{d}} \gg 1$，因此表面等离子体波在金属内部比在介质内部衰减得更快。如果考虑穿透深度 $\delta = 1/(2\alpha)$，可以得到

$$\delta_{\mathrm{d}}/\delta_{\mathrm{m}} \approx |\varepsilon_{\mathrm{r}}|/\varepsilon_{\mathrm{d}} \tag{3.73}$$

上式表明，在一般情况下，金属材料中的穿透深度小于介质中的穿透深度。这里说明一下金属的穿透深度与趋肤深度(skin depth)的差异，后者通常是指电磁波在垂直入射下的穿透深度。

将第 1 章介绍的无损耗的 Drude 模型式(1.21)代入色散关系式(3.69)，可得[6]

$$\beta^2 \left[(1+\varepsilon_{\mathrm{d}})k_0^2 - k_{\mathrm{p}}^2 \right] = k_0^2 \varepsilon_{\mathrm{d}} (k_0^2 - k_{\mathrm{p}}^2) \tag{3.74}$$

其中 $k_{\mathrm{p}} = \omega_{\mathrm{p}}/c$。假设 $\varepsilon_{\mathrm{d}} = 1$ 的简单情况，即介质层为空气，求解上式可得

$$\omega^2 = \frac{\omega_{\mathrm{p}}^2}{2} + c^2 \beta^2 \pm \sqrt{\frac{\omega_{\mathrm{p}}^4}{4} + c^4 \beta^4} \tag{3.75}$$

上式中的正号对应的解的物理意义是布儒斯特波，而负号对应的解就是表面等离子体波。图 3.6 给出金属/空气界面的表面等离子体波的色散曲线。

在图 3.6 中，作为对比也绘制了无损耗 Drude 模型下的体等离子体的色散曲线(见图 1.1)。与体等离子体相对，在低频范围内，表面等离子体的色散曲线与光线接近，此时的表面模的行为也和介质中的电磁波类似。随着频率逐渐增大，表面等离子体的色散曲线逐渐远离光线而趋向某一个渐近极限 $\omega = \omega_{\mathrm{s}}$。该极限对应如下极端情形：界面两侧的材料具有完全相反的介电系数时 $\varepsilon_{\mathrm{m}} + \varepsilon_{\mathrm{d}} = 0$，式(3.69)

出现一个发散点。结合金属介电系数模型(1.21)可得

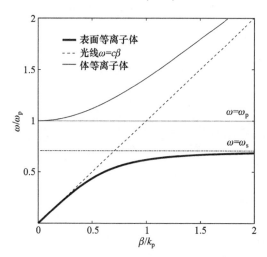

图 3.6 金属/空气界面的表面等离子体波的色散曲线

$$\omega_s = \frac{\omega_p}{\sqrt{1+\varepsilon_d}} \tag{3.76}$$

上式给出了表面等离子体波的频率上限，在空气中，有 $\omega_s = \omega_p/\sqrt{2}$。由图 3.6 可见，表面等离子体波的渐近行为可以表示为

$$\begin{cases} \omega \to \beta c, & k \to 0 \\ \omega \to \omega_s, & k \to \infty \end{cases} \tag{3.77}$$

对表面等离子体波而言，金属材料有时被称为表面主动(surface-active)材料，介质材料被称为表面被动(surface-passive)材料。这是由于表面等离子体波中的电场振荡是由金属中的自由电子所驱动的，如图 3.5 所示。结合式(3.73)，可以看出，在低频区域 $\omega \ll \omega_s$，金属内部的穿透深度的确小于介质中的穿透深度，但是在高频极限 $\omega \to \omega_s$，两者变得可以比较。

另外还需要注意的是，表面模式的色散曲线位于介质材料光线的右侧，即表面波的传播常数 β 大于材料中电磁波的波数：

$$\beta > \frac{\omega}{c}\sqrt{\varepsilon_d} \tag{3.78}$$

这意味着表面等离子体波是一种束缚模式，它在垂直表面的方向上没有传输。这会导致两个重要的后果：表面等离子体波是非辐射的，它不可能通过向介质层发射光子而衰减；相对地，它这种表面模式也不能通过介质中的电磁波照射而激发。表面模式的激发需要同时匹配频率 ω 和传播常数 β，它的背后蕴含着能量和动量

守恒原理。

接着我们讨论表面等离子体波在不同方向上的能流。首先考虑沿 z 轴方向传输的坡印亭矢量的分量。

$$
\begin{aligned}
P_z &= \frac{1}{2}\mathrm{Re}\Big[E_x(x)H_y^*(x)\Big] \\
&= \begin{cases}
\dfrac{|H_0|^2}{2\omega\varepsilon_0}\mathrm{Re}\left[\dfrac{\beta}{\varepsilon_m}\right]e^{2\alpha_{mr}x}, & x<0 \\[4mm]
\dfrac{|H_0|^2}{2\omega\varepsilon_0}\mathrm{Re}\left[\dfrac{\beta}{\varepsilon_d}\right]e^{-2\alpha_{dr}x}, & x>0
\end{cases}
\end{aligned}
\tag{3.79}
$$

由式(3.79)可知，若忽略金属介电系数的虚部($\varepsilon_m<0$)，则金属内沿 z 轴方向的能流与介质内沿 z 轴方向的能流的传输方向相反。我们沿整个 x 轴对上式进行积分，并且代入 $\beta=\beta_r-j\beta_i, \varepsilon_m=\varepsilon_r+j\varepsilon_i$，可以得到在 y 方向单位间隔内沿 z 方向传输的总能流：

$$
P_{z\text{总}}=\int_{-\infty}^{\infty}P_z\mathrm{d}x=\frac{|H_0|^2}{4\omega\varepsilon_0}\left(\frac{\beta_r}{\alpha_{dr}\varepsilon_d}+\frac{\beta_r\varepsilon_r-\beta_i\varepsilon_i}{\varepsilon_r^2+\varepsilon_i^2}\right)
\tag{3.80}
$$

接着，考察沿 x 轴方向的能流方向，根据式(3.65)和式(3.67)的场分布函数，可以得到

$$
\begin{aligned}
P_x &= -\frac{1}{2}\mathrm{Re}\Big[E_z(x)H_y^*(x)\Big] \\
&= \begin{cases}
-\dfrac{|H_0|^2}{2\omega\varepsilon_0}\mathrm{Im}\left[\dfrac{\alpha_m}{\varepsilon_m}e^{2\alpha_m x}\right], & x<0 \\[4mm]
\dfrac{|H_0|^2}{2\omega\varepsilon_0}\mathrm{Im}\left[\dfrac{\alpha_d}{\varepsilon_d}e^{-2\alpha_d x}\right], & x>0
\end{cases}
\end{aligned}
\tag{3.81}
$$

根据式(3.68)给出的连续性条件，可知式(3.81)给出的 x 方向的能流在穿过金属和介质界面时是连续的，并且由介质层流向金属层内部。下面来看一个具体的例子。假设考察光波的波长为650nm，介质材料的介电系数为 $\varepsilon_d=2$，分别计算金属的介电系数为 $\varepsilon_m=-16$ 和 $\varepsilon_m=-16-i$ 时在 xz 平面内的坡印亭矢量的方向的结果，见图3.7。

图 3.7 中，金属位于 $x<0$ 区域，而介质位于 $x>0$ 区域，$x=0$ 即为金属与介质的界面。对比图3.7中的无损耗和有损耗两种情形，可以证明前面的一些结论。首先在表面等离子体模中，由于金属的介电系数为负，因此金属内部的能流方向与介质的能流方向相反。当不存在损耗，即金属的介电系数的虚部为零时，两种

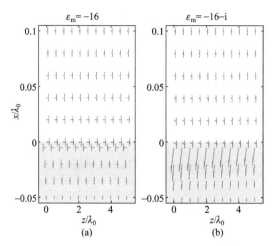

图 3.7　单金属与介质界面的表面等离子体波的能流方向

(a)无损耗情形；(b)有损耗情形

材料内的能流方向都平行于界面，此时没有能流穿过金属和介质的界面；当存在损耗时，能流出现了 x 分量，并且从介质层流向金属层。在有损耗情形下，由于金属吸收的存在，能流大小随传输距离的衰减因子为 $\mathrm{e}^{-2\beta_i z}$。

3.3.2　MDM 结构

本节讨论两种重要的表面等离激元波导结构，即金属/介质/金属(MDM)结构和介质/金属/介质(DMD)结构。前者是一层介质膜夹在两层金属包覆层之中，后者是一层金属薄层夹在两个无限大的介质层中。在这些结构中，出现了多个金属/介质界面，而每一个界面都可以束缚表面等离子体模，当这些界面的间距逐渐缩短到小于表面等离子体模的衰减距离时，不同界面上的模场开始相互作用，从而形成耦合模。有趣的是，两种不同结构的很多结论其实是相同的，这是因为这两种结构的色散关系是用相同的公式来描述的，见(3.51)和(3.52)两式。本节只讨论对称情形，即在 MDM 结构中，作为包覆层和衬底层的金属材料是同一种；而在 DMD 结构中，作为包覆层和衬底层的介质材料是同一种。

首先考虑 MDM 结构，这种结构与本书主要研究的双面金属包覆波导有密切的关系。双面金属包覆波导中的超高阶导模是被金属衬底和包覆层所限制的振荡模式，它们形成的条件是导波层的厚度必须足够大，一般要毫米量级。而本节所关注的表面等离子耦合模只在导波层厚度为波长尺度时才出现。我们从对称结构的色散关系(3.56)和(3.57)两式出发，写出 MDM 结构的色散关系。其中，对称模式 TM_0 的色散关系式为

$$\tanh\left(\frac{\alpha_d d}{2}\right) = -\frac{\varepsilon_d \alpha_m}{\varepsilon_m \alpha_d} \tag{3.82}$$

而反对称模式 TM_1 的色散关系式为

$$\tanh\left(\frac{\alpha_d d}{2}\right) = -\frac{\varepsilon_m \alpha_d}{\varepsilon_d \alpha_m} \tag{3.83}$$

式中，d 是介质层的厚度，$\varepsilon_m, \varepsilon_d$ 分别是金属和介质的介电系数，而金属和介质层的衰减常数为 $\alpha_{m,d} = \sqrt{\beta^2 - k_0^2 \varepsilon_{m,d}}$。需要指出的是，这里所说的对称模和反对称模是针对 H_y, E_x 分量而言的，而 E_z 分量的对称性正好相反。可以看出，当介质层厚度趋向无穷大时，由于两个金属界面之间的相互耦合作用减弱，对称模和反对称模都会演化为单个金属界面上的表面等离子模。当 $d \to \infty$ 时，有 $\tanh\left(\frac{\alpha_d d}{2}\right) \to 1$，式(3.82)和式(3.83)都会演化为

$$\varepsilon_d \alpha_m + \varepsilon_m \alpha_d = 0 \tag{3.84}$$

进一步就可以推导出表面等离子体波的色散关系式(3.69)。下面我们用一种特殊的方式来展示 MDM 结构的色散关系。考虑图 3.8 插图中所示的波导结构，折射率为 1.5 的一个介质层夹在两层银膜之间，其中包覆层银膜的厚度为 50nm，衬底银膜的厚度超过 200nm，在包覆层银膜的上面还有一个折射率为 2 的棱镜用以耦合高阶导模。高折射率棱镜的作用是提供较大的横向波矢，从而激发 MDM 结构中的模式，而入射光的能量被转移到被激发的模式中。这些模式都是泄漏模，如果条件匹配，泄漏的光场与反射光场相互干涉抵消，从而在反射率分布图中形成

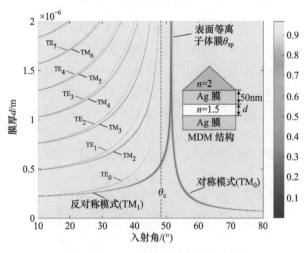

图 3.8　MDM 结构的反射率分布图

一个共振吸收峰。根据该模型的结构，如果我们在改变介质层厚度 d 和入射角 θ 的条件下，利用转移矩阵方法计算该结构的反射率，由于衬底层厚度极大，无法产生透射光，因此反射率如果出现共振吸收峰，那么这些缺少的能量只可能耦合进波导结构的模式之中，由此我们得到了该 MDM 结构的反射率分布图。

图 3.8 中，入射光的波长设定为 785nm，银的介电系数用 Drude 模型计算

$$\varepsilon_{\text{Ag}} = \varepsilon_\infty - \frac{\omega_{\text{p}}^2}{\omega^2 + i\Gamma\omega} \tag{3.85}$$

其中，$\varepsilon_\infty = 5$，$\omega_{\text{p}} = 1.4 \times 10^{16}\,\text{s}^{-1}$，$\Gamma = 3.2 \times 10^{13}\,\text{s}^{-1}$。从图中可以看出，对称模式 (symmetric mode)TM$_0$ 和反对称模式(anti-symmetric mode)TM$_1$ 随着中间层厚度 d 的增加逐渐简并成表面等离子体模(surface plasmon mode)。图中还用虚线标出了高折射率棱镜 $n=2$ 和低折射率材料 $n=1.5$ 的全反射临界角 θ_{c} 的位置，在 $\theta < \theta_{\text{c}}$ 的区域内，存在高阶的 TM 模式和 TE 模式，这些模式随着 d 的增加会演化成超高阶导模。除了对称模式 TM$_0$ 之外，所有的模式都存在截止厚度，即当 d 小于一定厚度时，无法激发对应的模式。因此，对称模式 TM$_0$ 又被称为间隙表面模(gap surface mode)，当 $|\alpha_{\text{d}}d| \ll 1$ 时，有 $\tanh\left(\frac{\alpha_{\text{d}}d}{2}\right) \approx \frac{\alpha_{\text{d}}d}{2}$，此时式(3.82)可以写作

$$\alpha_{\text{d}}^2 d = -\frac{2\varepsilon_{\text{d}}\alpha_{\text{m}}}{\varepsilon_{\text{m}}} \rightarrow \left(\beta^2 - k_0^2\varepsilon_{\text{d}}\right)d = -\frac{2\varepsilon_{\text{d}}}{\varepsilon_{\text{m}}}\sqrt{\beta^2 - k_0^2\varepsilon_{\text{m}}} \tag{3.86}$$

当 $d \rightarrow 0$ 时，$\beta \rightarrow \infty$，化简式(3.86)并且忽略小量，可得

$$\beta \rightarrow -\frac{2\varepsilon_{\text{d}}}{\varepsilon_{\text{m}}d}, \quad d \rightarrow 0 \tag{3.87}$$

代入 α_{m} 的表达式并且保证它的实部为正，可得

$$\alpha_{\text{m}} \rightarrow -\frac{2\varepsilon_{\text{d}}}{\varepsilon_{\text{m}}d} \tag{3.88}$$

最后讨论 TM$_1$ 模式的截止厚度，图 3.8 已经表明，TM$_1$ 模式的截止厚度和 TE$_0$ 模式的截止厚度是相同的。从反对称模式的色散关系可以得出该截止厚度 d_{cutoff} 为

$$d_{\text{cutoff}} = -\frac{2}{k_0}\text{Re}\frac{\varepsilon_{\text{d}}}{\varepsilon_{\text{m}}\sqrt{\varepsilon_{\text{d}} - \varepsilon_{\text{m}}}} \tag{3.89}$$

3.3.3 DMD 结构

本节讨论 DMD 结构，同样只对对称结构感兴趣，即有 $\varepsilon_{\text{c}} = \varepsilon_{\text{s}} = \varepsilon_{\text{d}}$，而 $\varepsilon_{\text{g}} = \varepsilon_{\text{m}}$。此时，对称模 TM$_0$ 和反对称模 TM$_1$ 的色散关系分别为

$$\tanh\left(\frac{\alpha_{\mathrm{m}}d}{2}\right) = -\frac{\varepsilon_{\mathrm{m}}\alpha_{\mathrm{d}}}{\varepsilon_{\mathrm{d}}\alpha_{\mathrm{m}}} \tag{3.90}$$

和

$$\tanh\left(\frac{\alpha_{\mathrm{m}}d}{2}\right) = -\frac{\varepsilon_{\mathrm{d}}\alpha_{\mathrm{m}}}{\varepsilon_{\mathrm{m}}\alpha_{\mathrm{d}}} \tag{3.91}$$

和前面的 MDM 结构一样,对称模式的 H_y,E_x 是偶函数,而它的 E_z 分量是奇函数;反对称模式正好相反。图 3.9 给出一个具体的 DMD 结构的反射率分布图,使用的材料参数与图 3.8 是相同的,包覆的介质层的厚度是 700nm。高折射率棱镜的存在依旧是为了匹配波矢,而 DMD 结构的表面模最终表现为反射率分布图中的共振吸收峰。如图 3.9 所示,θ_c 依旧是两种材料 $n=2$ 和 $n=1.5$ 之间的全反射临界角,对称模和反对称模主要分布在 $\theta > \theta_c$ 的区域,而反对称模有一部分延伸进了 $\theta < \theta_c$ 的区域。d 表示中间银膜层的厚度,随着膜厚的增加,银膜两侧的表面等离子体模之间的耦合作用逐渐减弱,对称模和反对称模逐渐简并为表面等离子体模。和单个金属/介质界面所支持的表面模不同,单层金属膜的两个界面所支持的模式已经"感知"到对方的存在,并且通过耦合效应以同样的速度传输,这就是本节要讨论的模式。

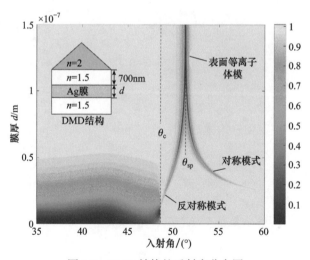

图 3.9　DMD 结构的反射率分布图

这里需要指出,DMD 结构中的对称模式又被称为长程表面等离子体(long range surface plasmon,LRSP)模,反对称模式又被称为短程表面等离子体(short range surface plasmon,SRSP)模[3,5]。长程表面等离子体模,顾名思义,是指它的传输距离远远大于单金属界面上激发的表面等离子模;相对地,短程表面等离子体模的传输距离要小很多。其物理原因是：长程模仅有很小部分能量位于金属层的区域内，而大部分能量都分布在介质层中；短程模正好相反，由于这些模式中的能量损耗主要就是由金属的吸收产生的焦耳热，因此长程模具有更长的传输距离。一般情况下，长程模式的传输距离比单金属界面的表面模要大一个量级，但是这种传输距离的增加是以牺牲模式的局域性为代价的，因为更多的能量位于介质层内。短程模式正好相反，它的模场的局域性更好，绝大部分能量都束缚在金属层内，相应地，它的传输距离就大大缩短了。

现在考察当金属层厚度 $d \to 0$ 时两种模式的波矢。(3.90)和(3.91)两式变为

$$\alpha_{\mathrm{m}}^2 d = -\frac{2\varepsilon_{\mathrm{m}}\alpha_{\mathrm{d}}}{\varepsilon_{\mathrm{d}}} \quad (\text{LRSP}) \tag{3.92}$$

$$\alpha_{\mathrm{d}} d = -\frac{2\varepsilon_{\mathrm{d}}}{\varepsilon_{\mathrm{m}}} \quad (\text{SRSP}) \tag{3.93}$$

对于长程波来说，式(3.92)可以改写为

$$\alpha_{\mathrm{d}} = -\frac{\varepsilon_{\mathrm{d}}}{2\varepsilon_{\mathrm{m}}}\Big[\alpha_{\mathrm{d}}^2 + k_0^2\big(\varepsilon_{\mathrm{d}} - \varepsilon_{\mathrm{m}}\big)\Big]d \tag{3.94}$$

上式说明，α_{d} 在 $d \to 0$ 时是和 d 同量级的小量。忽略式(3.94)右侧的二阶小量 α_{d}^2，可以得到近似表达式

$$\alpha_{\mathrm{d}} \approx -\frac{\varepsilon_{\mathrm{d}}\big(\varepsilon_{\mathrm{d}} - \varepsilon_{\mathrm{m}}\big)}{2\varepsilon_{\mathrm{m}}}k_0^2 d \tag{3.95}$$

进而可以得到长程模的传播常数

$$\beta = \big(k_0^2\varepsilon_{\mathrm{d}} + \alpha_{\mathrm{d}}^2\big)^{1/2} = k_0\sqrt{\varepsilon_{\mathrm{d}} + \frac{\varepsilon_{\mathrm{d}}^2\big(\varepsilon_{\mathrm{d}} - \varepsilon_{\mathrm{m}}\big)^2}{4\varepsilon_{\mathrm{m}}^2}k_0^2 d^2} \tag{3.96}$$

上式中根号里的第二项是二阶小量，因此可以做进一步近似得

$$\beta \approx k_0\sqrt{\varepsilon_{\mathrm{d}}}\left[1 + \frac{\varepsilon_{\mathrm{d}}\big(\varepsilon_{\mathrm{d}} - \varepsilon_{\mathrm{m}}\big)^2}{8\varepsilon_{\mathrm{m}}^2}k_0^2 d^2\right] \tag{3.97}$$

代入 $\varepsilon_{\mathrm{m}} = \varepsilon_{\mathrm{r}} + \mathrm{j}\varepsilon_{\mathrm{i}} \ \big(\varepsilon_{\mathrm{r}} < 0, \varepsilon_{\mathrm{i}} < 0\big)$ 可以得到

$$\beta_{\mathrm{i}} = -k_0\sqrt{\varepsilon_{\mathrm{d}}}\frac{\varepsilon_{\mathrm{d}}^2\varepsilon_{\mathrm{i}}}{4|\varepsilon_{\mathrm{m}}|^4}\big(|\varepsilon_{\mathrm{m}}|^2 - \varepsilon_{\mathrm{d}}\varepsilon_{\mathrm{r}}\big)k_0^2 d^2 \tag{3.98}$$

上式说明，在 $d \to 0$ 的极限下，传播常数的虚部趋近于零，表明此时模式的损耗在变小，而式(3.95)说明模式不再局限于金属层附近，而是延伸到介质层的内部，这些结论和前面的描述是吻合的。

最后考察短程模。利用式(3.93)可以直接得到短程模的传播系数

$$\beta = \left(k_0^2 \varepsilon_d + \frac{4\varepsilon_d^2}{\varepsilon_m^2 d^2} \right)^{1/2} \tag{3.99}$$

在极限情况下，$d \to 0$，上式可以进一步近似为

$$\beta \approx \alpha_d = -\frac{2\varepsilon_d}{\varepsilon_m d} \tag{3.100}$$

最终可以求得

$$\begin{cases} \beta_i = -\dfrac{2\varepsilon_d \varepsilon_i}{|\varepsilon_m|^2 d} \\[3mm] \alpha_{dr} = -\dfrac{2\varepsilon_d \varepsilon_r}{|\varepsilon_m|^2 d} \end{cases} \tag{3.101}$$

注意，上式用到了 $\beta = \beta_r - j\beta_i$ 的定义。式(3.101)说明，随着 $d \to 0$，模式传播的损耗也不断增大，导致传输距离缩短，但是另一方面，介质层的衰减系数变大导致模式的局域性更好，这些结论也和前面的描述是一致的。本节的最后，采用静电近似(electrostatic approximation)来简化式(3.90)和式(3.91)所描述的长程和短程模式的色散关系。在静电近似下，我们忽略了电场和磁场对时间的依赖，并且只依赖电场分量来求解问题。此时，电场遵循静电场的拉普拉斯方程，即有

$$\nabla^2 \varphi = 0 \tag{3.102}$$

式中，φ 为电标势。将 DMD 结构的试探解代入上述拉普拉斯方程，可以发现金属和介质中的衰减系数是相等的，因此我们可以把三个区域的待定解写作

$$\begin{cases} \varphi_1 = A e^{-j\beta z + \kappa x}, & x < 0 \\ \varphi_2 = B e^{-j\beta z - \kappa x} + C e^{-j\beta z + \kappa(x-d)}, & 0 < x < d \\ \varphi_3 = D e^{-j\beta z - \kappa(x-d)}, & x > d \end{cases} \tag{3.103}$$

式中，下标 1，2，3 分别表示介质层、金属层和介质层，金属层的厚度为 d，而 A，B，C，D，为待定系数。通过上述解在边界必须连续的条件，最终可以求得如下方程：

$$\frac{\varepsilon_d + \varepsilon_m}{\varepsilon_d - \varepsilon_m} = \pm e^{-\beta d} \tag{3.104}$$

代入金属的无损耗 Drude 模型式(1.21)，可得

$$\omega^2 = \omega_p^2 \frac{1 \pm e^{-\beta d}}{(\varepsilon_d + 1) \pm (\varepsilon_d - 1) e^{-\beta d}} \tag{3.105}$$

如果介质是空气，上式还可以进一步简化为

$$\omega^2 = \frac{\omega_p^2}{2}\left(1 \pm e^{-\beta d}\right) \tag{3.106}$$

图 3.10 给出了单层金属膜的色散关系，其中实线是数值求解的结果，而虚线是基于静电近似，即式(3.106)计算的结果。我们分别计算了 $k_p d = 0.25, 0.5$ 两种情况，其中 $k_p = \omega_p / c$，d 是金属膜的厚度。作为比较，图中还给出了介质材料中的光线和单一金属/介质界面上的表面波的色散曲线。

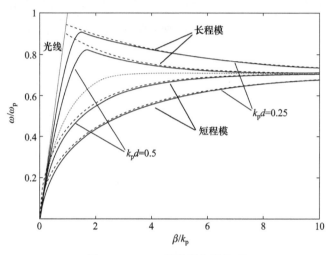

图 3.10　DMD 结构的色散关系

从计算结果可以看出，长程模和短程模对应的色散曲线在传播常数较大时，逐渐趋近于单金属/介质界面的表面等离子体模的色散曲线，而当传播常数较小时，两种模式的色散曲线都趋近于介质材料中的光线。同时，如果金属层的厚度增加，长程和短程模之间的差异会变小，并且靠近表面等离子体模的色散曲线。这说明静电近似在传播常数较大时与实际情况吻合得较好。但是对长程模来说，当传播常数较小时，在接近光线的区域附近，静电近似对长程模是完全失效的。其背后的物理不难理解，当表面波的速度与光速接近时，显然不能再用静电近似来描述了。对于短程模也有类似情况，仔细观察可以发现，当传播常数很小时，静电近似给出的曲线都越过了光线。图 3.10 还说明了，当膜厚增加时，静电近似的误差也会增大。

3.4　本 章 小 结

本章讨论了平板波导的相关知识。首先介绍了平板波导中 TE 和 TM 两种偏振的模场所满足的方程，接着介绍了两种典型的平板波导结构，即三层的全介质波导结构和表面等离激元波导结构，后者又包含了金属/介质/金属(MDM)和介质/金属/介质(DMD)两种结构。本章较为详细地介绍了单金属/介质界面的表面等离子体模式及 MDM 和 DMD 两种结构所支持的表面模式。

参 考 文 献

[1] 吴重庆. 光波导理论. 2 版. 北京：清华大学出版社, 2005.

[2] 曹庄琪. 导波光学. 北京：科学出版社, 2007.

[3] Maier S A. Plasmonics：Fundamentals and Applications. New York: Springer Press, 2007.

[4] Cai W S, Shalaev V. Optical Metamaterials, Fundamentals and Applications. New York: Springer Press, 2010.

[5] Maradudin A A, Sambles J R, Barnes W L. Modern Plasmonics. Amsterdam: Elsevier, 2014.

[6] Solymar L, Shamonina E. Waves in Metamaterials. Oxford: Oxford University Press, 2009.

第4章　双面金属包覆波导

本章开始研究本书的核心器件——双面金属包覆波导结构以及在该结构上所特有的超高阶导模。第 3 章已经指出它属于平板型正规光波导。所谓正规光波导是指存在某一个传输方向(纵向)，使得光波导的折射率沿该方向不变化，因此求解波导的本征方程可以得到一系列的模式。本章将介绍双面金属包覆平板型光波导的基本原理，首先应用第 3 章介绍的理论知识，导出双面金属包覆波导结构的色散关系，接着提出超高阶导模的概念，并且详细讨论超高阶导模的各种特性，包括场增强效应、偏振无关特性、自由空间耦合、有效折射率趋近于零等，为下面几章中关于超高阶导模在传感检测、物理化学、生物医药等领域的实际应用奠定基础。

4.1　双面金属包覆波导的模式

在金属和无吸收介质界面上传输的表面等离子体波(SPW)和在金属薄膜结构中传输的长程表面等离子体波(long-range SPW)，是目前广泛研究的表面等离激元学的基础之一。金属所特有的介电特性使其可以突破传统光学的衍射极限，将能量束缚在极小的空间内，但是所有基于表面等离子体的光波导都具有的一个共同的制约，即增强光能束缚效应必定导致传输距离缩短[1]。长程表面等离子体波之所以冠以"长程"两字，正是由于它的模场受到的束缚相对较小，其传输距离依旧没有突破毫米量级，无法满足许多用于光通信目的的集成光学元器件的需要。金属/介质/金属(MDM)结构是一种研究较广泛的结构，最显著的特点是它的 TM_0 模在介质层厚度变薄的时候并不会出现截止频率。通常情况下所研究的 MDM 结构的介质层厚度仅为微纳米的量级，因此它所容纳的模式数有限；而我们研究的双面金属包覆波导的导波层厚度通常在毫米量级，其基本结构如图 4.1 所示。

双面金属包覆波导由三个部分组成：金属包覆层，其厚度一般为几十纳米，材质为贵金属金或者银，它的主要作用是允许光能耦合进波导，并且限制波导内的能量向外辐射；金属衬底层，其厚度一般超过 200nm，材质也是贵金属金或者银，但是并不强求其材质与金属包覆层相同，它的主要作用是利用金属强吸收的特性防止光能从底部泄漏；导波层，位于金属包覆层和金属衬底层之间，原则上

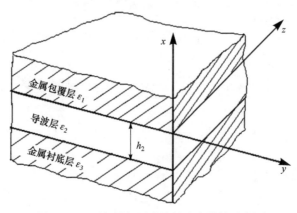

图 4.1　双面金属包覆波导的基本结构示意图

导波层并不限制为单层均匀介质，它可以包含多层，而每一层可以是固体、液体甚至混合物，只要它们仍旧是可以用等效折射率来描述的均匀光学介质即可。导波层的厚度一般在几十纳米到几毫米之间，过小的厚度会降低超高阶导模的模式密度，而过大的厚度会造成耦合的困难。在实验中，双面金属包覆波导对于各个界面的平行度要求极高，这在一定条件下对样品制备工艺提出比较高的要求。双面金属包覆波导可以采用自由空间耦合的方式将入射光能量耦合进波导，即让入射激光直接照射在金属耦合层上，通过扫描入射角，或者改变入射波长的方式匹配位相耦合条件，以实现导模的激发。其他耦合方式，比如高折射率棱镜、衍射光栅甚至端面耦合等方式都可以用来激发超高阶导模。超高阶导模是我们主要应用的模式，其模场在导波层内是振荡场，除此之外，该波导结构还存在低阶非振荡模式。如图 4.1 所示，我们假设金属包覆层和金属衬底层的介电系数分别为 ε_1 和 ε_3，而导波层的介电系数为 ε_2，厚度为 h_2。这里要说明的是，在本章中，我们仅考虑导波层为单一介质层的情况，从而使结果更加清晰，导波层包含多层膜的情况可以做类似处理。

首先，我们将金属耦合层处理为无限厚，即忽略金属耦合层的厚度 h_1，这导致导模从耦合层的泄漏被忽略，故将它处理成完全的束缚态。这种等效近似便于我们对双面金属包覆波导背后的物理意义的精准把握，在实际应用中也能给出与实验非常接近的结果，因此它的用处还是非常广泛的。由于金属衬底的厚度为几百纳米，且金属在可见光波段的强吸收效应使得电磁波在金属内的穿透深度极小，这也被称为金属的趋肤效应。因此，在这个模型中将金属衬底处理为无限厚并无不妥。下面将在这种近似下分别讨论 TM_0 模和 TM_1 模和高阶导模。

1. TM_0 和 TM_1 模

假设金属包覆层和金属衬底层用的是同一种金属，即 $\varepsilon_1 = \varepsilon_3$，则 TM_0 模和

TM$_1$ 模的色散方程可以直接套用第 3 章的(3.16)和(3.17)两式。其中 TM$_0$ 模的色散关系为

$$\tanh \frac{p_2 h_2}{2} = -\frac{p_1 \varepsilon_2}{p_2 \varepsilon_1} \tag{4.1}$$

式中， $p_1 = \sqrt{\beta^2 - k_0^2 \varepsilon_1}$, $p_2 = \sqrt{\beta^2 - k_0^2 \varepsilon_2}$ 均为正实数(忽略了金属介电系数 ε_2 的虚部)，因此波导内部的各层之中，电磁场都是呈指数衰减的，并被称为迅衰场，则当 $h_2 \to \infty$ 时，有

$$-\frac{p_1 \varepsilon_2}{p_2 \varepsilon_1} = 1 \tag{4.2}$$

这是金属材料与导波层介质的界面上的表面等离子体波，有效折射率为[1]

$$\frac{\beta}{k_0} = \sqrt{\frac{\varepsilon_1 \varepsilon_2}{\varepsilon_1 + \varepsilon_2}} > \sqrt{\varepsilon_2} \tag{4.3}$$

而当 $h_2 \to 0$ 时，必有 $p_1 \to 0$ 和 $p_2 \to \infty$ ，即有 $\beta/k_0 \to \infty$ ，由此得到 TM$_0$ 模有效折射率的存在范围为

$$\sqrt{\frac{\varepsilon_1 \varepsilon_2}{\varepsilon_1 + \varepsilon_2}} < \frac{\beta}{k_0} < \infty \tag{4.4}$$

下面将会清楚，TM$_0$ 模的有效折射率处于导模有效折射率的存在范围 $\left[0, \ \sqrt{\varepsilon_2} \right]$ 之外。所以，可以断定 TM$_0$ 模是表面模，且不存在截止厚度。

对 TM$_1$ 模作类似讨论，根据式(3.17)，其色散关系为

$$\tanh p_2 a = -\frac{p_2 \varepsilon_1}{p_1 \varepsilon_2} \tag{4.5}$$

不难导出，当 $\beta/k_0 = 0$ 时，TM$_1$ 模的截止厚度是

$$h_2^{\mathrm{TM}_1} = \frac{2}{k_0 \sqrt{\varepsilon_2}} \arctan \sqrt{-\frac{\varepsilon_1}{\varepsilon_2}} \tag{4.6}$$

而当 $h_2 \to \infty$ 时，同样

$$-\frac{p_2 \varepsilon_1}{p_1 \varepsilon_2} = 1 \tag{4.7}$$

这时，有效折射率为

$$\beta/k_0 = \sqrt{\frac{\varepsilon_1 \varepsilon_2}{\varepsilon_1 + \varepsilon_2}} \tag{4.8}$$

根据(4.3)和(4.8)两式，可见当 $h_2 \to \infty$ 时，TM_0 模和 TM_1 模是简并的。从物理上看，当 $h_2 \to \infty$ 时，两个界面上的表面等离子体波相互独立，并不存在耦合效应，因此对称模 TM_0 和反对称模 TM_1 相互简并。由上述分析可知，TM_1 模有效折射率的存在范围是

$$0 < \beta/k_0 < \sqrt{\frac{\varepsilon_1 \varepsilon_2}{\varepsilon_1 + \varepsilon_2}} \tag{4.9}$$

2. 高阶导模的色散关系

由于金属包覆层和金属衬底层同时被处理成无穷厚，因此导模只能以束缚模的形式存在，以 TE 偏振为例，其电场的 y 分量的分布为

$$E_y(x) = \begin{cases} Ae^{-p_1(x-h_2)}, & x > h_2 \\ Be^{i\kappa_2 x} + Ce^{-i\kappa_2 x}, & 0 < x < h_2 \\ De^{p_3 x}, & x < 0 \end{cases} \tag{4.10}$$

式中，$\kappa_2 = \sqrt{k_0^2 \varepsilon_2 - \beta^2}$。读者可以用第 2 章介绍过的方法来直接推导其色散关系，这里我们将运用转移矩阵来推导。根据式(2.25)，很容易写出

$$\begin{bmatrix} Ae^{-p_1(x-h_2)} \\ -p_1 Ae^{-p_1(x-h_2)} \end{bmatrix} = \begin{bmatrix} \cos(\kappa_2 h_2) & \dfrac{1}{\kappa_2}\sin(\kappa_2 h_2) \\ -\kappa_2 \sin(\kappa_2 h_2) & \cos(\kappa_2 h_2) \end{bmatrix} \begin{bmatrix} De^{p_3 x} \\ p_3 De^{p_3 x} \end{bmatrix} \tag{4.11}$$

不难将上式化为

$$\begin{bmatrix} p_1 & 1 \end{bmatrix} \begin{bmatrix} \cos(\kappa_2 h_2) & \dfrac{1}{\kappa_2}\sin(\kappa_2 h_2) \\ -\kappa_2 \sin(\kappa_2 h_2) & \cos(\kappa_2 h_2) \end{bmatrix} \begin{bmatrix} 1 \\ p_3 \end{bmatrix} = 0 \tag{4.12}$$

展开可得

$$\frac{p_1}{\kappa_2}\left(\kappa_2 \cos\kappa_2 h_2 + p_3 \sin\kappa_2 h_2\right) - \kappa_2 \sin\kappa_2 h_2 + p_3 \cos\kappa_2 h_2 = 0 \tag{4.13}$$

令 $\varphi_{23} = \arctan(p_3/\kappa_2)$，可将上式化简为

$$\frac{p_1}{\kappa_2}\cos\left(\kappa_2 h_2 - \varphi_{23}\right) = \sin\left(\kappa_2 h_2 - \varphi_{23}\right) \tag{4.14}$$

即

$$\tan\left(\kappa_2 h_2 - \varphi_{23}\right) = \frac{p_1}{\kappa_2} \tag{4.15}$$

定义 $\varphi_{21} = \arctan(p_1/\kappa_2)$，则有

$$\kappa_2 h_2 = m\pi + \varphi_{23} + \varphi_{21}, \quad m = 0,1,2,\cdots \tag{4.16}$$

这就是双面金属包覆波导中 TE 偏振的导模的色散方程(模式本征方程)，其中 m 为导模的模阶序数，如果金属包覆层与衬底层为同种金属，则上式简化为 $\kappa_2 h_2 = m\pi + 2\varphi_{21}$。通过类似的推导，可以求得 TM 偏振的导模的色散方程也可以用式(4.16)来表示，所不同的是对 TM 偏振有

$$\begin{cases} \varphi_{21} = \arctan\left(\dfrac{\varepsilon_2 p_1}{\varepsilon_1 \kappa_2}\right) \\[4mm] \varphi_{23} = \arctan\left(\dfrac{\varepsilon_2 p_3}{\varepsilon_3 \kappa_2}\right) \end{cases} \tag{4.17}$$

式(4.16)给出的色散方程已经足够精确，但如果考虑金属耦合层的厚度，还可以将上述模型做进一步修正。令金属耦合层的四层波导结构如图 4.2 所示，图 4.1 所示的三层结构模型被替换成四层结构，仍以 TE 偏振为例，可以写出导模电场的 y 分量的空间分布为

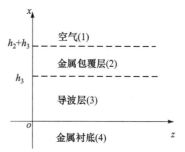

图 4.2　考虑金属包覆层厚度的双面金属包覆波导结构示意图

$$\boldsymbol{E}_y(x) = \begin{cases} A\mathrm{e}^{-p_1(x-h_2-h_3)}, & x > h_1 + h_2 \\ B\mathrm{e}^{\alpha_2 x} + C\mathrm{e}^{-\alpha_2 x}, & h_2 < x < h_1 + h_2 \\ D\mathrm{e}^{\mathrm{i}\kappa_3 x} + E\mathrm{e}^{-\mathrm{i}\kappa_3 x}, & 0 < x < h_2 \\ F\mathrm{e}^{p_4 x}, & x < 0 \end{cases} \tag{4.18}$$

其中，$p_j = \sqrt{\beta^2 - k_0^2 \varepsilon_j}$，$\alpha_2 = \sqrt{\beta^2 - k_0^2 \varepsilon_2}$，$\kappa_3 = \sqrt{k_0^2 \varepsilon_3 - \beta^2}$，这里将金属包覆层中的衰减系数记作 α_2 的原因将会在下文给出。仿照式(4.12)，并且考虑到金属膜的转移矩阵由式(2.39)给出，可以得到

$$\begin{bmatrix} p_1 & 1 \end{bmatrix} \boldsymbol{M}_2 \boldsymbol{M}_3 \begin{bmatrix} 1 \\ p_4 \end{bmatrix} = 0 \tag{4.19}$$

其中

$$\boldsymbol{M}_2 = \begin{bmatrix} \cosh(\alpha_2 h_2) & \dfrac{1}{\alpha_2}\sinh(\alpha_2 h_2) \\[4mm] \alpha_2 \sinh(\alpha_2 h_2) & \cosh(\alpha_2 h_2) \end{bmatrix} \tag{4.20}$$

$$M_3 = \begin{bmatrix} \cos(\kappa_3 h_3) & \dfrac{1}{\kappa_3}\sin(\kappa_3 h_3) \\ -\kappa_3 \sin(\kappa_3 h_3) & \cos(\kappa_3 h_3) \end{bmatrix} \tag{4.21}$$

求解式(4.19)可以得到修正模型(图 4.2)所示的双面金属包覆波导中 TE 偏振的导模色散方程，但是通过简单的数学手段，我们还可以继续使用三层模型的结果，只需要令

$$[p_2 \quad 1] = [p_1 \quad 1] M_2 \tag{4.22}$$

就可以将式(4.19)改写为与式(4.12)一样的 $[p_2 \quad 1] M_3 \begin{bmatrix} 1 \\ p_4 \end{bmatrix} = 0$ 的形式。将式(4.20)代入式(4.22)，不难得到

$$p_2 = \alpha_2 \frac{p_1 \cosh \alpha_2 h_2 + \alpha_2 \sinh \alpha_2 h_2}{p_1 \sinh \alpha_2 h_2 + \alpha_2 \cosh \alpha_2 h_2} \tag{4.23}$$

利用双曲函数公式，上式可以进一步简写为

$$p_2 = \alpha_2 \tanh\left[\alpha_2 h_2 + \operatorname{arctanh}\left(\frac{p_1}{\alpha_2}\right)\right] \tag{4.24}$$

由此可见，式(4.24)考虑了金属耦合层的厚度，并且以此修正了参数 p_2，我们可以利用这个式子继续使用式(4.16)进行计算，并且得到更加精确的结果。有关 TM 偏振有完全类似的结果，由于篇幅所限，这里不再展开讨论。

利用 TM_0 模和 TM_1 模的色散方程(4.1)和(4.5)，以及导模的色散方程(4.16)，我们可以画出双面金属包覆波导的色散曲线，如图 4.3 所示。其横坐标 β/k_0 具有折射率的量纲，即导模的等效折射率。图中的实线表示 TM 模，虚线表示 TE 模，而两条竖线分别标出导波层的折射率 $\sqrt{\varepsilon_2}$ 和金属与介质界面上的表面等离子体波的有效折射率 $\sqrt{\dfrac{\varepsilon_1 \varepsilon_2}{\varepsilon_1 + \varepsilon_2}}$ 的位置。以导波层的折射率 $\sqrt{\varepsilon_2}$ 为界，其左侧为波导的导模激发区域，其右侧为表面波激发区域。由图中可见，当导波层厚度增加到无穷大时，TM_0 和 TM_1 模都简并到表面等离子体波，且 TM_0 波始终以表面波的形式存在。TM_1 波比较特殊，在导波层厚度比较小的时候，它的有效折射率小于 $\sqrt{\varepsilon_2}$，因此以导模的形式存在。随着导波层厚度超过一个临界值，TM_1 会转变为表面波[2]，这里不再展开讨论。

对比图 4.3 和图 2.8 可知，双面金属包覆波导与全介质波导的一个明显区别是，前者的导模的有效折射率不存在下限，可以趋于零。这是普通波导不具备的。后面几章将会表明，利用这一重要特点，双面金属包覆波导的耦合可以不借助高

折射率棱镜或者光栅；另外，有效折射率趋于零也是双面金属包覆波导可以实现慢光效应的物理基础。

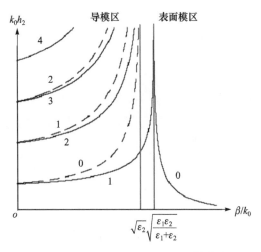

图 4.3 双面金属包覆波导的色散曲线

利用色散方程(4.16)，可以解出导模的传播常数 β。以上结果是在略去金属的复介电常数的虚部后得到的，这样，由色散方程得到的有效折射率 β/k_0 是一个实数，所以略去介电常数的虚部的结果是略去了 β/k_0 的虚部，这仅在 β/k_0 的实部远大于其虚部时才是可接受的结果。考虑到金属的复介电系数为 $\varepsilon_1 = \varepsilon_{1r} + i\varepsilon_{1i}$，在一般情况下，$\beta$ 也是一个复数，它的虚部表明导模的传输伴随着损耗。下面给出一个简单的模型，来说明如何估算这种损耗。

以 TE 偏振为例，这里采用微扰法，即把金属的介电系数的虚部看成一个小量，把由它所引起的变化看成是对整个系统的一个扰动。因此，先忽略金属介电系数的虚部，即假设 $\varepsilon_{1i} = 0$，定义导模的有效折射率为 $N = \beta/k_0$，因此可以把式 (4.16)改写为

$$\kappa_2 h_2 = m\pi + 2\arctan\sqrt{\frac{N^2 - \varepsilon_{1r}}{\varepsilon_2 - N^2}} \tag{4.25}$$

其中，$\kappa_2 = k_0\sqrt{\varepsilon_2 - N^2}$。根据微扰法，式(4.25)求得的结果可以作为最终有效折射率的实部 N_r。接下来考虑介电系数的虚部，用 $\varepsilon_1 = \varepsilon_{1r} + i\varepsilon_{1i}$ 替换式(4.25)中的 ε_{1r}，并且把 $N = N_r + iN_i$ 代入，消去所有 N_i 的高阶项，最终可以求得

$$N_i = \frac{\varepsilon_{1i}}{2N_r} \cdot \frac{\varepsilon_2 - N_r^2}{\varepsilon_2 - \varepsilon_{1r}} \cdot \frac{1}{\frac{k_0 h_2}{2}\sqrt{N_r^2 - \varepsilon_{1r}} + 1} \tag{4.26}$$

利用上式不难求出传播常数的虚部 $\beta_i = k_0 N_i$。关于 TM 偏振的讨论，读者可自行尝试。

4.2　双面金属包覆波导的反射特性

4.1 节详细讨论了双面金属包覆波导的色散关系和其中激发导模的传播常数，但是这些讨论都是基于导模是完全束缚的，这与实际情况并不完全一致。由于双面金属包覆波导的有效折射率可以趋于零，且金属耦合层厚度仅为几十纳米，因此导模很容易通过金属耦合层辐射，是泄漏模。这一点与 Kretschmann 结构或者 Otto 结构所耦合的表面等离子体波很像。当一束激光直接入射到双面金属包覆波导表面，并激发其导模以后，泄漏的导模与波导表面直接反射光之间发生干涉现象。如果利用角度扫描的方式探测反射谱线，就会得到一系列共振吸收峰，这是由于泄漏的导模与直接反射光之间发生了相干相消现象。下面我们用转移矩阵方法对此进行详细讨论。

根据图 4.2 所示的模型，电场分布不能继续使用式(4.18)，因为在空气中的场不再是指数衰减场。如果只考虑 TE 偏振，可以对式(4.18)作如下修正：

$$E_y(x) = \begin{cases} A\left[\mathrm{e}^{\mathrm{i}\kappa_1(x-h_2-h_3)} + r\mathrm{e}^{-\mathrm{i}\kappa_1(x-h_2-h_3)}\right], & x > h_1 + h_2 \\ B\mathrm{e}^{\alpha_2 x} + C\mathrm{e}^{-\alpha_2 x}, & h_2 < x < h_1 + h_2 \\ D\mathrm{e}^{\mathrm{i}\kappa_3 x} + E\mathrm{e}^{-\mathrm{i}\kappa_3 x}, & 0 < x < h_2 \\ F\mathrm{e}^{p_4 x}, & x < 0 \end{cases} \tag{4.27}$$

式中，r 表示反射系数，它是波长 λ 和入射角 θ 的函数；α_2, p_4 分别是金属包覆层和衬底层之间的衰减系数；κ_1, κ_3 是空气和导波层内的横向传播常数；A、B、C、D、E、F 是待定系数。运用分析转移矩阵来表征波函数及其一阶导数的连续性，可以写出下列方程

$$A\begin{bmatrix} 1+r \\ \mathrm{i}\kappa_1(1-r) \end{bmatrix} = M_2 M_3 \begin{bmatrix} 1 \\ p_4 \end{bmatrix} F \tag{4.28}$$

其中，M_2, M_3 分别由式(4.20)和式(4.21)给出。求解式(4.28)的策略是，首先将式(4.28)的右边写成列向量的形式，并且记作 $[1 \quad p_2]^T$，这样就很方便地消去了 A 和 F，从而有

$$\begin{bmatrix} -p_2 & 1 \end{bmatrix}\begin{bmatrix} 1+r \\ \mathrm{i}\kappa_1(1-r) \end{bmatrix} = 0 \tag{4.29}$$

从中可以解出

$$r = \frac{\mathrm{i}\kappa_1 - p_2}{\mathrm{i}\kappa_1 + p_2} \tag{4.30}$$

因此，这里只需要解出 p_2 的具体表达式即可，特别适合 Matlab 编程，即利用矩阵算法可直接计算式(4.28)的右边，得到 p_2 以后再代入式(4.30)计算反射系数。注意，由于物理模型不一样，这里的 p_2 与式(4.23)所解出的并不相同。如果定义 p_3 如下：

$$\begin{bmatrix} -p_3 & 1 \end{bmatrix} \boldsymbol{M}_3 \begin{bmatrix} 1 \\ p_4 \end{bmatrix} = 0 \tag{4.31}$$

不难求得

$$p_3 = \kappa_3 \tan\left[\arctan\left(\frac{p_4}{\kappa_3} \right) - \kappa_3 h_3 \right] \tag{4.32}$$

与之相类似，p_2 可以从如下公式解出

$$\begin{bmatrix} -p_2 & 1 \end{bmatrix} \boldsymbol{M}_2 \begin{bmatrix} 1 \\ p_3 \end{bmatrix} = 0 \tag{4.33}$$

得

$$p_2 = \alpha_2 \tanh\left[\operatorname{arctanh}\left(\frac{p_3}{\alpha_2} \right) + \alpha_2 h_2 \right] \tag{4.34}$$

根据(4.32)和(4.34)两式可以解出 p_2。为了说明它的物理意义，首先针对式(4.32)，令

$$\phi_3 = \arctan\left(\frac{p_3}{\kappa_3} \right) \tag{4.35}$$

则有

$$\kappa_3 h_3 + \phi_3 - \arctan\left(\frac{p_4}{\kappa_3} \right) = m'\pi, \quad m' = 0,1,2,3,\cdots \tag{4.36}$$

类似地定义

$$\phi_2 = \mathrm{i}\operatorname{arctanh}\left(\frac{p_2}{\alpha_2} \right) = \arctan\left(\frac{\mathrm{i}p_2}{\alpha_2} \right) \tag{4.37}$$

将上式代入式(4.34)有

$$\phi_2 - \mathrm{i}\alpha_2 h_2 - \arctan\left(\frac{\mathrm{i}p_3}{\alpha_2} \right) = 0 \tag{4.38}$$

结合式(4.38)可得到

$$\underbrace{2\left(\kappa_3 h_3 + i\alpha_2 h_2\right)}_{(A)} - \underbrace{\left[2\arctan\left(\frac{p_4}{\kappa_3}\right) + 2\phi_2\right]}_{(B)} + \underbrace{\left[2\phi_3 + 2\arctan\left(\frac{ip_3}{\alpha_2}\right)\right]}_{(C)} = 2m'\pi \quad (4.39)$$

上式的物理意义非常明确，左边的(A)项具有光程的量纲；(B)项的物理意义是在金属耦合层/空气界面和导波层/衬底界面上的反射相移；(C)项是子波项[3]，它是由金属耦合层/导波层的界面的散射引起的。因此，式(4.39)具有色散方程的形式。关于子波项，这里不再展开，将上式改写成如下形式：

$$e^{-i2\phi_2} = e^{2i\left[\kappa_3 h_3 + i\alpha_2 h_2 - \arctan\left(\frac{p_4}{\kappa_3}\right) + \phi_3 + \arctan\left(\frac{ip_3}{\alpha_2}\right)\right]} \quad (4.40)$$

运用简单的数学技巧，将式(4.30)改写为

$$\begin{aligned}
r &= \frac{\alpha_2\left(i\kappa_1 - p_2\right)}{\alpha_2\left(i\kappa_1 + p_2\right)} \\
&= \frac{\left(i\kappa_1 - \alpha_2\right)\left(\alpha_2 + p_2\right) + \left(i\kappa_1 + \alpha_2\right)\left(\alpha_2 - p_2\right)}{\left(i\kappa_1 - \alpha_2\right)\left(\alpha_2 - p_2\right) + \left(i\kappa_1 + \alpha_2\right)\left(\alpha_2 + p_2\right)} \\
&= \frac{\dfrac{i\kappa_1 + \alpha_2}{i\kappa_1 - \alpha_2} + \dfrac{\alpha_2 + p_2}{\alpha_2 - p_2}}{1 + \dfrac{\left(i\kappa_1 + \alpha_2\right)\left(\alpha_2 + p_2\right)}{\left(i\kappa_1 - \alpha_2\right)\left(\alpha_2 - p_2\right)}}
\end{aligned} \quad (4.41)$$

注意到 $e^{-i2\phi_2} = \dfrac{\alpha_2 + p_2}{\alpha_2 - p_2}$ ，并且定义 $r_{12} = \dfrac{i\kappa_1 + \alpha_2}{i\kappa_1 - \alpha_2} = \dfrac{\kappa_1 - i\alpha_2}{\kappa_1 + i\alpha_2}$ ，可以将双面金属包覆波导的反射系数改写成单层膜反射的菲涅耳公式的形式，即

$$r = \frac{r_{12} + e^{-i2\phi_2}}{1 + r_{12}e^{-i2\phi_2}} \quad (4.42)$$

上式的物理意义非常明确，其中 r_{12} 是空气与金属包覆层界面上的反射系数，而 $e^{-i2\phi_2}$ 是波导结构对回到该界面上的光波附加的位相。式(4.42)给出的反射系数的计算是精确的；另一个关于双面金属包覆波导反射率的模型讨论了波导的本征损耗和辐射损耗之间的关系，这个模型在研究古斯-汉欣位移(Goos-Hänchen shift)效应的时候是十分有用的，将在古斯-汉欣位移的部分加以介绍。

下面来看上述公式的实际应用，见图 4.4。根据光学原理，双面金属包覆波导的反射率为 $R = r \cdot r^*$，其中上标星号表明对复数取共轭。其典型的曲线如图 4.5 所示。由于泄漏的导模和反射光的干涉效应，反射谱线中出现一系列吸收共振峰，后文将会说明这些吸收峰与导模的激发一一对应。在共振吸收峰外，反射率基本

接近 1，这说明电磁波的能量要进入导波层其实是不容易的，只有当位相匹配条件满足时，电磁波才能穿过金属耦合层进入导波层并且形成驻波形式的振荡场。与表面等离子体共振相比，双面金属包覆波导的导模共振峰具有非常窄的半高全宽，这说明这种导模具有更高的灵敏度。从图中可见，当入射角范围不同时，导模的密度也存在明显不同。图 4.5(a)的导模密度小于图 4.5(b)，说明导模的密度随入射角的增大而增大。4.1 节已经说明，导模的模阶序数越低，它所对应的耦合角的度数越大。在实际应用中，5°～30°的导模的使用最为普遍，如果导波层厚度为毫米量级，这些导模的模阶序数的量级通常约为 10^3，因此它们又被称为超高阶导模。当入射角度过大时，由于导模的模式密度过高，导模往往连成一片，而无法应用。

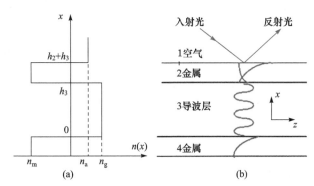

图 4.4　双面金属包覆波导折射率分布和场分布示意图

$n_{\mathrm{m}}, n_{\mathrm{a}}, n_{\mathrm{g}}$ 分别代表金属、空气和导波层的折射率

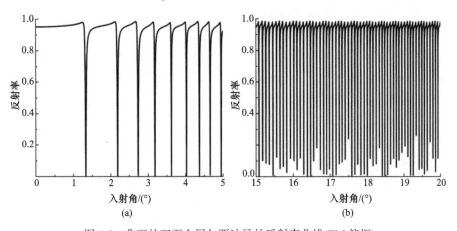

图 4.5　典型的双面金属包覆波导的反射率曲线(TM 偏振)

在图 4.4 所示的模型中，导波层的折射率要高于空气的折射率，但是由于双面金属包覆波导的有效折射率可以趋于零，因此不需要借助棱镜或者衍射光栅，

电磁场能量仍旧可以被耦合进折射率较高的导波层。但是，如果制备带棱镜的双面金属包覆波导结构，那么可以同时实现导模和表面等离子体波的激发。下面给出一个具体的例子，假设波导结构的介电系数分布为

$$\varepsilon(x)=\begin{cases}2.5, & x>h_2+h_3\\ -20+1.5\mathrm{i}, & h_3<x<h_2+h_3\\ 1.69, & 0<x<h_3\\ -20+1.5\mathrm{i}, & x<0\end{cases} \tag{4.43}$$

即从上至下的材料依次为玻璃、金属包覆层、液体导波层和金属衬底层，其中金属耦合层厚度为 h_2，导波层厚度为 h_3。由于玻璃的介电系数大于导波层的折射率，因此该结构可以激发金属耦合层与导波层界面上的表面等离子体波。为了说明这一点，令金属耦合层厚度为 34nm，而导波层厚度为 10μm，并且计算 TE 和 TM 偏振的反射率谱线。选取比较小的导波层厚度的原因在于可降低模式密度，从而便于观察。

从图 4.6 中可以明显看到，当入射光采用 TM 偏振的时候，在 60°附近可以观察到表面等离子体共振(SPR)峰，而 TE 偏振则不存在，这与表面等离子体波的偏振特性是吻合的。一般情况下，超高阶导模的共振吸收峰的半高全宽随导波层厚度增加而减小，图 4.6 所使用的导波层厚度比通常使用的小两个数量级，但是超高阶导模的半高全宽依旧远远小于表面等离子体共振峰。当入射光的 β/k_0 大于导波层的介电系数 $\sqrt{\varepsilon_3}$ 以后，超高阶导模不能激发，这一临界角度为

$$\theta_{\text{临界}}=\arcsin\left(\frac{\sqrt{\varepsilon_3}}{\sqrt{\varepsilon_1}}\right)=\arcsin\left(\frac{\sqrt{1.69}}{\sqrt{2.5}}\right)=55.3° \tag{4.44}$$

对比图中模拟的结果，可以看到两者是一致的。

这种带耦合棱镜的双面金属包覆波导结构有它独特的用处，这里列举两个。第一，对双面金属包覆波导结构性能特别关键的金属耦合层(比如，波导结构制备完成以后，耦合层的实际厚度可以利用表面等离子体共振吸收峰的位置来计

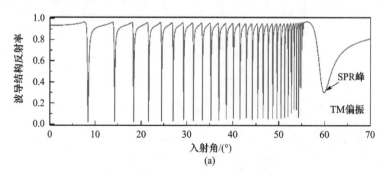

(a)

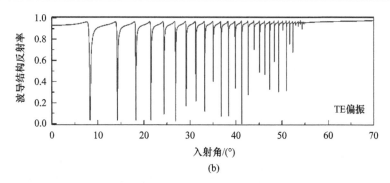

图 4.6　带高折射率耦合棱镜的双面金属包覆波导反射率谱线

算；第二，在传感检测中，如果对金属耦合层界面的被测样品特别感兴趣的话，可以用表面等离子体波来测量，此时，可以用超高阶导模获得整个导波层的总体信息，而表面等离子体则给出金属界面的局部信息。

4.3　超高阶导模

本节将详细介绍并且讨论超高阶导模的各种特性，主要包括自由空间耦合技术、偏振无关、高灵敏度、场增强效应等。

1. 自由空间耦合技术

到目前为止，光波导技术和它的耦合技术是一种相对成熟的技术[4]，以平板波导为例，主流的耦合技术包括棱镜耦合[5]、光栅耦合[6]、端面耦合[7]和锥形耦合[8]等。虽然棱镜耦合技术不易微型化和集成，但是这种技术目前仍旧在实验室中广泛应用。相比之下，光栅技术更加容易集成，但是加工工艺比较复杂，并且较低的耦合效率限制了它的广泛应用。为了说明双面金属包覆波导的自由空间耦合技术，请先看两个案例。

从严格意义上说，激发表面等离子体波的结构并不是一种光波导，但是它的耦合方式还是可以说明波矢匹配这一基本原则。最常用的表面等离子体波耦合方式有两种，如图 4.7 所示。表面等离子体波是被局限在金属和介质表面的，它的有效折射率是 $\frac{\beta}{k_0} = \sqrt{\frac{\varepsilon_1 \varepsilon_2}{\varepsilon_1 + \varepsilon_2}}$，假设 ε_1 是介质，而 ε_2 是金属。由于金属的介电系数是负数，因此表面等离子体波的有效折射率必定大于介质的折射率 $\sqrt{\varepsilon_1}$，如果从介质一侧的直接耦合，则必须满足如下波矢匹配条件：

$$k_0 \sqrt{\varepsilon_1} \sin\theta = \beta \tag{4.45}$$

无法满足，因为入射角的正弦不能超过 1，即 $\sin\theta \leqslant 1$。由此可知，从介质一侧不能实现表面等离子体波的直接耦合。因此，表面等离子体波激发的两种最主要的结构(Otto 结构和 Kretschmann 结构)都引入高折射率棱镜来实现表面等离子体波的横向匹配。

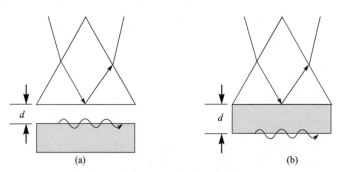

图 4.7　表面等离子体波的耦合方式

(a)Otto 结构；(b)Kretschmann 结构

接下来请看图 4.8 所示的介质平板光波导，它由三部分组成，其中包覆层、导波层和衬底层的折射率依次为 n_0, n_1, n_2。我们不妨假设 $n_1 > n_2 > n_0$，这是因为如果包覆层为金属，金属折射率在可见光和红外区域为负数。

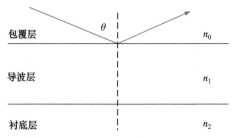

图 4.8　介质平板光波导

根据波导理论，可以知道有效折射率的范围是

$$n_2 < N < n_1 \tag{4.46}$$

根据有效折射率的有效范围，不难看出这种波导无法直接耦合，因为直接耦合的波矢匹配条件

$$k_0 n_0 \sin\theta = \beta \tag{4.47}$$

同样要求 $\sin\theta > 1$，而这是无法实现的。为了解决上述难题，可以采取高折射率棱镜耦合的方式，如图 4.9 所示。

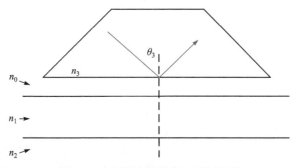

图 4.9　高折射率棱镜耦合平板波导

如图 4.9 所示，在耦合层表面增加高折射率棱镜(可以使用匹配液来防止空气隙产生)，那么此时的波矢匹配条件就演化成为

$$k_0 n_3 \sin\theta = \beta \tag{4.48}$$

由于 $n_3 > n_1$，上述波矢匹配条件不难满足。

双面金属包覆波导的有效折射率范围与普通波导不同，图 4.3 已经指出，TM_0 模的有效折射率范围是 $N > \sqrt{\dfrac{\varepsilon_1 \varepsilon_2}{\varepsilon_1 + \varepsilon_2}}$，而 TM_1 模的有效折射率范围是 $0 < N < \sqrt{\dfrac{\varepsilon_1 \varepsilon_2}{\varepsilon_1 + \varepsilon_2}}$；剩下所有模式的有效折射率范围均为 $0 < N < \sqrt{\varepsilon_2}$。也就是说，除了 TM_0 模之外，所有其他模式的有效折射率均可以趋近于 0。因此，对于双面金属包覆波导而言，不存在包覆层折射率过小而无法满足波矢匹配条件的情况，所以在理论上，这种波导结构不需要借助任何耦合棱镜或者光栅，就可以用从空气中直接照射到波导表面的激光进行耦合。为了证明这一新的耦合方式，我们制备了简易的双面金属包覆波导，波导的制备步骤如图 4.10 所示。

而实验装置的建立如图 4.11 所示，其中倍角转台的特殊设计使得探测器的旋转角度始终是波导旋转角度的 2 倍，因此可以保证在波导片旋转的过程中，反射光点始终落在探测器上。利用这套装置，一个波导基片的反射率随角度改变的曲线(反射角谱)的测试仅需要 2min。

图 4.12 给出了该验证实验的结果，可以看到实验测量的结果与根据菲涅耳公式计算的理论结果在角度上吻合得非常好。两条曲线没有完全重合的原因可能是仿真所用的参数并不完全精确。

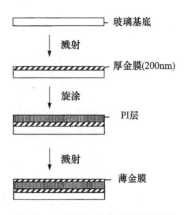

图 4.10　双面金属包覆波导制备过程

这些参数在表 4.1 中给出。

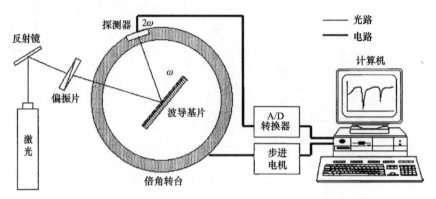

图 4.11　自由空间耦合方式验证实验装置

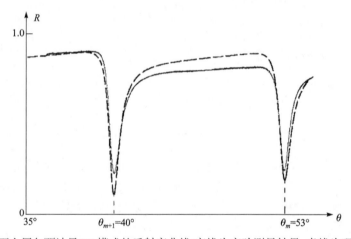

图 4.12　双面金属包覆波导 TE 模式的反射率曲线(实线为实验测量结果, 虚线为理论模拟结果)

表 4.1　图 4.12 中的理论曲线所使用的结构参数

层	介电系数	厚度
空气层	1.0	不需要
耦合层(金)	−20+1.5i	36nm
PI 层	2.8	2700nm
衬底层(金)	−20+1.5i	不需要

　　通过以上验证实验, 我们已经证明了双面金属包覆波导可以采用自由空间耦合技术来进行直接耦合[9]。

2. 偏振无关特性

首先要指出超高阶导模的偏振无关特性是指由光的偏振状态不影响波导基片的反射角谱，但是这种无关特性仅仅是一种近似，而且仅在双面金属的导波层厚度远远大于波长的时候才适用。为了说明这一点，下面再次给出双面金属包覆波导的色散关系式(4.16)：

$$\kappa_2 h_2 = m\pi + \varphi_{23} + \varphi_{21}, \quad m = 0,1,2,\cdots \tag{4.49}$$

其中，$\varphi_{ij} = \arctan\left(\rho \dfrac{p_j}{\kappa_i}\right)$，而参数 ρ 的定义为

$$\rho = \begin{cases} 1, & \text{对TE模式} \\ \varepsilon_i/\varepsilon_j, & \text{对TM模式} \end{cases} \tag{4.50}$$

如果假设一个双面金属包覆波导的导波层厚度为 0.4mm，介电系数为 5.3，而激发波长为 650nm，则可以估算

$$\kappa_2 h_2 = \frac{2\pi h_2}{\lambda}\sqrt{\varepsilon_2 - N^2} > 2000\pi \tag{4.51}$$

上面的估算中考虑了在自由空间耦合技术下，导模的有效折射率 $N < 1$，可知这些导模的模阶序数大于 2000。相比之下，由导波层边界的反射产生的相移不会超过 $\pi/2$，由不同偏振状态所产生的差异就更小，与 $\kappa_2 h_2$ 项相比可以忽略。因此，当波导层厚度达到毫米量级的时候，可以将式(4.49)近似写成

$$\kappa_2 h_2 = m\pi, \quad m = 0,1,2,\cdots \tag{4.52}$$

式(4.52)说明，TE 偏振和 TM 偏振所产生的共振吸收峰的位置是相同的。同样，这一特性可以用实验进行验证[10]。实验装置与图 4.11 所示相同，但是这次的双面金属包覆波导的制备采用了在 0.1mm 厚的 K9 玻璃片两边镀膜的方式。图 4.13 给出了根据菲涅耳公式计算的两种偏振的反射率谱线。

从图 4.13 可知，对于厚度为 0.1mm 的导波层，双面金属包覆波导已经表现出偏振无关的特性。为了增强导模的模式密度，提高灵敏度，通常会选用厚度更大的导波层，在实验中，最大使用过厚度为 3mm 的导波层。图 4.14 给出实验测试的结果。

最后需要说明，偏振无关特性在很多场合十分有用，它可以帮助简化光路，允许更多的激光功率耦合进波导进行光-物质相互作用等。但是在另一些场合，需要偏振特性发挥作用，在这种情况下，一般可以采取减少导波层厚度，或者使用双折射材料等方式。

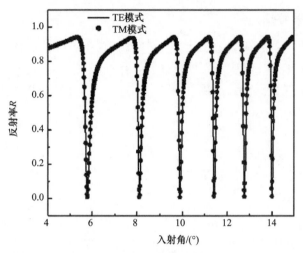

图 4.13 根据菲涅耳公式数值模拟的两种偏振状态在双面金属包覆波导上的反射率

参数为 $\varepsilon_2 = 2.25, \varepsilon_1 = -10 + \mathrm{i}, h_2 = 0.1\mathrm{mm}, \lambda = 650\mathrm{nm}$

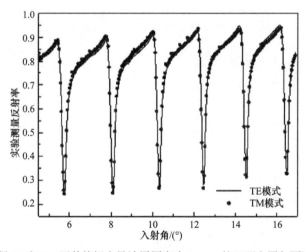

图 4.14 实验测得 TE 和 TM 两种偏振在导波层厚度为 0.1mm 的双面金属包覆波导的反射率谱线

3. 场增强效应

最后介绍双面金属包覆波导的场增强效应,这是指波导内部的导模场的场强远远高于激发的激光在空气中的强度,在通常情况下,完全耦合的超高阶导模可以高出两个数量级。这并不违背能量守恒定律,当波导内部的光场开始建立的时候,如同一个充电的过程,超高阶导模会储存较多的能量,以建立一个较大场强的场分布,之后整个系统达到平衡状态,即入射到波导表面的能量与离开波导的总能量维持平衡。这些能量包括从在波导表面直接反射的能量、泄漏的导模及被金属和导波层吸收的能量。综上所述,超高阶导模具有比空气中高出几个量级的场强密度并不违背能量守恒定律，而这一特性是利用超高阶导模作为传感、检测的物理基础。运用第 2 章所介绍的转移矩阵方法可以模拟超高阶导模的场强的空间分布，下面请看一个实例。假设波导的参数为 $\lambda = 632.8\text{nm}, \varepsilon_2 = 1.8, \varepsilon_1 = -17.3 + 0.68\text{i}, h_1 = 36\text{nm}, h_2 = 1\text{mm}, \theta = 2.56°$，就可以利用转移矩阵方法计算出电场在空间各个点的坡印亭矢量大小。这里我们考虑的是 TE 偏振，并且仅计算了坡印亭矢量的 z 分量，计算结果如图 4.15 所示。

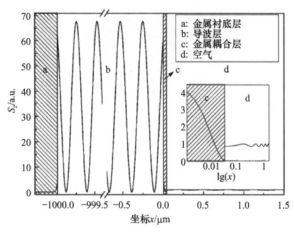

图 4.15　双面金属包覆波导中坡印亭矢量分量 S_z 随坐标轴 x 的分布

这里需要对图 4.15 作几点说明：①由于导波层厚度是 1mm，相比金属耦合层大了 4 个量级，因此图中的横坐标是截断的，仅画出了部分的导波层。由于超高阶导模在导波层内部是规则的振荡场分布，未画出的部分并没有包含更多的物理信息；②阴影部分表征了金属耦合层和衬底层，可以看出其中的场是以指数衰减场的形式存在的，插图用横坐标的指数形式画出了金属耦合层的场分布；③坐标 $x > 0$ 的区间内是空气域，入射光场与反射光场叠加形成振荡形式，我们在仿真时将该振荡的最高幅度设置为 1(从插图中可以更好看出)，由于干涉效应，这大于入射激光的强度。从图中可以看出，在导波层内的超高阶导模的场强最大值约为 67，即超高阶导模的场强比入射光的场强增强了 67 倍。这个案例的参数并没有经过特殊的优化，由此可见超高阶导模的场增强效应是较为普遍的。最后我们将波导结构的反射率谱线与导波层内的场强分布联系起来。为了说明导模场强分布与导模耦合程度之间的联系，我们来计算导波层内的场强分布随激发光的入射角的变化。图 4.16 绘制了双面金属包覆波导的导波层的场强分布在激发角 5°～6°变化范围内的分布情况。

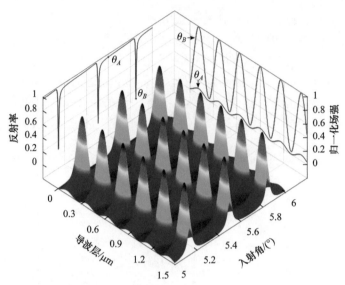

图 4.16　在耦合与不耦合情况下，导波层内的归一化电场强度分布

仿真的参数为：激发波长 $\lambda=785\text{nm}$，金属包覆层和导波层的介电系数分别为 $\varepsilon_{Ag}=-31.4+2.3\text{i}$ 和 $\varepsilon_g=2.25$，导波层的厚度为 1mm，但是图中仅画了 1.5μm 范围内的场强分布。在反射率谱线上标出了两个角度 θ_A 和 θ_B，它们分别对应了导模耦合和不耦合的情况。两种情况下的场强分布以曲线的形式绘制在图的右侧

由图可以看出，超高阶导模的模式密度确实很高，在入射角改变 1° 的范围内就存在 3 个分立的模式。导波层内的场强分布始终呈现振荡形式，但是振荡强度与反射率谱线相对应。反射率的共振吸收峰对应导波层内场强分布的极大值，这一结果是很显然的。从图中选择的耦合与不耦合的两个特殊角度可以看出，两种情况下导波层内场强分布的差异达到 1 个量级以上，其能量密度可以达到 2 个量级。

除了利用转移矩阵方法外，利用有限元等数值仿真方法也能很容易地证明超高阶导模存在场增强效应，这里不再重复。最后需要说明的是，除了上述三个特性外，超高阶导模还存在其他的特性，如高 Q 因子、高灵敏度等，将会在下面章节介绍超高阶导模的具体应用时再加以介绍。

4.4　本 章 小 结

本章主要介绍了双面金属包覆波导的基本结构、色散关系和反射特性等，并且介绍了该波导结构所特有的超高阶导模的三个基本特性，后面几章将介绍超高阶导模的几种特殊的物理效应和双面金属包覆波导在各个领域的应用。

参 考 文 献

[1] Maier S A. Plasmonics：Fundamentals and Applications. Berlin: Springer Press, 2007: 1-19.

[2] 曹庄琪. 导波光学. 北京：科学出版社, 2007：31-39.

[3] 曹庄琪, 殷澄. 一维波动力学新论. 上海：上海交通大学出版社, 2012：79-90.

[4] 吴重庆. 光波导理论. 2 版. 北京：清华大学出版社，2005: 8-18.

[5] Ulrich R. Theory of prism-film coupler by plane-wave analysis. J. Opt. Soc. Am. , 1970, 60(10): 1337-1349.

[6] Tamir T, Peng S T. Analysis and design of grating couplers. Appl. Phys., 1977, 14(3): 235-253.

[7] Boya J T, Anderson D B. Radiation pattern of an end-fire optical waveguide coupler. Opt. Commun, 1975, 13(3): 353-358.

[8] Tien P K, Martin R J. Experiments on light waves in a thin tapered film and a new lightwave coupler. Appl. Phys. Lett. , 1971, 18(9): 398-400.

[9] Li H, Cao Z, Lu H, et al. Free-space coupling of a light beam into a symmetrical metal-cladding optical waveguide. Appl. Phys. Lett., 2003, 83(14): 2757-2759.

[10] Lu H, Cao Z, Li H, et al. Study of ultrahigh-order modes in a symmetrical metal-cladding optical waveguide. Appl. Phys. Lett., 2004, 85(20): 4579-4581.

第 5 章　GH 和 IF 位移效应

本章主要讨论超高阶导模耦合对光束纵向位移和横向位移的增强效应。这两种位移效应又分别称为古斯-汉欣(Goos-Hänchen)位移效应和 Imbert-Fedorov 效应，这些效应与因果律、光的量子性等都有非常密切的关系，因此具有很高的研究价值。通常情况下，可以用稳态相位法来研究上述位移效应，但是该方法只能给出一维柱面光束的位移。为了研究二维高斯光束的位移效应，需要采用波束传播法，本章就从波束传播法开始介绍。

5.1　波束传播法

本节简单地介绍波束传播法(beam propagation method，BPM)的基本原理，它将被广泛地用于平板金属波导结构对高斯光束、涡旋光束、矢量光束的散射研究。由于超高阶导模的激发，入射光场与导模波长之间存在非常复杂的耦合效应，从而导致光束发生形变，并且可能导致某些物理现象的增强，比如 Goos-Hänchen 位移效应和 Imbert-Fedorov 效应，后面简称 GH 位移和 IF 位移。而结合傅里叶变换的波束传播法是研究上述物理现象的有效工具。

我们首先考虑比较简单的情况，即在近轴近似下的标量波动方程。它可以解决一个电磁波在沿传输方向不大的角度范围内，从一个垂直平面传输到另一个垂直平面的问题。首先从单色波满足的亥姆霍兹方程出发推导近轴传输方程

$$\nabla^2 E + k^2 E = 0 \tag{5.1}$$

其中，E 是标量电场分量，暂时不考虑偏振等因素；$k = 2\pi n/\lambda$ 是传输介质中的波矢。首先给出近轴近似下的试探解

$$E(x,y,z) = u(x,y,z)\mathrm{e}^{ik_z z} \tag{5.2}$$

其中，$u(x,y,z)$ 是一个慢变电场；k_z 是波矢在 z 轴的分量。将式(5.2)代入式(5.1)，并且忽略掉 $\partial^2 u/\partial z^2$ 这一项，可以得到近轴传输方程

$$-2ik_z\,\partial u/\partial z = \left(\partial^2/\partial x^2 + \partial^2/\partial y^2\right)u + \left(k^2 - k_z^2\right)u \tag{5.3}$$

我们把上式改写为

$$\partial u/\partial z = \hat{D}u + \hat{W}u \tag{5.4}$$

其中算符 $\hat{D}$ 写作

$$\hat{D} = \frac{\mathrm{i}}{2k_z}\left(\partial^2/\partial x^2 + \partial^2/\partial y^2\right) \tag{5.5}$$

而算符 $\hat{W}$ 可以写作

$$\hat{W} = \frac{\mathrm{i}}{2k_z}\left(k^2 - k_z^2\right) \tag{5.6}$$

上述两个算符是独立非相关的，前者在频域中起作用，后者在非均匀介质的传输中起作用，可以认为是在空间域起作用的。在均匀介质中，当 $k_z \approx k$ 时，我们可以忽略第二个算符的影响。基于上述讨论，可以得到当光束从 z_0 平面传输到 $z_0 + \Delta z$ 平面时，缓变电场所满足的传输规律为

$$u(x,y,z_0 + \Delta z) = \mathrm{e}^{\hat{D}\Delta z}u(x,y,z_0) \tag{5.7}$$

但是直接运用式(5.7)进行计算是比较困难的，因此需要运用傅里叶变换将式(5.7)展开，这种方法又称为平面角谱法。将某一个平面上的二维光场分布 $u(x,y)$ 用傅里叶展开，可以得到

$$\begin{cases} u(x,y) = F^{-1}\left\{u_\mathrm{f}(f_x,f_y)\right\} = \int_{-\infty}^{\infty} u_\mathrm{f}(f_x,f_y)\cdot\mathrm{e}^{\mathrm{i}2\pi(f_xx+f_yy)}\mathrm{d}f_x\mathrm{d}f_y \\ u_\mathrm{f}(f_x,f_y) = F\left\{u(x,y)\right\} = \int_{-\infty}^{\infty} u(x,y)\cdot\mathrm{e}^{-\mathrm{i}2\pi(f_xx+f_yy)}\mathrm{d}x\mathrm{d}y \end{cases} \tag{5.8}$$

其中，F 和 F^{-1} 是二维连续傅里叶变换和逆变换；u_f 是光场在空间频率域的分布函数；f_x, f_y 是空间频率函数，它们与波矢分量之间存在如下简单关系：

$$k_{x,y} = 2\pi f_{x,y} \tag{5.9}$$

将式(5.9)代入式(5.8)，可以改写成

$$\begin{cases} u(x,y) = F^{-1}\left\{u_k(k_x,k_y)\right\} = \frac{1}{4\pi^2}\int_{-\infty}^{\infty} u_k(k_x,k_y)\cdot\mathrm{e}^{\mathrm{i}(k_xx+k_yy)}\mathrm{d}k_x\mathrm{d}k_y \\ u_k(k_x,k_y) = F\left\{u(x,y)\right\} = \int_{-\infty}^{\infty} u(x,y)\cdot\mathrm{e}^{-\mathrm{i}(k_xx+k_yy)}\mathrm{d}x\mathrm{d}y \end{cases} \tag{5.10}$$

很明显，$\mathrm{e}^{\mathrm{i}(k_xx+k_yy)}$ 表征沿着 $\boldsymbol{k} = \left(k_x,\ k_y,\ \sqrt{k^2-k_x^2-k_y^2}\right)$ 方向传输的平面波。将式(5.8)代入式(5.4)，可以得到频域函数的传递关系为

$$\frac{\partial u_\mathrm{f}(f_x,f_y)}{\partial z} = \hat{D}_\mathrm{f}u_\mathrm{f}\left(f_x,f_y\right) \tag{5.11}$$

其中，算符 $\hat{D}_\mathrm{f}$ 的定义为

$$\hat{D}_\mathrm{f} = -\frac{\mathrm{i}}{2k}\left(k_x^2 + k_y^2\right) \tag{5.12}$$

利用上面两个式子，我们可以得到比式(5.7)更加简单的传递关系，只不过这个关系适用于空间频率域。

$$u_\mathrm{f}\left(f_x, f_y, z_0 + \Delta z\right) = \mathrm{e}^{\hat{D}_\mathrm{f}\Delta z} u_\mathrm{f}\left(f_x, f_y, z_0\right) \tag{5.13}$$

根据上面的论述，可以清楚地看到基于傅里叶变换的波束传播法的计算步骤如图 5.1 所示。

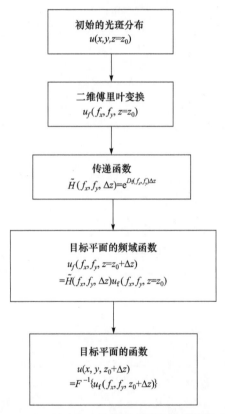

图 5.1　基于傅里叶变换的波束传输法的计算流程

　　如果我们需要计算波导结构对光束的散射，只需要将上述计算流程中传递函数做相应的调整即可，这里不再展开讨论。最后还需要强调一下，在 Matlab 中如何应用快速傅里叶变化算法来实现光束的傅里叶变换。首先，一个平面上的光束分布需要用一个 $N \times N$ 的数组来保存，假设空间取样的间隔为 δx，因此空间频率取样间隔为

$$\delta f_x = \frac{1}{N \cdot \delta x} \tag{5.14}$$

因此，一个分布在 $\{x\} = \delta x \times [-N/2 : 1 : N/2 - 1]$ 的一维分布函数 $u(x)$，经过快速傅里叶变换以后，得到的函数 $u_f(f_x)$ 分布在 $\{f_x\} = \delta f_x \times [-N/2 : 1 : N/2 - 1]$ 的区间上。利用 Matlab 正确实现从 f 函数到 u_f 函数的傅里叶变换的正确语法是：

uf=fftshift(fft2(fftshift(u)))*delt_x^2

从 u_f 函数到 f 函数的逆傅里叶变换的正确语法是：

f=ifftshift(ifft2(ifftshift(u)))*(delt_x^2)

下面来看几个简单的例子。首先研究一个高斯光束在真空中的传输规律。在柱坐标下，由近轴方程解出的高斯光束的解析表达式为

$$E(\rho, z) = \frac{E_0 w_0}{w(z)} \exp\left(-\frac{\rho^2}{w(z)^2}\right) \exp\left[ik\left(\frac{\rho^2}{2R} + z\right) - i\psi(z)\right] \tag{5.15}$$

上式中各个符号的物理意义如下：

(1) 高斯光束的光斑半径为 $w(z) = w_0 \sqrt{1 + (z/Z_0)^2}$；

(2) 等相面曲率半径为 $R(z) = Z_0 \left(\dfrac{z}{Z_0} + \dfrac{Z_0}{z}\right)$；

(3) 高斯光束的位相因子为 $\psi(z) = \arctan(z/Z_0)$；

(4) 瑞利长度为 $Z_0 = \pi w_0^2 / \lambda$；

(5) 高斯光束的发散角为 $\theta = \lim\limits_{z \to \infty} \arctan\left(\dfrac{w(z)}{z}\right) = \arctan\left(\dfrac{w_0}{Z_0}\right) = \arctan\left(\dfrac{\lambda}{\pi w_0}\right)$；

上述参量在高斯光束中的示意图如图 5.2 所示。

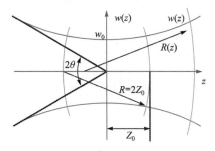

图 5.2　高斯光束

高斯光束随着传输距离的增加会不断展宽，下面用解析解来检验波束传播法的正确性，其高斯光束的束腰半径为 1mm，入射光波长为 785nm，初始光斑位于 $z = 0$ 平面，最后考察平面为 $z = 10\mathrm{m}$。图 5.3 给出解析公式和波束传播法计算

的传输了 10m 后的高斯光束的结果，两者相吻合。

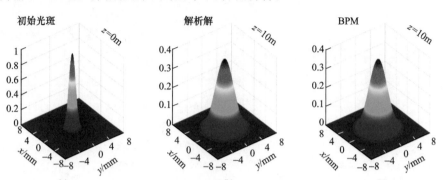

图 5.3　(a)初始高斯脉冲；(b)解析公式计算的传输后的高斯光束；(c)波束传播法计算的传输后的高斯光束

5.2　古斯-汉欣位移效应

5.2.1　古斯-汉欣位移

　　光在两种不同介质的界面会发生反射现象和折射现象，并且当光以大于临界角的角度从光密介质射向光疏介质时，还会发生全反射现象。这些看似简单并且广为熟知的现象背后蕴含了丰富的物理内涵，古斯-汉欣位移效应就是其中之一。几何光学原理认为，光束在界面上的反射点与入射点应该完全重合，而全反射时会产生一个相移。1947 年，古斯(F. Goos)和汉欣(H. Hänchen)首先在实验中发现全反射现象中的实际反射点与入射点并不重合，这一纵向位移就是古斯-汉欣位移(Goos- Hänchen shift)[1,2]。一年以后，Artmann 对该效应提出了一个基于稳态相位法(stationary-phase method)的解释[3]，他认为任何实际光束都不是单纯的平面波，而是一系列单色平面波的线性叠加；由于它们各自波矢的细微差异，每一个平面波分量在全反射过程中都经历了不同的反射系数，并且获得了不同的反射相移。将这些被调制的平面波重新组合成实际反射光束的过程，反射光束的重心与入射光束的重心之间会产生一定的位移。

　　在理论上，Tamir 等研究了多层平板波导结构的古斯-汉欣位移效应，他们指出这种结构可以将位移增强到光束宽度量级，并且探究了该位移效应与迅衰场之间的联系[4,5]。自 2001 年起，左手介质中的古斯-汉欣效应激发了人们广泛的兴趣 [6]。Lai 利用稳态相位法计算了弱吸收介质表面的古斯-汉欣位移，其研究表明在布儒斯特角附近可以检测到负的古斯-汉欣位移[7]。2004 年，Yin 等利用 Kretschmann 结构激发了表面等离子体共振(surface plasmon resonance)时，发现古斯-汉欣位移效应得到了增强[8]。他们还发现产生最小反射率的金属膜厚度，即表面等离子体的最佳耦合厚度也是区分正负古斯-汉欣位移的界限。换言之，当金属层厚度大于最佳耦合厚度时，产生负的古斯-汉欣位移，而当金属层厚度小于最佳耦合厚度时，产生正的古斯-汉欣位移。下文会证明，双面金属包覆波导也会产生类似的现象。同年，上海大学的李春芳教授团队研究了非对称双棱镜结构中的古斯-汉欣位移的增强效应[9]。他们的研究指出 TE 和 TM 两种偏振的古斯-汉欣效应同时存在，并且具有相反的符号；还指出古斯-汉欣位移效应并不局限于全反射过程产生的迅衰场。古斯-汉欣位移的理论模型有多种，包括稳态相位法、高斯光束模型[9]、能流计算法[10]和角谱表征法[11]。古斯-汉欣位移通常为波长量级，利用实验很难直接观测，最初的实验测量是基于多次反射方式简单放大位移后进行测量，但反射光强不断减弱限制了反射的次数，也降低了测量的准确性和灵敏度。因此在过去的实验中，古斯-汉欣位移的测量实验都是在微波波段进行的。2002 年，Gilles 团队基于偏振调制原理，利用位置灵敏探测器进行了实验，获得很高的测量精度[12]。

5.2.2　古斯-汉欣位移的物理解释

关于古斯-汉欣位移的理论计算，比较常用的方法有稳态相位法和高斯光束法，本节将对这两种方法进行简单的介绍。首先介绍稳态相位法，考虑两种折射率分别为 n_1 和 n_2 的介质（ $n_1 > n_2$ ）形成的界面；一束光以大于临界角的角度 $\theta > \theta_c = \arcsin(n_2/n_1)$ 从光密介质 n_1 向光疏介质 n_2，并且在界面上发生全反射；而古斯-汉欣位移产生的原理可以简单地表示为图 5.4。

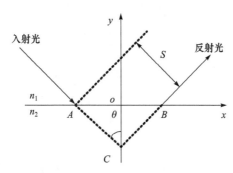

图 5.4　两种介质分界面在全反射时的古斯-汉欣位移

TE 和 TM 两种偏振的反射系数可以统一表示为

$$r = \exp(-2i\phi) \tag{5.16}$$

两种偏振的反射相移 ϕ_{TE} 和 ϕ_{TM} 分别为

$$\phi_{\text{TE}} = \arctan\frac{\sqrt{n_1^2 \sin^2\theta - n_2^2}}{n_1\cos\theta} \tag{5.17}$$

$$\phi_{\text{TM}} = \arctan\frac{n_1\sqrt{n_1^2 \sin^2\theta - n_2^2}}{n_2^2\cos\theta} \tag{5.18}$$

为了将上述反射相移和古斯-汉欣位移联系起来，考虑两个入射角有微小差异的平面波构成的波包，它们沿界面的波矢分别为 $\beta \pm \Delta\beta$，相应的入射波包在入射面与界面的交线 x 轴上的复振幅为

$$\begin{aligned}E(x) &= \left[\exp(\mathrm{i}\Delta\beta x) + \exp(-\mathrm{i}\Delta\beta x)\right]\exp(\mathrm{i}\beta x)\\ &= 2\cos\Delta\beta x \cdot \exp(\mathrm{i}\beta x)\end{aligned} \tag{5.19}$$

在 $\Delta\beta$ 很小的时候，可以将反射相移展开成如下形式：

$$\phi(\beta \pm \Delta\beta) = \phi(\beta) \pm \frac{\mathrm{d}\phi}{\mathrm{d}\beta}\Delta\beta + (\Delta\beta)^2 \tag{5.20}$$

将式(5.20)代入式(5.19)，可以得到

$$E(x) = 2\cos\left(\Delta\beta\left(x - 2\frac{\mathrm{d}\phi}{\mathrm{d}\beta}\right)\right)\exp\left[\mathrm{i}(\beta x - 2\phi)\right] \tag{5.21}$$

很明显，全反射的出射点与入射点相比，在 x 轴上产生了 $2\dfrac{\mathrm{d}\phi}{\mathrm{d}\beta}$ 的位移。根据图 5.4，实际反射光线与几何光学预言的光线之间的横向位移为

$$S = 2\frac{\mathrm{d}\phi}{\mathrm{d}\beta}\cos\theta = \frac{2}{k_0 n_1}\frac{\mathrm{d}\phi}{\mathrm{d}\theta} \tag{5.22}$$

上式是由稳态相位法给出的古斯-汉欣位移的计算公式，将 TE 和 TM 的反射相移式(5.17)和式(5.18)代入可得

$$S_{\text{TE}} = \frac{2\sin\theta}{k_0\sqrt{n_1^2\sin^2\theta - n_2^2}} \tag{5.23}$$

$$S_{\text{TE}} = \frac{1}{(n_1/n_2)^2\sin^2\theta - \cos^2\theta}\cdot\frac{2\sin\theta}{k_0\sqrt{n_1^2\sin^2\theta - n_2^2}} \tag{5.24}$$

根据式(5.16)，反射系数的位相为 $\varphi = -2\phi$，因此由一般古斯-汉欣位移的计算公式可以将(5.22)改写为

$$S = -\frac{1}{k_0 n_1}\frac{\mathrm{d}\varphi}{\mathrm{d}\theta} \tag{5.25}$$

接下来简单介绍古斯-汉欣位移的另一种计算方法，即高斯光束法。将斜入

射到两种介质的分界面 $y = 0$ 的高斯光束的场分量写作

$$E_{\text{in}}(x, y = 0) = \exp\left(-\frac{x^2}{2\omega_x^2} + i\beta_\theta x\right) \tag{5.26}$$

其中 $\omega_x = \omega_0/\cos\theta$，而 ω_0 是光束的束腰，β_θ 是入射角为 θ 时分界面上的波矢的切向分量。根据 5.1 节的讨论，对上式进行傅里叶展开可得

$$E_{\text{in}}(x, y = 0) = \frac{1}{2\pi}\int u(\beta)\exp(i\beta x)\mathrm{d}\beta \tag{5.27}$$

上式中的傅里叶空间频谱分量 $u(\beta)$ 为

$$u(\beta) = \sqrt{2\pi}\omega_x \exp\left[-\left(\omega_x^2/2\right)(\beta - \beta_\theta)^2\right] \tag{5.28}$$

为了获得反射光场的分布函数，需要考虑每一个空间频谱分量的反射系数 $r(\beta)$，根据波束传输法可以得到在界面处的反射光表达式为

$$E_{\text{ref}}(x, y = 0) = \frac{1}{2\pi}\int u(\beta)r(\beta)\exp(i\beta x)\mathrm{d}\beta \tag{5.29}$$

但是后文将会看到，即使获得了反射光场的分布，但是对古斯-汉欣位移应该怎样进行诠释，依旧需要小心处理。原因是反射光束会产生比较大的形变，甚至发生分裂。那么我们应该根据反射光的重心位置还是峰值位置来定义古斯-汉欣位移呢？

比较这两种方法可以看到，随着高斯光束束腰半径增大，发散角减小，高斯光束法得到的结果会趋近于稳态相位法的结果，即可以认为稳态相位法是高斯光束法在入射角分布范围的中心位置附近做一阶近似的结果。

5.2.3　超高阶导模的古斯-汉欣位移增强

本节讨论超高阶导模对古斯-汉欣位移的增强效应。双面金属包覆波导可以简化为图 5.5 所示的四层泄漏波导模型，其中 0、1、2、3 分别代表衬底层、导波层、耦合层和自由空间(或棱镜)。它的导波层位于 $-d < x < 0$ 区间，其上覆盖厚度为 s 耦合层，其下为衬底层。在双面金属包覆波导中，耦合层和衬底层均为金属材质。可以借助转移矩阵推导该四层泄漏波导的反射系数

$$r = \frac{r_{32} + r_{32}r_{21}r_{10}\,\mathrm{e}^{2i\kappa_1 d} + \left(r_{21} + r_{10}\,\mathrm{e}^{2i\kappa_1 d}\right)\mathrm{e}^{2i\kappa_2 s}}{1 + r_{21}r_{10}\,\mathrm{e}^{2i\kappa_1 d} + r_{32}\left(r_{21} + r_{10}\,\mathrm{e}^{2i\kappa_1 d}\right)\mathrm{e}^{2i\kappa_2 s}} \tag{5.30}$$

式中，反射系数 r_{ij} 为

$$r_{ij} = \begin{cases} \dfrac{\kappa_i - \kappa_j}{\kappa_i + \kappa_j}, & \text{TE偏振} \\[3mm] \dfrac{\varepsilon_j \kappa_i - \varepsilon_i \kappa_j}{\varepsilon_j \kappa_i + \varepsilon_i \kappa_j}, & \text{TM偏振} \end{cases} \tag{5.31}$$

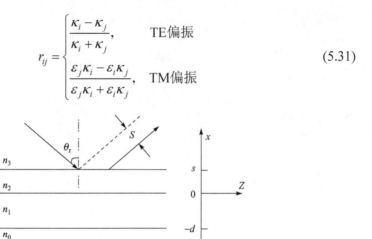

图 5.5　四层泄漏波导模型及反射光的古斯-汉欣位移

考虑该波导系统的损耗，其实际的传播常数 β^L 是复数，可以将其展开为

$$\begin{aligned} \beta^L &= \beta^0 + \Delta\beta^{\text{rad}} \\ &= \left[\text{Re}\left(\beta^0\right) + \text{Re}\left(\Delta\beta^{\text{rad}}\right) \right] + \text{i}\left[\text{Im}\left(\beta^0\right) + \text{Im}\left(\Delta\beta^{\text{rad}}\right) \right] \end{aligned} \tag{5.32}$$

其中，$\text{Im}\left(\beta^0\right)$ 代表波导的本征损耗；$\text{Im}\left(\Delta\beta^{\text{rad}}\right)$ 代表波导的辐射损耗。在弱耦合情况下，假设 $\exp(2\text{i}\kappa_2 s) \ll 1$，此时可以把式(5.30)表示的反射系数在耦合共振角附近用洛伦兹型关系近似，并且简化为

$$r = r_{32} \frac{\beta - \left[\text{Re}\left(\beta^0\right) + \text{Re}\left(\Delta\beta^{\text{rad}}\right) \right] - \text{i}\left[\text{Im}\left(\beta^0\right) - \text{Im}\left(\Delta\beta^{\text{rad}}\right) \right]}{\beta - \left[\text{Re}\left(\beta^0\right) + \text{Re}\left(\Delta\beta^{\text{rad}}\right) \right] - \text{i}\left[\text{Im}\left(\beta^0\right) + \text{Im}\left(\Delta\beta^{\text{rad}}\right) \right]} \tag{5.33}$$

相应地可以把反射率写为

$$R = \left|r_{32}\right|^2 \left\{ 1 - \frac{4\,\text{Im}\left(\beta^0\right)\text{Im}\left(\Delta\beta^{\text{rad}}\right)}{\left[\beta - \text{Re}\left(\beta^0\right) - \text{Re}\left(\Delta\beta^{\text{rad}}\right) \right]^2 + \left[\text{Im}\left(\beta^0\right) + \text{Im}\left(\Delta\beta^{\text{rad}}\right) \right]^2} \right\} \tag{5.34}$$

当满足近似的位相匹配条件 $\beta = \text{Re}\left(\beta^0\right) + \text{Re}\left(\Delta\beta^{\text{rad}}\right)$ 时，波导系统达到共振，反射率取极小值

$$R_{\min} = \left|r_{32}\right|^2 \left\{ 1 - \frac{4\,\text{Im}\left(\beta^0\right)\text{Im}\left(\Delta\beta^{\text{rad}}\right)}{\left[\text{Im}\left(\beta^0\right) + \text{Im}\left(\Delta\beta^{\text{rad}}\right) \right]^2} \right\} \tag{5.35}$$

此时共振增强的光束的侧向位移可以表示为

$$S = -\frac{2\operatorname{Im}\left(\Delta\beta^{\text{rad}}\right)}{\operatorname{Im}\left(\beta^{0}\right)^{2} - \operatorname{Im}\left(\Delta\beta^{\text{rad}}\right)^{2}}\cos\theta_{\text{r}} \tag{5.36}$$

如果波导的本征损耗与辐射损耗正好相等，即 $\operatorname{Im}\left(\beta^{0}\right) = \operatorname{Im}\left(\Delta\beta^{\text{rad}}\right)$，反射率可以低至零 $R_{\min} = 0$。公式(5.36)表明，反射光的古斯-汉欣位移的正负、大小和波导的两种损耗密切相关。当辐射损耗 $\operatorname{Im}\left(\Delta\beta^{\text{rad}}\right)$ 大于本征损耗 $\operatorname{Im}\left(\beta^{0}\right)$ 时，古斯-汉欣位移为正；反之，当辐射损耗 $\operatorname{Im}\left(\Delta\beta^{\text{rad}}\right)$ 小于本征损耗 $\operatorname{Im}\left(\beta^{0}\right)$ 时，古斯-汉欣位移为负。辐射损耗越接近本征损耗，古斯-汉欣位移越大。这一结论与表面等离子体共振(surface plasmon resonance)的规律类似。5.2.4 节会用具体的例子来证明这一结论。

　　基于上面所述的增强原理，通过激发超高阶导模，我们利用位置灵敏探测器实现了毫米量级的古斯-汉欣位移的测量[13]。但是，仔细考察反射光斑的形貌，会发现对古斯-汉欣位移的物理诠释需要小心地进行[14]。

5.2.4　古斯-汉欣位移和光斑形变

　　5.2.3 节说明，通过激发双面金属包覆波导所特有的超高阶导模，可以实现对古斯-汉欣位移效应的增强。当本征损耗与辐射损耗的差异变小时，古斯-汉欣位移增大，与此同时，波导的反射率降到最低，这也说明入射光的大部分能量都耦合进导波层的内部，此时波导的耦合效率最高。因此，我们可以通过改变波导耦合效率的方式来对古斯-汉欣位移的大小进行调制。在波导基片的结构参数固定的前提下，波导的耦合效率通常是通过波长调制或角度调制两种方式实现的。在实际的实验中，波长调制由于可以保证整个光路不变而更具优势。图 5.6 给出了

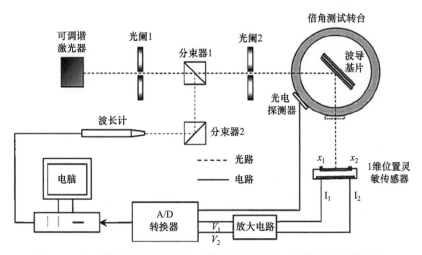

图 5.6　基于超高阶导模激发的古斯-汉欣位移效应增强的实验装置图

利用超高阶导模的激发来对古斯-汉欣位移进行增强和调制的实验装置图。

利用图 5.6 所示实验装置，通过优化波导结构，最终利用宽度为 1mm 的高斯光束，通过波长调制的手段获得了 1.5mm 的古斯-汉欣位移[13]。产生如此大的古斯-汉欣位移所需要的波长调制仅为 14pm，这体现了超高阶导模的极高灵敏度。实验中的古斯-汉欣位移最终是通过 1 维位置灵敏传感器(PSD)测量获得的，但这种测量方式无法获得反射光斑形貌的信息。

图 5.7 给出了一个基于有限元的二维模型，它实际上仿真了一束射向双面金属包覆波导的高斯柱面光束在入射面内产生的位移。在波导结构参数不变，入射角不变的情况下，仅仅改变入射光的波长来实现耦合和不耦合两种情形。从仿真结果可见，若波导不耦合，反射光是高斯光束，可以很清晰地利用光束中心来定义反射点，图 5.7(a)显示了该反射点与入射点重合，此时的古斯-汉欣位移与光束的尺度相比，可以忽略不计。图 5.7(b)模拟了超高阶导模激发的情况，在导波层内部很明显地出现了向右传输的导模模场，其强度超过入射光场。另一方面，反射光束不再是完整的高斯光束，而是分裂成两个部分，图中表示为反射光 1 和反射光 2。图中的实线标注了根据几何光学预言的反射光应该在的位置，以这条线为基准，反射光 1 发生了负的古斯-汉欣位移，而反射光 2 发生了正的古斯-汉欣位移，并且反射光 2 产生的位移大于光束的宽度。这可以认为是超高阶导模对古斯-汉欣位移的增强效应，图 5.7(b)表明，反射光 2 可以被认为是向右传输的超高阶导模在传输的过程中不断通过耦合层向自由空间泄漏，而这些泄漏的能量形成

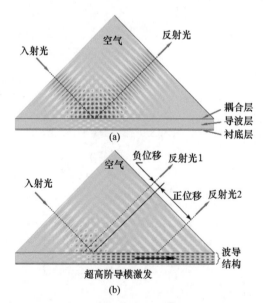

图 5.7　基于有限元算法的双面金属包覆波导增强古斯-汉欣位移效应的数值模拟

(a)不耦合情形：波长为 600nm；(b)耦合情形：波长为 700nm

了反射光 2。如果坚持反射光只有一束，很明显在耦合情况下，双面金属包覆波导的反射光是不规则的。对于这种不规则的光束，该如何定义它的侧向位移？我们应该基于光束的重心还是基于光束的峰值位置？如果我们选择光束的重心，在某些情况下，重心的位置可能并没有电磁场的分布；如果我们选择光束的峰值，峰值的位置是否能代表整个光束的位置还是一个问题。很显然，不同的选择会导致位移的大小不同，而对古斯-汉欣位移的确切的物理诠释需要进行更加仔细的斟酌。

根据光波导理论，图 5.7(b)中反射光 1 和反射光 2 中间的弱场区域其实就是被激发导模所对应的 M 线。通过 CCD 直接记录反射光斑的形貌，我们在实验上证明了上述数值仿真的结果，见图 5.8。

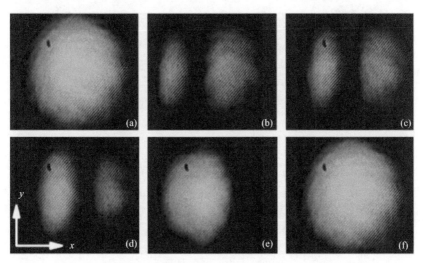

图 5.8　反射光斑在超高阶导模激发过程中发生了剧烈的形变

(b)~(e)中间的黑线即为该激发导模所对应的 M 线

图 5.8 中超高阶导模的激发是通过调节入射光的波长来实现的，这种方式可以在不改变入射角(即光路)的情况下，实现对 GH 位移的调制。但是这种方式不适合在改变入射角的条件下研究 GH 效应，因为反射光斑随入射角的位移影响了对 GH 位移的精确测量。如果改变入射角，就只能对透射光的 GH 位移进行研究。研究透射光的古斯-汉欣位移，需要对波导结构进行微调，即采用两面都是薄银膜的结构，这样可以产生足够强度的透射光。由于波导是平行结构，当波导片在倍角转台上旋转时，透射光的位置并不会发生移动，此时比较容易监测古斯-汉欣位移的大小。相关的实验结果如图 5.9 所示。

图 5.9 给出的实验结果中反射光略有不同，在超高阶导模共振角度附近，透射光斑的强度增加了，而反射光斑的强度是减弱的，这一点并不难理解。图 5.9(a)

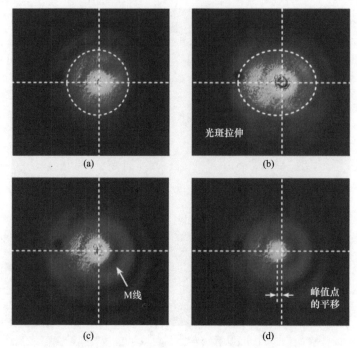

图 5.9　双面镀薄银的金属包覆波导的透射古斯-汉欣位移效应

所示的透射光斑是位于非共振角的位置，由于入射光的反射率很高，超高阶导模的耦合效率低，因此透射光斑的强度不高。图 5.9(b)表示当入射角逐渐接近导模的共振角度，入射光的耦合效率增加，透射光斑也随之增强，并且当入射角进一步接近共振角时，光斑开始拉长，由圆形变成椭圆形。图 5.9(c)表明，当入射角与共振角相等时，超高阶导模的 M 线出现在光斑内部，导致光斑分裂成两个部分，此时如果以光斑的峰值或者重心来衡量光束的位置，则会导致比较大的 GH 位移。图 5.9(d)所示也位于共振角附近，此时不但光斑的重心发生了偏移，光斑的峰值位置也发生了平移，即古斯-汉欣位移效应。

5.2.5　正负古斯-汉欣位移

式(5.36)指出，古斯-汉欣位移的正负取决于波导的本征损耗与辐射损耗之间的关系，本节将利用波束传输法来讨论双面金属包覆波导产生正负位移的条件。首先，考虑影响双面金属包覆波导的本征损耗与辐射损耗的结构参数，这里假设入射光的波长不变，因此金属材料的介电系数也是固定的。假设耦合层与衬底都无限厚，整个波导结构退化成三层平板结构，此时由于材料的吸收产生的损耗就是本征损耗。而辐射损耗是指由于耦合层的厚度有限，导模的能量通过隧道效应由耦合层回到自由空间所引起的损耗。下面将基于微扰法来讨论两种损耗。首先

从三层波导的本征方程出发，考虑 TE 模式，

$$\kappa_1^0 d = m\pi + 2\arctan\left(\alpha_2^0 / \kappa_1^0\right), \quad m = 0, 1, 2, \cdots \tag{5.37}$$

是不考虑材料吸收的理想波导结构的本征方程，求解它可以得到理想系统的传播常数 β^0。而考虑了金属材料吸收的实际波导结构的本征方程为

$$\kappa_1 d = m\pi + 2\arctan\left(\alpha_2' / \kappa_1\right), \quad m = 0, 1, 2, \cdots \tag{5.38}$$

其中

$$\alpha_2' \approx \alpha_2 - \mathrm{i}\varepsilon_{i2}\frac{k_0^2}{2\alpha_2} \tag{5.39}$$

求解式(5.38)，可以求出传播常数 $\beta^0 + \Delta\beta^0$，其中 $\Delta\beta^0$ 为吸收引起的微扰。将式 (5.39)代入式(5.38)可以得到

$$\kappa_1 d = m\pi + 2\arctan\left(\frac{\alpha_2}{\kappa_1}\right) - \mathrm{i}\varepsilon_{i2}\frac{k_0^2}{\alpha_2}\frac{\kappa_1}{\kappa_1^2 + \alpha_2^2}, \quad m = 0, 1, 2, \cdots \tag{5.40}$$

用式(5.40)减式(5.37)，并且代入下面关系式：

$$\kappa_1 - \kappa_1^0 = -\frac{\beta^0}{\kappa_1^0}\Delta\beta^0 \tag{5.41}$$

$$\arctan\left(\frac{\alpha_2}{\kappa_1}\right) - \arctan\left(\frac{\alpha_2^0}{\kappa_1^0}\right) \approx \frac{\beta^0}{\kappa_1^0}\frac{1}{\alpha_2^0}\Delta\beta^0 \tag{5.42}$$

最终可得

$$\Delta\beta^0 = \mathrm{i}\varepsilon_{i2}\frac{k_0^2}{\alpha_2}\frac{\kappa_1^2}{\left(\kappa_1^2 + \alpha_2^2\right)\beta^0 d_{\mathrm{eff}}} \tag{5.43}$$

其中导波层的有效厚度为

$$d_{\mathrm{eff}} = d + 2/\alpha_2 \tag{5.44}$$

从式(5.43)可以看出，$\Delta\beta^0$ 是一个纯虚数，说明考虑金属的吸收只会影响波导的损耗特性，即改变共振峰的宽度和深度；而不会影响波导的本征角，即不会改变共振峰的位置。因此，$\Delta\beta^0$ 就是波导的本征损耗参量 $\mathrm{Im}\left(\beta^0\right)$。从上面两式还可以看出，本征损耗除了和金属的吸收损耗有关，还和导波层的厚度有关，即导波层越厚，本征损耗越小。

对于 TM 模式，通过类似的步骤，可以得到

$$\Delta\beta^0 = i\varepsilon_{i2} \frac{2\alpha_2^2 + k_0^2\varepsilon_{r2}}{\alpha_2} \frac{\varepsilon_1\kappa_1^2}{\left(\varepsilon_{r2}^2\kappa_1^2 + \varepsilon_1^2\alpha_2^2\right)\beta^0 d_{\text{eff}}} \tag{5.45}$$

$$d_{\text{eff}} = d + \frac{2}{\alpha_2} \frac{\varepsilon_1\varepsilon_{r2}\left(\kappa_1^2 + \alpha_2^2\right)}{\varepsilon_{r2}^2\kappa_1^2 + \varepsilon_1^2\alpha_2^2} \tag{5.46}$$

接下来考虑 TE 模式的辐射损耗 $\text{Im}\left(\Delta\beta^{\text{rad}}\right)$，先写出四层泄漏波导的模式本征方程

$$\kappa_1 d = m\pi + \phi_{10} + \phi_{12}', \quad m = 0,1,2,\cdots \tag{5.47}$$

其中

$$\phi_{12}' = \arctan\left(\frac{\alpha_2'}{\kappa_1}\right) \tag{5.48}$$

在弱耦合情况下 $\exp(-2\alpha_2 s) \ll 1$，可以得到如下近似：

$$\alpha_2' \approx \alpha_2\left[1 + 2\exp(-2i\phi_{32}) \cdot \exp(-2\alpha_2 s)\right] \tag{5.49}$$

代入模式本征方程，并化简可得

$$\kappa_1 d = m\pi + \phi_{10} + \phi_{12} + \sin 2\phi_{12}\exp(-2i\phi_{32}) \cdot \exp(-2\alpha_2 s), \quad m = 0,1,2,\cdots \tag{5.50}$$

利用微扰理论，可以获得由于能量辐射而对传播常数产生的扰动为

$$\Delta\beta' = -\frac{\kappa_1}{\beta^0 d_{\text{eff}}}\sin 2\phi_{12}\exp(-2i\phi_{32})\exp(-2\alpha_2 s) \tag{5.51}$$

其中，导波层的有效厚度为

$$d_{\text{eff}} = d + \frac{1}{\alpha_0} + \frac{1}{\alpha_2} \tag{5.52}$$

注意，这里的 $\Delta\beta'$ 是一个复数，它的实部会引起模式的移动，而它的虚部就是辐射损耗。模式本征值的移动为

$$\text{Re}\left(\Delta\beta'\right) = -\frac{\kappa_1}{\beta^0 d_{\text{eff}}}\sin 2\phi_{12}\cos(2\phi_{32})\exp(-2\alpha_2 s) \tag{5.53}$$

而传播常数的微扰的虚部就是辐射损耗，它的大小为

$$\text{Im}\left(\Delta\beta^{\text{rad}}\right) = \text{Im}\left(\Delta\beta'\right) = \frac{\kappa_1}{\beta^0 d_{\text{eff}}}\sin 2\phi_{12}\sin(2\phi_{32})\exp(-2\alpha_2 s) \tag{5.54}$$

从式(5.54)可以看出，辐射损耗与耦合层的厚度 s 密切相关，随着 s 的增大，辐射损耗呈指数衰减。有关 TM 模式的公式可以用类似方法推导，这里不再重复。由上面的讨论可以看出，本征损耗和辐射损耗都与波导的结构参数密切相关，通过改

变波导的结构参数，比如耦合层的厚度，可以实现古斯-汉欣位移在正负之间转变。

本章 5.1 节给出的波束传输法可以用来模拟双面金属包覆波导的古斯-汉欣位移增强效应。图 5.10 给出一个具体的例子，这里采用反射光斑的峰值位置来表征反射光的位置。

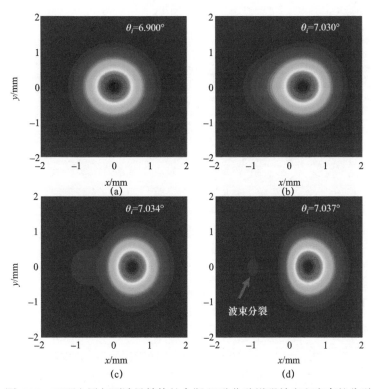

图 5.10　双面金属包覆波导结构的古斯-汉欣位移增强效应和光束的分裂

这个仿真案例中波导的结构参数是：导波层厚度为 6μm，折射率为 1.5，耦合层厚度为 56nm，衬底厚度为 300nm，材料均为银。入射波长为 532nm，光束的束腰半径为 1mm。利用转移矩阵方法不难计算得到当入射角为 $\theta = 7.037°$ 时，存在由于超高阶导模的激发形成的共振吸收峰。波束传输法计算的光斑分布图与转移矩阵法计算的反射率谱线相互吻合。从图 5.10 可以看出，在非耦合角度 $\theta = 6.900°$，反射光斑的峰值位置与入射光位置相互重合，位于 $(0,0)$ 处。当入射角度逐渐接近耦合角时，光斑开始形变，图 5.10 表现为光斑开始拉长，并且它的峰值向右移动。在耦合角位置，光斑分裂成两个部分，也可以理解为被激发的超高阶导模的 M 线出现在光斑区域。如果以光斑的峰值来表征古斯-汉欣位移，图 5.10 给出的侧向位移约为 0.6mm。

最后，我们用波束传输法来验证双面金属包覆波导可以实现正负古斯-汉欣位移的设想。虽然稳态相位法可以证明这个结论，但是它不是三维空间的物理模型，波束传输法可以给出更加接近真实的物理模型。这里我们将改变波导耦合层的厚度来调制波导的辐射损耗，从而实现古斯-汉欣位移在正负之间的转变。前面已经说明，改变波导的耦合层厚度，不但会改变波导的损耗特性，也会导致共振吸收峰的移动，如图 5.11 所示。

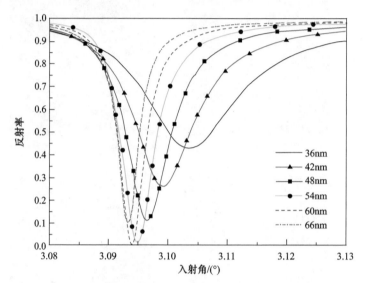

图 5.11　通过改变耦合层厚度来调制波导的辐射损耗

仿真参数为：入射波长为 532nm，导波层厚度为 0.5mm，折射率为 1.5，耦合层厚度如图例所示

从式(5.35)可知，当辐射损耗与本征损耗相等时，反射率最小值可以趋近于零，因此图 5.11 表明，能够使辐射损耗等于本征损耗的最佳耦合层厚度约为 54nm。根据式(5.36)，当耦合层的实际厚度小于最佳厚度时，辐射损耗大于本征损耗，古斯-汉欣位移为正；当耦合层的实际厚度大于最佳厚度时，古斯-汉欣位移为负。为了证明这一结论，我们用波束传输法计算了图 5.11 中不同耦合层厚度下的反射光的光斑分布情况，由于每一个位移的共振峰的位置不同，在计算时选择了各个谱线所对应的入射角，计算结果见图 5.12。从图中可以得到以下结论：

(1) 如果以反射光斑峰值来标定位移，通过调制辐射损耗可以改变古斯-汉欣位移的正负；

(2) 当本征损耗与辐射损耗相当时，光斑由于 M 线分裂成两束，此时古斯-汉欣位移幅值最大；

(3) 古斯-汉欣位移正负的改变，是由于分裂的光斑彼此间强度的改变产生的，当分裂光斑强度相等时，利用峰值无法确定古斯-汉欣位移；

(4) 当耦合层厚度小于最佳耦合厚度时，古斯-汉欣位移为正，反之也成立，这一结论与理论预言相吻合。

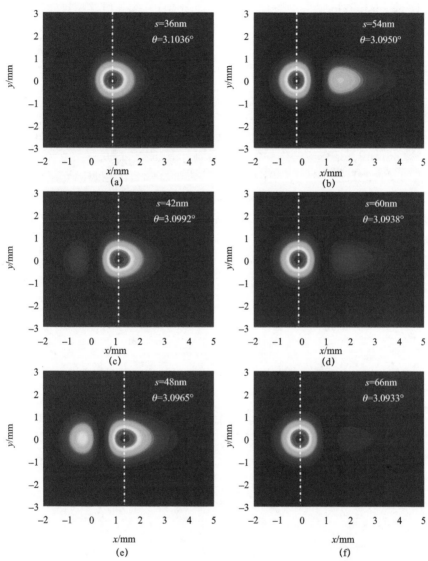

图 5.12　通过调制辐射损耗实现古斯-汉欣位移的正负转换

右上角标明了耦合层厚度与入射角，白色虚线标明了反射光斑的峰值位置

5.3　IF 位移效应

5.3.1　光自旋霍尔效应

早在 1943 年，Goos 和 Hänchen 观察到一束光在玻璃/空气界面上发生全反射

的位置与金属/空气界面的位置不同[1]，这是位于两种光学材料的界面上的
Goos-Hänchen 位移的最早例证。与纵向的 Goos-Hänchen 位移相对的是横向位移
(垂直于入射面)，它最早是 1955 年由 Fedorov 在研究玻璃界面上的全内反射时提
出的[15]，并且在 1972 年被 Imbert 用实验证明[16]。因此，这种位移又被称为
Imbert-Fedorov 位移，简称为 IF 位移。IF 位移通常小于波长量级，且取决于入射
光的特性和界面的物理特性[17]。同时，IF 位移也是光的自旋霍尔效应(spin Hall
effect of light, SHEL)的体现，它是由光的自旋-轨道相互作用引起的[18]。对 SHEL
的研究具有重要的学术价值，由于光子是自旋为 1 的相对论粒子，其自旋和光场
的轨道之间的相互耦合所产生的效应，例如 Berry 相和 SHEL 均起源于 Maxwell
方程组的基本的自旋特性[19]。Bliokh 等进一步指出，自由空间的光还具有量子自
旋霍尔效应(QSHE)[20]，例如在简单的金属界面所激发的表面等离子极化模(SPP
mode)就表现出一些类似拓扑绝缘体的特性。而近期才发现的由自旋控制的单向
激发的表面模和导波模[21,22]都可以用光的自旋霍尔效应的量子版本解释。

　　IF 位移无法用几何光学的原理(Snell 定律和 Fresnel 公式)来解释，并且从严
格意义上说它包含了空间平移和角移，后者随传输距离的增大而增大。本项目仅
限于讨论 SHEL 所产生的空间平移，以空气和玻璃界面的透射光为例(反射情形
与此类似)，其透射光的 SHEL 可参考图 5.13。

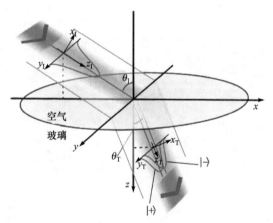

图 5.13　透射高斯光束在空气/玻璃界面上的 SHEL 示意图

其中，θ_I, θ_T 分别为入射角和透射角，x, y, z 是基于界面的坐标系，x_I, y_I, z_I 和 x_T, y_T, z_T 分别是基于入射光和反射
光的坐标系，$|+\rangle, |-\rangle$ 分别代表左、右旋圆偏光分量

　　由图 5.13 可知，若入射光为线偏振，则透射光或反射光都可以看成与入射面
有一定偏移的左右旋圆偏光的叠加，且两者的横向 IF 位移大小相等、方向相反。
SHEL 作为当前研究的热点之一，在不同的物理系统中被广泛研究，包括空气/
玻璃界面[23-25]，半导体材料[26]，金和银的纳米结构[27,28]等。光自旋霍尔效应提供

了操控自旋粒子的有效手段，在精密计量、高密度数据存储、超快光信息处理、量子计算等领域有潜在的应用前景。

SHEL 所产生的横向 IF 位移通常小于波长量级，即使采取某些放大措施，比如设计特殊的结构，使用布儒斯特角入射等，所产生的放大倍数依然不足以产生可以直接被测量的位移，因此通常对 SHEL 的实验研究依赖于弱测量办法。1988 年，Aharonov 等提出基于前后选择的弱测量理论[29]，其量子系统与测量仪器之间的耦合非常弱，所得到的测量结果被称为"弱值"。最初，该方法被人质疑，并产生了很多有趣的量子佯谬，但后来因为它能够将微弱信号放大，得到了越来越多的关注和应用。例如，Hosten 和 Kwiat 第一次用弱测量方法测量了 SHEL，测量灵敏度高达 0.1nm[23]。需要指出，针对弱测量的有关争论至今仍没有平息。弱测量方法在 SHEL 实验中的其他测试结果将在项目创新性论证中进一步总结。

自从 2008 年，Hosten 和 Kwiat 用弱测量首次观察到 SHEL 以来，学界对该效应的研究热情就没有消退过。除了两种介质的界面(主要是玻璃/空气界面)外，Haefner 等研究了球对称结构中的 SHEL[30]现象。Aiello 等在 2009 年研究了几何光自旋霍尔效应(Geometric SHEL)[31]，并且在 2014 年用实验观察了该现象。Hermosa 等则在 2011 年首次用弱测量方法，通过实验测量了金属/空气界面的不同偏振的 SHEL 现象[32]。国内也有多团队开展了关于 SHEL 现象的研究，其中文双春团队在 2011 年利用布儒斯特角反射获得了增强的横向位移[25]，利用 632.8nm 的激光在入射角为 56°时测量到了 3200nm 的横向位移，这比之前相关报道增强了 50 倍。该团队还对纳米金属膜结构[27]和多层膜结构[33]进行了研究。龚旗煌团队研究了磁性薄膜的复介电系数对 SHEL 效应的影响，他们发现对 p 偏振入射光最大位移仅为 10nm，对 s 偏振入射光的最大位移约为 20nm；进一步他们发现复介电系数的实部对 p 偏振的位移有巨大影响，而复介电系数的虚部对 s 偏振的位移产生了巨大影响。

5.3.2　基于超高阶导模的 IF 位移增强

本节采用的双面金属包覆波导结构如图 5.14 所示，从上至下依次为金属耦合层，通常为 30nm 左右的银膜；双折射材料层，厚度范围为 0.01～1mm，为了确保导波层的双折射特性，其光轴应该与波导表面平行，另外为了实现高阶模式的完全耦合，也可以根据晶体的电光效应，利用外电场对其双折射现象进行有效调制；最后是厚的金属衬底，通常为厚度大于 200nm 的银膜，用于阻止光能的底部泄漏。图中并没有画出调制光电效应所必需的外电极，其中金属衬底层可以直接用于电极，而金属耦合层由于厚度比较薄，会导致施加的电压不均匀。解决这一问题的方案可以是在介质层与金属耦合层之间增加一层透明导电薄膜，在这种情况下，导波层将由两层薄膜组成，这会使波导的能量本征方程产生一些变化，但是并不会改变或增加其物理特性，比如导波层中的电磁场依旧是振荡场，高阶导模的传播常数依旧是分离的等。为了简化起见，本节还是将导波层看作是同一种材料构成的单层薄膜。

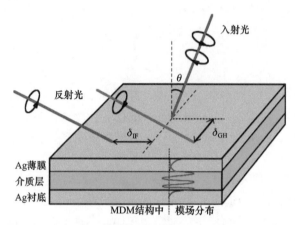

图 5.14　双面金属包覆波导结构增强 IF 位移原理示意图

图 5.15 给出了双面金属包覆波导结构的基本参数定义，通常情况下，当导波层厚度足够大时，高阶模式是偏振无关的。即使引入了双折射特性以后，对于不同的偏振，导波层的折射率 n_g 不同，但它们物理公式在形式上是类似的。以 TE 模式为例，根据波导理论，它的电磁场分布都可以表示为

$$E(x) = \begin{cases} A_1 \exp\left[i\kappa_1\left(x - h_1 - h_2\right)\right] + B_1 \exp\left[-i\kappa_1\left(x - h_1 - h_2\right)\right], & x > h_1 + h_2 \\ A_2 \exp\left[\alpha_2\left(x - h_1\right)\right] + B_2 \exp\left[-\alpha_2\left(x - h_1\right)\right], & h_1 < x < h_1 + h_2 \\ A_3 \exp\left(i\kappa_3 x\right) + B_3 \exp\left(-i\kappa_3 x\right), & 0 < x < h_1 \\ B_4 \exp\left(\alpha_4 x\right), & x < 0 \end{cases}$$

$$(5.55)$$

其中，h_1，h_2 分别是导波层和耦合层的厚度。n_m, n_a, n_g 分别是金属、空气和导波层的折射率，导模的传播常数可以表示为 $\beta = k n_a \sin\theta$，且 $\kappa_i = \left(k^2 n_i^2 - \beta^2\right)^{1/2}$，$\alpha_i = \left(\beta^2 - k^2 n_i^2\right)^{1/2}$。利用电磁场的分布可以精确计算出导模的反射系数 $r = B_1/A_1$，数学表达式如下：

$$r = \frac{r_{12} + \exp(-i2\phi)}{1 + r_{12}\exp(-i2\phi)} \qquad (5.56)$$

其中，$\phi = i\alpha_2 h_2 + \arctan\left(\frac{i\alpha_4}{\kappa_3}\tan\varphi\right)$，$\varphi = m\pi + \arctan\left(\frac{\alpha_4}{\kappa_3}\right) - \kappa_3 h_1$，$r_{12} = \frac{\kappa_1 - i\alpha_2}{\kappa_1 + i\alpha_2}$。

如果数值计算 TE 模随入射角 θ 变化的反射率 $R = |r^2|$，那么可以得到一系列共振吸收峰，每一个共振吸收峰对应一个高阶模式，即当入射角正好满足模式的位相匹配条件时，耦合效率达到最高，此时入射光的能量会耦合进波导导模；与此同时，入射光的反射光部分与波导导模的泄漏部分正好达到相干相消，使得反射率达到最低，而能量大部分进入导波层，并且沿着导波层传播。上述方法是完全精确的。

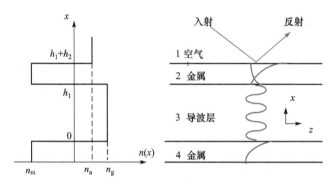

图 5.15　双面金属包覆波导结构参数和高阶导模的场分布示意图

为了导出波导的能量本征方程，可以把整个波导系统近似成一个 3 层结构，即把耦合层的厚度看作无限大(即看作一个标准的 MDM 结构)，这种近似其实是忽略了耦合层的辐射损耗。在这种近似下，TE 模式的能量本征方程可以写作

$$\kappa_3 h_1 = m\pi + 2\arctan\left(\frac{\alpha_2}{\kappa_3}\right) \tag{5.57}$$

而 TM 模式的本征方程可以写作

$$\kappa_3 h_1 = m\pi + 2\arctan\left(\frac{\varepsilon_3 \alpha_2}{\varepsilon_2 \kappa_3}\right) \tag{5.58}$$

比较式(5.57)和式(5.58)可知，考虑到导波层厚度为毫米或亚毫米量级时产生的巨大光程，可以忽略等式右边第二项，因此两个等式都可以近似写作 $\kappa_3 h_1 \approx m\pi$，其中 m 的量级约为 10^3。这就是高阶模式的偏振无关特性，已经被实验所证实。

根据文献[32]，多层介质上的反射光所产生的 IF 位移公式可以写成

$$\begin{cases} \delta_{r\pm}^{H} = \mp \lambda/2\pi \left[1 + |r_s|/|r_p|\cos(\varphi_s - \varphi_p)\right]\cot\theta_i \\ \delta_{r\pm}^{V} = \mp \lambda/2\pi \left[1 + |r_p|/|r_s|\cos(\varphi_p - \varphi_s)\right]\cot\theta_i \end{cases} \tag{5.59}$$

其中，H,V 分别代表入射线偏光的偏振方向与入射面平行或者垂直两种情况；下标 r 代表反射；正负号分别代表左旋光分量和右旋光分量。多层结构的 s,p 光的反

射系数分别是 $r_{\mathrm{s,p}} = |r_{\mathrm{s,p}}|\exp(\mathrm{i}\varphi_{\mathrm{s,p}})$。从式(5.59)可以看出，在垂直入射的情况下，已经无法严格区分 H,V 偏振和 s,p 光反射系数了，因此垂直入射时 IF 位移趋近于零。通常情况下，为了获得大的 IF 位移，必须增大 $|r_{\mathrm{s}}|/|r_{\mathrm{p}}|$ 或者 $|r_{\mathrm{p}}|/|r_{\mathrm{s}}|$ 的值，比如表面等离子体共振或者布儒斯特角激发等。到目前为止，还没有尝试利用增大 $\cot\theta_{\mathrm{i}}$ 的方法来增大 IF 位移，一方面是因为通常认为小角度尤其靠近垂直入射时，IF 位移会变小；另一方面是因为各种已知的共振机制很少出现在小角度范围内。这里要指出，虽然在严格的垂直入射的情况下 IF 位移是等于零的，但是这并不妨碍在小角度范围内由于共振而存在一个超大的 IF 位移。其一，共振效应可以提供一个巨大的 $|r_{\mathrm{s}}|/|r_{\mathrm{p}}|$ 或者 $|r_{\mathrm{p}}|/|r_{\mathrm{s}}|$；其二，较小的入射角 θ_{i} 会产生一个极大的 $\cot\theta_{\mathrm{i}}$；其三，这两种增强机制的共同作用是乘积的关系。从式(5.59)可以看出，假设 $|r_{\mathrm{s}}|/|r_{\mathrm{p}}|$ 或者 $|r_{\mathrm{p}}|/|r_{\mathrm{s}}|$ 提供了 10 倍的增强，而 $\cot\theta_{\mathrm{i}}$ 也提供了 10 倍的增强，最终的增强结果是 100 倍。综上所述，找到一个小角度的偏振相关的共振机制，或者说是对应的多层膜结构，将是产生巨大的 IF 位移的关键。下面将要指出，前文提到的双折射 MDM 波导结构正是可以产生巨大 IF 位移的结构。

我们首先证明利用双折射的 MDM 结构可以在小角度产生偏振相关的导模共振，这里主要应用了高阶模式的几个特性：①有效折射率趋近于零，因此可以在小角度激发；②模式密度非常高，因此可以保证小角度范围内有导模分布；③高阶导模的灵敏度极高，即使微小的双折射特性也会使 TE 和 TM 偏振的共振吸收峰相互错开。为了能够在实验中激发小角度的导模共振，并进一步观察到增强的 IF 位移效应，设计波导时必须考虑以下几点。

首先，增加导波层厚度。虽然这会在一定程度上增加实验中的耦合难度，因为导模的半高全宽随导波层厚度的增加而减小，但同时导模密度会相应增大。在 MDM 结构中，导模的密度随入射角的减小而减小，因为增加波导层的厚度会增加小角度范围内出现导模的概率。

其次，引入导模耦合的调制，采取的方式可以是波长调制，也可以是电光效应调制。虽然改变入射角也可以实现导模的激发，但在波导结构和波长都已经固定的情况下，导模激发的入射角其实已经固定，所以改变入射角并不能达到调制 IF 位移的作用。相对地，在入射角固定的情况下，改变激发波长或者通过电光效应改变导波层厚度和折射率，可以使导模的共振峰产生移动，进而对 IF 位移的大小起调制作用。

最后，为了使 TE 偏振和 TM 偏振在导波层的折射率不同，应该尽量使双折射晶体的光轴与波导表面平行，这样在接近垂直入射的激发条件下，两种偏振的折射率差值达到最大，分别是 n_0 和 n_{e}。

　　下面来看一个具体的实例。假设激光波长为 632.8nm，对应该波段银的折射率近似为 $\varepsilon_{Ag} = -18.5 + 0.51i$，而铌酸锂晶体的折射率为 $n_o = 2.232, n_e = 2.156$。若使光轴位于入射面内，则对应于 TE 偏振，导模的折射率为 $n_o = 2.232$，而对应于 TM 偏振，导模的折射率为 $n_e = 2.156$。为此我们设计波导参数如下：其耦合层厚度 h_2 约为 38nm，而导波层厚度约为 0.55mm，衬底层厚度为 300nm。利用式 (5.56) 可以计算两种偏振的反射率谱线，如图 5.16 所示。

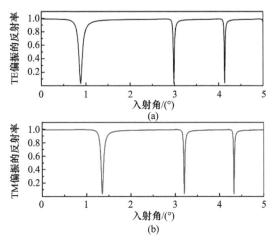

图 5.16　双折射 MDM 波导结构中不同偏振的反射率实例

　　由图可见，由于双折射材料的引入，TE 和 TM 偏振的反射率发生了分离现象，并且可以看到上述参数的选择并没有进行任何的优化，但依旧存在一个 TE 模式的导模共振所对应的入射角仅为 0.86°，其对应的增强因子约为 $\cot(0.86°) \approx 66.61$。在理论上，利用调制作用，使导模的共振角度变得更小甚至趋近于零度是完全可能的。从图中可以看到 TM 的反射率约为 0.99，而 TE 的反射率约为 0.004，因此 $|r_p|/|r_s| \approx 16$。保守估计 IF 位移的增强因子应该超过 900 倍。下面进行具体的数值模拟。

　　图 5.17 给出了一个设想的具体例子：根据式 (5.59) 计算所得到的双折射 MDM 结构形成的 IF 位移的数值仿真结果。这里仿真的是入射光偏振方向垂直于入射面的情况，即 IF 位移应该用 $\delta_{r\pm}^V$ 来计算。从图可以知道，由于偏振分离所带来的反射系数的比值在 TE 模共振时约为 16；而在 TM 模共振时，该比值趋近于零。因此在 0°～3.5°的范围内，共存在两个 $|r_p|/|r_s|$ 的极大值。这里可以进一步看出 IF 位移难以测量的原因。因为此时 $|R_s|/|R_p| \approx 0.004$，该比值几乎不能在实验情况下获得，而此时 IF 位移仅仅获得 1 个数量级的增强。图 5.17 中关于位相项的模拟告诉我们，在没有发生共振的情况下，$\cos(\varphi_p - \varphi_s)$ 的值约等于 -1，在共振区域，

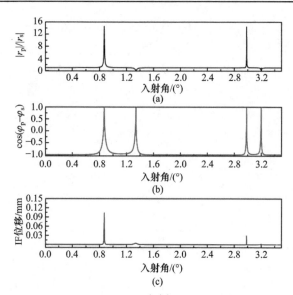

图 5.17 (a)不同偏振状态的反射系数的比值 $|r_{\mathrm{p}}|/|r_{\mathrm{s}}|$ 随入射角的变化；(b) IF 公式中位相项 $\cos(\varphi_{\mathrm{p}}-\varphi_{\mathrm{s}})$ 随入射角的变化；(c)数值计算所得到的 IF 位移随入射角的变化

它的数值会接近 1，而与哪一种模式共振无关。最后是 IF 位移，由图 5.17 可以看出，当 $|r_{\mathrm{p}}|/|r_{\mathrm{s}}|$ 取极大值时，IF 位移都有所增强。在入射角为 3°左右的 TE 模共振位置，可以获得约 0.03mm 的 IF 位移，而入射角为 0.86°的 TE 模共振位置获得的 IF 位移达到 0.1mm。考虑到左旋光和右旋光的重心向相反方向分开，因此两束光线的分离距离为 0.2mm。这一结果与利用布儒斯特角在相同波长获得的 IF 位移相比[25]，又增大了两个量级。在实验中，对于如此大的光束分离，不需要采用弱测量手段进行观察就可以看到明显的光斑形变。这里还可以看出 $\cot\theta_{\mathrm{i}}$ 作为增强因子的巨大优势。前面已经提到，$|r_{\mathrm{p}}|/|r_{\mathrm{s}}|\rightarrow16$ 在目前的实验条件下已经逼近极限了，进一步增加的空间比较小，而把高阶模共振进一步向小角度移动则是完全可能的，并且有 $\cot\theta_{\mathrm{i}}\xrightarrow{\theta_{\mathrm{i}}\rightarrow0}\infty$。我们需要强调，在上面仿真的实例中，并没有对结构参数进行特别的优化，如果利用电光效应，或者调制入射光的波长，将共振峰向更小角度移动是很容易实现的。仅仅从理论上分析，如果采用优化以后的结构参数，获得毫米量级的 IF 位移是完全可能的。目前，这一实验设想已经被上海交通大学戴海浪博士领导的课题组证实，相关成果发表在物理学顶级刊物上[34]。

5.4 GH 位移和 IF 位移的统一理论

前面各节主要是基于波束传输法和稳态相位法来研究两种位移效应。这两种物理效应的背后蕴含了更深层次的物理意义，涉及光的本性问题，已经超出了本书的范围。本节介绍一种关于两种位移效应的统一理论，它揭示了 GH 位移效应与 IF 位移效应的内在联系。该理论是由上海大学李春芳教授提出的[35]。关于 GH 和 IF 效应的研究难点就在于光束的严重变形导致无法定义光束的确定位置；而李春芳教授就是借助量子力学中的一些最基本的定义，重新建立了三维空间中的一束光束的确定位置的表征方法，从而将两种位移都纳入同一个理论体系中。该理论还指出，GH 位移是以两种正交的线偏光为本征态量子化的，而 IF 位移是以两种圆偏光为本征态量子化的。

5.4.1　一般光束位置的描述

考虑三维空间中的 xOy 平面上的单色光束，以入射角 θ 入射到 $x=0$ 平面上，该平面上方和下方分别是两种不同材料，整个模型如图 5.18 所示。

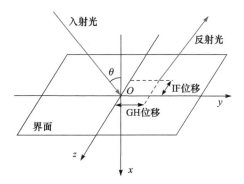

图 5.18　GH 位移与 IF 位移效应的示意图

其中 xOy 平面是入射平面，而 $x=0$ 平面是两种不同材料的分界面

根据平面角谱理论，在界面上的电场分布可以用下式来表示

$$\psi(y,z) = E(r)\big|_{x=0} = \frac{1}{2\pi} \iint A \mathrm{e}^{\mathrm{i}(k_y y + k_z z)} \mathrm{d}k_y \mathrm{d}k_z \tag{5.60}$$

注意，上式采用了量子力学的书写习惯，其中角谱的矢量振幅可以表示为 $A = (A_x \ A_y \ A_z)^{\mathrm{T}}$，上标 T 表示转置，而 k_y, k_z 是波矢 k 的 y,z 分量。仿照量子力学的基本原理，我们可以用其矩心来表示光束的位置，因此表征光束位置的 y,z 分量可以分别表示为

$$\langle y \rangle = \frac{\iint \psi^\dagger y \psi \mathrm{d}y \mathrm{d}z}{\iint \psi^\dagger \psi \mathrm{d}y \mathrm{d}z} = \frac{\iint A^\dagger \mathrm{i} \dfrac{\partial A}{\partial k_y} \mathrm{d}k_y \mathrm{d}k_z}{\iint A^\dagger A \mathrm{d}k_y \mathrm{d}k_z} \tag{5.61}$$

$$\langle z \rangle = \frac{\iint \psi^\dagger z \psi \, dy dz}{\iint \psi^\dagger \psi \, dy dz} = \frac{\iint A^\dagger \mathrm{i} \dfrac{\partial A}{\partial k_z} dk_y dk_z}{\iint A^\dagger A \, dk_y dk_z} \tag{5.62}$$

式中，上标 † 表示共轭转置。我们考虑经过准直的激光束，即光束的波矢仅仅分布在中心波矢 $\boldsymbol{k}^0 = (k_{x0}, k_{y0}, k_{z0})$ 附近很小的范围内。根据图 5.18，我们可以用入射角 θ 把该中心波矢表示为

$$\boldsymbol{k}^0 = (k\cos\theta, k\sin\theta, 0)^{\mathrm{T}} \tag{5.63}$$

与该中心波矢所对应的复振幅的矢量形式可以写作

$$\boldsymbol{A}^0 = A_s \boldsymbol{s}^0 + A_p \boldsymbol{p}^0 = \begin{pmatrix} 0 & -\sin\theta \\ 0 & \cos\theta \\ 1 & 0 \end{pmatrix} \tilde{A} = P\tilde{A} \tag{5.64}$$

其中，$\tilde{A} = (A_s, A_p)^{\mathrm{T}}$ 是描述角谱偏振特性的二元振幅系数，而 P 可以称为投影矩阵，它将光束的二元振幅系数投影到光束的矢量振幅。因此，s,p 偏振所对应的二元振幅系数分别为

$$\tilde{s} = \begin{pmatrix} 1 \\ 0 \end{pmatrix}, \quad \tilde{p} = \begin{pmatrix} 0 \\ 1 \end{pmatrix} \tag{5.65}$$

因此，这里引进的二元振幅系数其实是两种正交的偏振状态所占的比例。考虑更普遍的情形，假设入射光不在 xOy 平面内，而是与平面存在一定的夹角 φ，此时该光束的波矢为

$$\boldsymbol{k} = (k\cos\theta \quad k\sin\theta\cos\varphi \quad k\sin\theta\sin\varphi)^{\mathrm{T}} \tag{5.66}$$

而光束的矢量振幅 $\boldsymbol{A}$ 依旧可以利用二元振幅系数 $\tilde{A}$ 写作

$$\boldsymbol{A} = \begin{pmatrix} 0 & p_x \\ s_y & p_y \\ s_z & p_z \end{pmatrix} \tilde{A} = P\tilde{A} \tag{5.67}$$

上式在形式上与式(5.64)一致，但是矩阵中的各个元素需作如下调整

$$\begin{cases} s_y = -\sin\varphi = -k_z \Big/ \sqrt{k_y^2 + k_z^2} \\ s_z = \cos\varphi = k_y \Big/ \sqrt{k_y^2 + k_z^2} \\ p_x = -\sin\theta = -\sqrt{k_y^2 + k_z^2} \Big/ k \\ p_y = \cos\theta\cos\varphi = k_x k_y \Big/ k\sqrt{k_y^2 + k_z^2} \\ p_z = \cos\theta\sin\varphi = k_x k_z \Big/ k\sqrt{k_y^2 + k_z^2} \end{cases} \tag{5.68}$$

有了上述定义，就可以很方便地将任意传输方向和偏振状态的角谱用二元振幅系数 $\tilde{A}$ 来表征。最后还要说明，由偏振态的归一化条件以及偏振态与波矢之间的正交性，给式(5.68)所定义的系数附加了一些制约条件，可以归纳为

$$\begin{cases} s_y^2 + s_z^2 = 1 \\ p_x^2 + p_y^2 + p_z^2 = 1 \\ s_y p_y + s_z p_z = 0 \\ k_y s_y + k_z s_z = 0 \\ k_x p_x + k_y p_y + k_z p_z = 0 \end{cases} \tag{5.69}$$

前面三个系数保证了光束的矢量振幅 A 与二元振幅系数 $\tilde{A}$ 满足如下条件：

$$A^\dagger A = \tilde{A}^\dagger \tilde{A} \tag{5.70}$$

利用(5.68)和(5.69)两式，可以推导出下面两个重要结论

$$A^\dagger \frac{\partial A}{\partial k_y} = \tilde{A}^\dagger \frac{\partial \tilde{A}}{\partial k_y} - \frac{k_x k_z}{k\left(k_y^2 + k_z^2\right)}\left(A_s^* A_p - A_p^* A_s\right) \tag{5.71}$$

$$A^\dagger \frac{\partial A}{\partial k_z} = \tilde{A}^\dagger \frac{\partial \tilde{A}}{\partial k_z} + \frac{k_x k_y}{k\left(k_y^2 + k_z^2\right)}\left(A_s^* A_p - A_p^* A_s\right) \tag{5.72}$$

上面两式的推导过程有些复杂，结合(5.61)和(5.62)两式，给出了计算光束矩心位置的可靠方法。

5.4.2　入射光与反射光的描述

在 5.4.1 节的基础上，本节继续细化对入射光和反射光束的描述。首先将入射光的二元振幅系数 $\tilde{A}_i$ 表示为

$$\tilde{A}_i = \tilde{L}_i A_i\left(k_y, k_z\right) \tag{5.73}$$

其中，$A_i\left(k_y, k_z\right)$ 是入射光的角谱分布函数，它假设光束分布在中心波矢附近很小的范围内。其中 $\tilde{L}_i = l_{i1}\tilde{s} + l_{i2}\tilde{p}$ 描述了光束的偏振状态，并且满足归一化条件 $\tilde{L}_i^\dagger \tilde{L}_i = 1$。该归一化条件结合角谱分布函数的归一化条件 $\iint A^2\left(k_y, k_z\right)\mathrm{d}k_y\mathrm{d}k_z = 1$ 可以确保入射光的二元振幅系数 $\tilde{A}_i$ 也满足如下归一化条件：

$$\iint \tilde{A}_i^\dagger \tilde{A}_i \mathrm{d}k_y \mathrm{d}k_z = 1 \tag{5.74}$$

仔细分析可以知道，在这种表示下，光束中每一个角谱分量对应的 s,p 分量都是不一样的，只有当入射角 θ 远大于光束的发散度 $\Delta\theta$ 时，才可以近似将 s,p 分量看

作是恒定的。为了研究的需要，有时候需要用左、右旋圆偏振作为基来展开一般偏振态的光束。正交的圆偏光和线偏光的作用是一样的，借助于庞加莱球，我们可以用左、右旋圆偏光表征任意形式的偏振，尤其在涉及光束的角动量的场合，采用圆偏光比线偏光更有优势。借助于变换矩阵

$$U = \frac{1}{\sqrt{2}} \begin{vmatrix} 1 & 1 \\ -i & i \end{vmatrix} \tag{5.75}$$

可以方便地将线偏基 $\tilde{s}, \tilde{p}$ 转化为圆偏基 $\tilde{r}, \tilde{l}$ ，即有

$$\begin{cases} \tilde{r} = \frac{1}{\sqrt{2}} \begin{pmatrix} 1 \\ -i \end{pmatrix} = U\tilde{s} \\ \tilde{l} = \frac{1}{\sqrt{2}} \begin{pmatrix} 1 \\ i \end{pmatrix} = U\tilde{p} \end{cases} \tag{5.76}$$

如果我们使用圆偏光作为基，则可以写作 $\tilde{C}_i = c_{i1}\tilde{r} + c_{i2}\tilde{l}$ ，对比可得

$$\begin{pmatrix} c_{i1} \\ c_{i2} \end{pmatrix} = U^\dagger \begin{pmatrix} l_{i1} \\ l_{i2} \end{pmatrix} \tag{5.77}$$

因此，光束在圆偏振态的表象下也满足归一化条件 $\tilde{C}_i^\dagger \tilde{C}_i = 1$ 。

接下来考虑反射光束的表征，尤其是建立反射光与入射光之间的联系。很显然，反射光的二元振幅系数 $\tilde{A}_r$ 可以表示为

$$\tilde{A}_r = R\tilde{A}_i = \tilde{L}_r A \tag{5.78}$$

其中反射系数矩阵 R 在线偏光基矢下写作

$$R = \begin{vmatrix} R_s & 0 \\ 0 & R_p \end{vmatrix} \tag{5.79}$$

这里的 $R_s = |R_s|e^{i\phi_s}, R_p = |R_p|e^{i\phi_p}$ 分别是 s 光和 p 光的反射系数。从式(5.78)可以进一步得到反射光与入射光的偏振态系数满足如下关系：

$$\tilde{L}_r = R\tilde{L}_i \tag{5.80}$$

如果将反射光用圆偏基展开，则可以写作 $\tilde{C}_r = c_{r1}\tilde{r} + c_{r2}\tilde{l}$ ，它与入射光的偏振态 $\tilde{C}_i$ 之间的关系为

$$\tilde{C}_r = R_c\tilde{C}_i \tag{5.81}$$

其中 $R_c = U^\dagger R U$ 。

5.4.3　GH 位移和它的量子化

首先考虑入射光的位置，将式(5.61)、式(5.71)和式(5.72)用到入射光的二元振幅系数 $\tilde{A}_i$，可以知道入射光在 $x=0$ 平面上的 y 坐标的矩心为

$$\langle y \rangle_i = 0 \tag{5.82}$$

同样，将同样的公式用到反射光的二元振幅系数 $\tilde{A}_r$，可以得到

$$\langle y \rangle_r = -\frac{1}{\mathscr{R}} \iint \left(|l_{r1}|^2 \frac{\partial \phi_s}{\partial k_y} + |l_{r2}|^2 \frac{\partial \phi_p}{\partial k_y} \right) A^2 dk_y dk_z \tag{5.83}$$

其中

$$\begin{aligned}
\mathscr{R} &= \iint \left(|l_{r1}|^2 + |l_{r2}|^2 \right) A^2 dk_y dk_z \\
&= |l_{i1}|^2 \iint |R_s|^2 A^2 dk_y dk_z + |l_{i2}|^2 \iint |R_p|^2 A^2 dk_y dk_z \\
&= |l_{i1}|^2 \mathscr{R}_s + |l_{i2}|^2 \mathscr{R}_p
\end{aligned} \tag{5.84}$$

对比式(5.82)和式(5.83)，可以得到广义的 GH 位移公式

$$D_{GH} = -\frac{|l_{i1}|^2}{\mathscr{R}} \iint |R_s|^2 \frac{\partial \phi_s}{\partial k_y} A^2 dk_y dk_z - \frac{|l_{i2}|^2}{\mathscr{R}} \iint |R_p|^2 \frac{\partial \phi_p}{\partial k_y} A^2 dk_y dk_z \tag{5.85}$$

该公式可以广泛地用于各种情形，比如衰减全反射，在吸收介质表面的反射等。上式还表明 GH 位移是以 s 或者 p 偏振作为本征态来进行量子化的，且它的两个本征值可以写作

$$\begin{cases} D_{GHs} = -\frac{1}{\mathscr{R}_s} \iint |R_s|^2 \frac{\partial \phi_s}{\partial k_y} A^2 dk_y dk_z \\ D_{GHp} = -\frac{1}{\mathscr{R}_p} \iint |R_p|^2 \frac{\partial \phi_p}{\partial k_y} A^2 dk_y dk_z \end{cases} \tag{5.86}$$

如果光束发散角很小，可以认为在考察的范围内 $\partial \phi_{s,p}/\partial k_y$ 是常数，则上述两个本征值可以写作

$$D_{GHs,p} = -\frac{\partial \phi_{s,p}}{\partial k_y} \tag{5.87}$$

这就回到了式(5.25)的结果。在这一前提下，考虑全反射情形，反射系数为 $R_{s,p} = e^{i\phi_{s,p}}$，则式(5.83)可以简化为

$$D_{GH} = -\left|l_{i1}\right|^2 \frac{\partial \phi_s}{\partial k_y} - \left|l_{i2}\right|^2 \frac{\partial \phi_p}{\partial k_y} \tag{5.88}$$

如果考虑部分反射的情形，则 GH 位移可以转化为

$$D_{GH} = -\frac{\left|l_{i1}\right|^2 \mathscr{R}_s}{\mathscr{R}} \frac{\partial \phi_s}{\partial k_y} - \frac{\left|l_{i2}\right|^2 \mathscr{R}_p}{\mathscr{R}} \frac{\partial \phi_p}{\partial k_y} \tag{5.89}$$

5.4.4　IF 位移和它的量子化

本节讨论 IF 位移效应及其量子化，显然 IF 位移效应主要关注光束在图 5.18 中所标注的沿 z 轴方向的光束矩心在 $x = 0$ 界面上的变化。考虑(5.62)、(5.70)和 (5.72)三式，并且代入式(5.77)，可得入射光的 z 坐标的矩心为

$$\langle z\rangle_i = \frac{1}{k}\iint \left(\left|c_{i1}\right|^2 - \left|c_{i2}\right|^2\right)\frac{k_x k_y}{k_y^2 + k_z^2} A^2 \mathrm{d}k_y \mathrm{d}k_z \tag{5.90}$$

这个公式表明入射光的 $\langle z\rangle_i$ 并不等于零，而是量子化了。它的两个本征态正好就是两种圆偏光，它们的本征值大小相同，符号相反。考虑高斯光束，可得

$$\langle z\rangle_i^c = \frac{1}{k}\iint \frac{k_x k_y}{k_y^2 + k_z^2} A^2 \mathrm{d}k_y \mathrm{d}k_z \approx \frac{1}{k\tan\theta} \tag{5.91}$$

上式是右旋圆偏光所对应的本征值，当入射角 $\theta = 10°$，$\Delta\theta = 10^{-3}\,\mathrm{rad}$ 时，我们有 $\langle z\rangle_i^c \approx 0.9\lambda$。此时，纯圆偏振态的矩心都偏离了 $z = 0$ 平面，其中右旋圆偏光位于 z 轴正向 0.9λ 处，而左旋圆偏光位于 z 轴负向 0.9λ 处。这一看似反常的结论证实了所谓的"平移内自旋效应"(translational inertial spin effect)[36]，这里不再展开讨论。

接下来讨论反射光。这里只考虑全反射的情形，根据前面的讨论可以得到反射光的 z 坐标的矩心为

$$\langle z\rangle_r = \frac{1}{k}\iint \left(\left|c_{r1}\right|^2 - \left|c_{r2}\right|^2\right)\frac{k_x k_y}{k_y^2 + k_z^2} A^2 \mathrm{d}k_y \mathrm{d}k_z \tag{5.92}$$

上式说明反射光的情形与入射光完全一致，即考虑 IF 位移时，都是以两种圆偏振状态作为本征态，其本征值等量异号。下面考虑一个具体例子，假设入射光是具有任意椭圆偏振的高斯光束，即

$$\begin{cases} \tilde{A}_i = \begin{pmatrix} \cos\psi \\ \mathrm{e}^{-i\phi}\sin\psi \end{pmatrix} A_{Gaussian} \\[2mm] A_{Gaussian} = \dfrac{w_0}{\sqrt{\pi\cos\theta}}\mathrm{e}^{-\frac{w^2}{2\cos^2\theta}\left(k_y - k\sin\theta\right)^2 - \frac{w^2}{2}k_z^2} \end{cases} \tag{5.93}$$

进一步假设入射光的入射角远离全反射的临界角和掠入射角，可以进一步将反射光的 IF 位移简化为

$$D_{\text{IF}} = \langle z \rangle_{\text{r}} = \frac{\sin 2\psi \sin\left(\phi + \phi_{s0} - \phi_{p0}\right)}{k\tan\theta} \tag{5.94}$$

其中 ϕ_{s0}, ϕ_{p0} 是用入射光中心波矢所计算的反射系数位相。上式说明，在给定入射角的情况下，如果满足 $\psi = \pm\pi/4, \phi + \phi_{s0} - \phi_{p0} = (m + 0.5)\pi$ 两个条件，IF 位移 D_{IF} 达到最大值。与式(5.94)类似，可以发现在这种情况下，入射光偏离 $z = 0$ 平面的大小为

$$\langle z \rangle_{\text{i}} = \frac{\sin 2\psi \sin\phi}{k\tan\theta} \tag{5.95}$$

比较(5.94)和(5.95)两式可以明显看出，IF 位移源于式(5.95)中的位相 ϕ 被式(5.94)中的位相 $\phi + \phi_{s0} - \phi_{p0}$ 所取代。由于一般情况下入射角 θ 都大于全反射的临界角，因此 IF 位移一般都在 $\lambda/2\pi$ 的量级。由此可见，利用超高阶导模在小角度 $\theta \approx 0$ 处激发的特性，是增强 IF 位移效应的关键。

5.5　因果律佯谬

本节主要讨论和古斯-汉欣位移相关的违反相对论因果律的负群延迟时间问题[37-39]。

5.5.1　光波导中的困惑

根据传统的古斯-汉欣位移理论，光波导中光线理论与电磁场理论存在矛盾，而若考虑 Resch 等[38]指出的附加侧向相移分量，则矛盾迎刃而解。如图 5.19 所示，当光束以大于全反射临界角 θ_{c} 入射于两种介质 $(n_1 > n_2)$ 的分界面时，反射光线相对于入射点有一侧向位移，称为古斯-汉欣位移，其大小为[40]

$$\Delta z = \frac{2}{\kappa_1}\frac{\partial\phi}{\partial\theta} \tag{5.96}$$

式中，$\kappa_1 = k_0 n_1 \cos\theta$ 为垂直于分界面的波矢分量，而 -2ϕ 是反射点 B 相对于入射点 A 的全反射位移。

以上说法是否正确呢? 让我们考虑如图 5.20 所示的在光波导中传输的光线图像。根据第 2 章的分析可知，光线经过一个周期(图中两条虚线之间的区域)传输后，在垂直于入射面中的位相积累应是 2 的整数倍，即有

$$\kappa_1 h = m\pi + \phi_{10} + \phi_{12}, \quad m = 0, 1, 2, \cdots \tag{5.97}$$

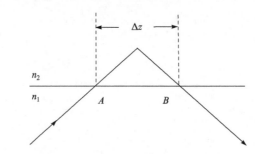

图 5.19　全反射时的古斯-汉欣位移

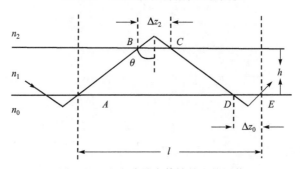

图 5.20　在光波导中传输的光线图像

按照有关古斯-汉欣位移的原理，$-2\phi_{10}$ 是光线在 E 点相对于 D 点的相移，而 $-2\phi_{12}$ 是光线在 C 点相对于 B 点的相移。而光线光学指出，光线从 A 点出发到达 B 点，在上界面反射后到达 C 点，再传输到 D 点，在下界面反射后到达 E 点所积累的位相为

$$\Phi_1 = 2k_0 n_1 \frac{h}{\cos\theta} - 2\left(\phi_{10} + \phi_{12}\right) \tag{5.98}$$

由电磁场理论，传播常数为 β 的导波经过传输距离 l 后的位相积累应为

$$\Phi_2 = \beta l \tag{5.99}$$

若光线光学与电磁场理论是自洽的，则应有

$$\Phi_1 - \Phi_2 = 2m\pi \tag{5.100}$$

利用式(5.97)，Φ_1 可改写成

$$\begin{aligned}\Phi_1 &= 2k_0 n_1 \frac{h}{\cos\theta} - 2\left(k_0 n_1 \cos\theta \cdot h - m\pi\right) \\ &= 2\beta h \tan\theta + 2m\pi\end{aligned} \tag{5.101}$$

而一个周期的长度为

$$l = 2h\tan\theta + \left(\Delta z_0 + \Delta z_2\right) \tag{5.102}$$

从而有

$$\Phi_1 - \Phi_2 = 2m\pi - \beta(\Delta z_0 + \Delta z_2) \tag{5.103}$$

显然，两种理论不自洽。光线光学与电磁场理论在极基础的领域发生了矛盾，问题出在哪里呢？21 世纪初，Resch 等[38]指出，全反射时的总相移除了垂直于入射面平面中的相移分量外，还必须加上入射面内的侧向相移分量，即全反射时的总相移为

$$\Phi_{\text{TOT}} = -2\phi + k_0 n_1 \sin\theta \cdot \Delta z \tag{5.104}$$

按照这种规定，式(5.98)是错误的，应改写为

$$\begin{aligned}\Phi_1 &= 2k_0 n_1 \frac{h}{\cos\theta} - 2(\phi_{10} + \phi_{12}) + \beta(\Delta z_0 + \Delta z_2) \\ &= 2\beta h \tan\theta + \beta(\Delta z_0 + \Delta z_2) + 2m\pi \end{aligned} \tag{5.105}$$

这时，式(5.100)成立，两种理论的矛盾迎刃而解。上式还可以写成

$$\Phi_1 = 2\beta h_{\text{eff}} \tan\theta + 2m\pi \tag{5.106}$$

h_{eff} 为波导有效厚度。式(5.106)告诉我们，在不考虑全反射相移情况下，该波导中光线的行为与光束在厚度为 h_{eff} 的薄膜中传输的行为是一致的。

5.5.2　盖尔斯-特纳尔斯干涉仪中的因果律佯谬

同样，根据传统的古斯-汉欣位移理论，Tournois [39]发现了盖尔斯-特纳尔斯干涉仪结构中的负的群延迟时间现象，他把这一现象叫做因果律佯谬。

考虑图 5.21 所示的盖尔斯-特纳尔斯(Gires-Tournois)干涉仪结构。设 $n_1 > n_3 > n_2$，当 n_1 介质中的入射角大于 n_1 和 n_3 介质的全反射临界角时，n_2 和 n_3 介质中的场为衰减场。利用菲涅耳公式，可得入射介质中反射光振幅相对于入射光振幅的反射系数

$$r = \frac{B_1}{A_1} = \frac{\exp(-\mathrm{i}2\phi_{12}) + r_{23}\exp(-2\alpha_2 d)}{1 + r_{23}\exp(-\mathrm{i}2\phi_{12})\exp(-2\alpha_2 d)} \tag{5.107}$$

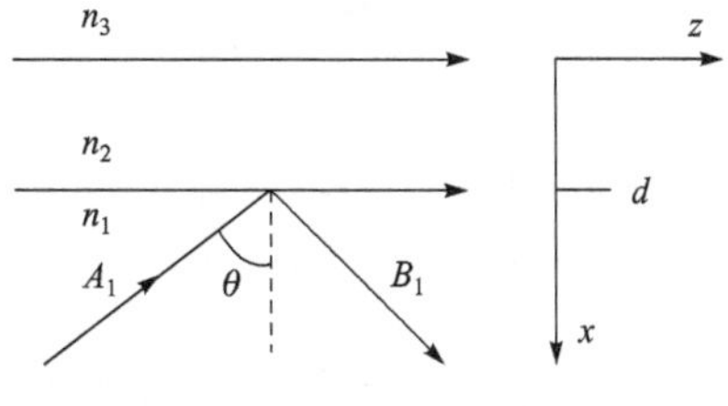

图 5.21　盖尔斯-特纳尔斯干涉仪

式中

$$\phi_{12} = \begin{cases} \arctan\left(\dfrac{\alpha_2}{\kappa_1}\right), & \text{TE波} \\[3mm] \arctan\left(\dfrac{n_1^2}{n_2^2}\dfrac{\alpha_2}{\kappa_1}\right), & \text{TM波} \end{cases} \tag{5.108}$$

$$r_{23} = \begin{cases} \dfrac{\alpha_2 + \alpha_3}{\alpha_2 - \alpha_3}, & \text{TE波} \\[4mm] \dfrac{n_3^2 \alpha_2 + n_2^2 \alpha_3}{n_3^2 \alpha_2 - n_2^2 \alpha_3}, & \text{TM波} \end{cases} \tag{5.109}$$

$$\begin{cases} \kappa_1 = k_0 n_1 \cos\theta \\[2mm] \alpha_2 = k_0 \left(n_1^2 \sin^2\theta - n_2^2 \right)^{1/2} \\[2mm] \alpha_3 = k_0 \left(n_1^2 \sin^2\theta - n_3^2 \right)^{1/2} \end{cases} \tag{5.110}$$

对于无吸收和无色散介质,复振幅之间的关系可表示为

$$B_1 = A_1 \exp(-\mathrm{i}2\phi) \tag{5.111}$$

-2ϕ 为盖尔斯-特纳尔斯三层结构中的全反射相移。由(5.107)和(5.111)两式,可得

$$\tan\phi = \tan\phi_{12} \frac{1 - r_{23} \exp(-2\alpha_2 d)}{1 + r_{23} \exp(-2\alpha_2 d)} \tag{5.112}$$

群延迟时间为

$$t_{\mathrm{g}} = -2 \frac{\partial\phi}{\partial\omega} = -\frac{(8\alpha_2 d/\omega)\tan\phi_{12} \cdot r_{23} \exp(-2\alpha_2 d)}{\left[1 + r_{23} \exp(-2\alpha_2 d) \right]^2 + \tan^2\phi_{12} \cdot \left[1 - r_{23} \exp(-2\alpha_2 d) \right]^2} \tag{5.113}$$

因 $n_3 > n_2$,故有 $\alpha_2 > \alpha_3$。由式(5.109)可知,对两种偏振光,都有 $r_{23} > 0$。于是由式(5.113)可知 $t_{\mathrm{g}} < 0$,而负的群延迟时间是违反相对论因果律的,特纳尔斯无法解释,因而称之为因果律佯谬[38]。

5.5.3　因果律佯谬的解释

实际上,因果律佯谬与光波导中遇到的问题是相同的,原因是没有考虑全反射时侧向位移产生的相移。盖尔斯-特纳尔斯干涉仪结构中的全反射的总相移仍由式(5.104)表示,而全反射的总延迟时间应为

$$\frac{\partial \Phi_{\mathrm{TOT}}}{\partial\omega} = -2 \frac{\partial\phi}{\partial\omega} + \frac{n_1}{c} \sin\theta \cdot (\Delta z) \tag{5.114}$$

式中第一项是相移色散引起的群延迟时间 t_{g},而第二项是侧向位移引起的古斯-汉欣时间 t_{GH}。利用式(5.96)可得

$$\begin{aligned} t_{\mathrm{GH}} &= \frac{n_1}{c} \sin\theta \cdot \left(\frac{2}{k_0 n_1 \cos\theta} \cdot \frac{\partial\phi}{\partial\theta} \right) \\ &= \frac{2\tan\theta}{\omega} \frac{\partial\phi}{\partial\theta} \end{aligned} \tag{5.115}$$

由于古斯-汉欣时间的存在，Resch 证明了全反射的总延迟时间

$$t = t_{\mathrm{g}} + t_{\mathrm{GH}} > 0 \tag{5.116}$$

即特纳尔斯的因果律佯谬是不存在的。式(5.116)的证明过程较复杂，对此感兴趣的读者可参考文献[37]。

　　Resch 等的论文说明了全反射的总延迟时间不可能是负的。但特纳尔斯不接受这一观点，并举了一个 TM 偏振光在理想无吸收等离子镜面上全反射的例子，说明即使考虑了古斯-汉欣时间，仍会出现负的总延迟时间。

　　设 ω_{p} 为等离子体频率，并记 $u = \omega/\omega_{\mathrm{p}}$，$\omega$ 为光频。等离子体的折射率为 $n_{\mathrm{p}} = -\mathrm{i}\left(1 - u^2\right)^{1/2}\big/u$，其中 $0 < u < 1$。对从真空($n_1 = 1$)入射于等离子镜面上的 TM 偏振光，设入射角为 θ，则由式(5.112)，相移 -2ϕ 由下式确定

$$\tan\phi = -\frac{u\left(1 - u^2\cos^2\theta\right)^{1/2}}{\left(1 - u^2\right)\cos\theta} \tag{5.117}$$

由此可得群延迟时间

$$t_{\mathrm{g}} = -2\frac{\partial\phi}{\partial\omega} = \frac{2\cos\theta}{\omega_{\mathrm{p}}\left(1 - u^2\cos^2\theta\right)^{1/2}} \cdot \frac{1 - u^2\cos 2\theta}{\cos^2\theta - u^2\cos 2\theta} \tag{5.118}$$

容易验证，$t_{\mathrm{g}} > 0$。而古斯-汉欣时间为

$$\begin{aligned}
t_{\mathrm{GH}} &= \frac{2\tan\theta}{\omega}\left(\frac{\partial\phi}{\partial\theta}\right) \\
&= -\frac{2\tan\theta\sin\theta}{\omega_{\mathrm{p}}\left(1 - u^2\cos^2\theta\right)^{1/2}} \cdot \frac{1 - u^2}{\cos^2\theta - u^2\cos 2\theta}
\end{aligned} \tag{5.119}$$

同样容易验证，$t_{\mathrm{GH}} < 0$。

　　当入射角 θ 满足

$$u^2 < \frac{\tan^2\theta - 1}{\tan^2\theta - \cos 2\theta} \tag{5.120}$$

时，总的延迟时间满足

$$t = t_{\mathrm{g}} + t_{\mathrm{GH}} < 0 \tag{5.121}$$

　　图 5.22 画出了群延迟时间 t_{g}、古斯-汉欣时间 t_{GH} 和总的延迟时间($t_{\mathrm{g}} + t_{\mathrm{GH}}$)随 u 的变化曲线。由图可见，当 $u < 0.8$ 时，总延迟时间 $t < 0$。

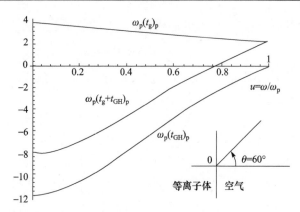

图 5.22　群延迟时间 t_g、古斯-汉欣时间 t_{GH} 和总的延迟时间 (t_g+t_{GH}) 随 u 的变化曲线

　　以上例子说明，若不考虑古斯-汉欣时间 t_{GH}，则群延迟 $t_g > 0$，因此不存在因果律佯谬；但若考虑古斯-汉欣时间，则总的延迟时间仍可能为负，因果律佯谬依然存在。因此，特纳尔斯认为 Resch 的观点并不正确。他坚持认为，全反射时仅存在全反射相移产生的群延迟时间，而古斯-汉欣时间是不存在的。

　　我们认为全反射的古斯-汉欣时间是永远存在的，只不过由式(5.119)表示的 t_{GH} 不够完整。实际上，对入射于等离子镜面上的 TM 偏振光，如图 5.23 所示，由于 $n_p^2 < 0$，因此实际的反射光点并不在分界面上，而处于分界面前。设反射点为 O，界面上的侧向位移 AB 记为 Δz。这时，全反射总相移由三部分组成：第一部分为传统的反射相移 -2ϕ；第二部分为由侧向位移引起的相移；第三部分是光线从 O 到 A 和从 B 到 O 传输所积累的位相，即有

$$\Phi_{\mathrm{TOT}} = -2\phi + k_0 n_1 (\Delta z)(\sin\theta - 1/\sin\theta) \tag{5.122}$$

因此，实际的古斯-汉欣时间应是

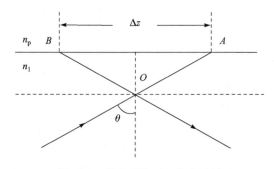

图 5.23　等离子镜面上的全反射

$$\tau_{GH} = \frac{n_1}{c}(\Delta z)(\sin\theta - 1/\sin\theta)$$

$$= \frac{2(1-u^2)\cos\theta}{\omega_p(1-u^2\cos^2\theta)^{1/2}(\cos^2\theta - u^2\cos 2\theta)} \quad (5.123)$$

显然，$\tau_{GH} > 0$。而由 $t_g > 0$ 可知，总的延迟时间是正的，从而说明在等离子镜面上全反射的因果律佯谬是不存在的。

5.6　本　章　小　结

本章基于超高阶导模研究了 GH 位移和 IF 位移两种重要物理效应的增强作用，其中 GH 位移的增强已经被实验证实，对 IF 位移增强的相关实验结果也已经发表。通过理论和实验研究，本章指出双面金属包覆波导对 GH 位移的增强作用其实是由于超高阶导模的耦合引起了光斑的畸变所导致的光斑重心的移动。本章还介绍了一种可以同时描述两种位移效应的统一理论，该理论从角谱理论出发，借用量子力学的基本定义提出了光束位移的严格定义和公式。本章的最后讨论了由古斯-汉欣位移效应引发的因果律佯谬及其解释。

参 考 文 献

[1] Goos F, Hänchen H. Ein neuer und fundamentaler versuch zur totalreflexion. Annalen der Physik, 1947, 436(7-8): 333-346.

[2] Goos F, Hänchen H. Neumessung des strahlver set zungs effektes bei totalreflexion. Annalen der Physik, 1949, 440(3-5): 251-252.

[3] Artmann K. Berechnung der Seitenversetzung des totalreflektierten strahles. Annalen der Physik, 1948, 437(1-2): 87-102.

[4] Tamir T, Bertoni H L. Lateral displacement of optical beams at multilayered and periodic structures. Journal of the Optical Society of America, 1971, 61(10): 1397-1413.

[5] Horowitz B R, Tamir T. Lateral displacement of a light beam at a dielectric interface. Journal of the Optical Society of America, 1971, 61(5): 586-594.

[6] Berman P R. Goos-Hänchen shift in negatively refractive media. Physical Review E, 2002, 66(6): 067603.

[7] Lai H M, Chan S W. Large and negative Goos-Hänchen shift near the Brewster dip on reflection from weakly absorbing media. Optics Letters, 2002, 27(9): 680-682.

[8] Yin X B, Hesselink L, Liu Z W, et al. Large positive and negative lateral optical beam displacements due to surface plasmon resonance. Applied Physics Letters, 2004, 85(3): 372-374.

[9] Li C F, Wang Q. Prediction of simultaneously large and opposite generalized Goos-Hänchen shifts for TE and TM light beams in an asymmetric double-prism configuration. Physical Review

E, 2004, 69(5): 055601.

[10] Renard R H. Total reflection: A new evaluation of the goos-hänchen shift. Journal of the Optical Society of America, 1964, 54(10): 1190-1196.

[11] McGuirk M, Carniglia C K. An angular spectrum representation approach to the Goos-Hänchen shift. Journal of the Optical Society of America, 1977, 67(1): 103-107.

[12] Gilles H, Girard S, Hamel J. Simple technique for measuring the Goos-Hänchen effect with polarization modulation and a position-sensitive detector. Optics Letters, 2002, 27(16): 1421-1423.

[13] Hao J, Li H, Yin C, et al. 1.5 mm light beam shift arising from 14 pm variation of wavelength. Journal of the Optical Society of America B, 2010, 27(6): 1305-1308.

[14] Xiao P. Beam reshaping in the occurrence of the Goos-Hänchen shift. Journal of the Optical Society of America B, 2011, 28(8):1895-1898.

[15] Fedorov F I. On the theory of total internal reflection. Dokl. Akad. Nauk. SSR, 1955, 105: 465-468.

[16] Imbert C. Calculation and experimental proof of the transverse shift induced by total internal reflection of a circularly polarized light beam. Phys. Rev. D, 1972, 5: 787.

[17] Aiello A. Goos-Hänchen and Imbert-Federov shifts: A novel perspective. New J. Phys. 2012, 14: 013058.

[18] Onoda M, Murakami S, Nagaosa N. Hall effect of light. Phys. Rev. Lett., 2004, 93: 083901.

[19] Bliokh K Y, Alonso M A, Ostrovskaya E A,et al. Angular momentum and spin-orbit interaction of nonparaxial light in free space. Phys. Rev. A, 2010, 82: 063825.

[20] Bliokh K Y, Smirnova D, Nori F. Quantum spin Hall effect of light. Science, 2015, 348: 1448.

[21] Petersen J, Volz J, Rauschenbeutel A. Chiral nanophotonic waveguide interface based on spin-orbit interaction of light. Science, 2014, 346: 67-71.

[22] B. le. Feber, Rotenberg N, Kuipers L. Nanophotonic control of circular dipole emission. Nat. Commun., 2015, 6: 6695.

[23] Hosten O, Kwiat P. Observation of the spin Hall effect of light via weak measurements. Science, 2008, 319: 787.

[24] Bliokh K Y, Niv A, Kleiner V, et al. Geometrodynamics of spinning light. Nat. Photonics, 2008, 2: 748.

[25] Luo H, Zhou X, Shu W, et al. Enhanced and switchable spin Hall effect of light near the Brewster angle on reflection. Phys. Rev. A, 2011, 84: 043806.

[26] Menard J M, Mattacchione A E, Betz M, et al. Observation of the in-plane spin separation of light. Opt. Lett., 2009, 34: 2312.

[27] Zhou X, Xiao Z, Luo H, et al. Experimental observation of the spin Hall effect of light on a nanometal film via weak measurements. Phys. Rev. A, 2012, 85: 043809.

[28] Gorodetski Y, Bliokh K Y, Stein B, et al. Weak measurements of light chirality with a plasmonic slit. Phys. Rev. Lett. , 2012, 109: 013901.

[29] Aharonov Y, Albert D Z, Vaidman L. How the result of a measurement of a component of the spin of a spin-1/2 particle can turn out to be 100. Phys. Rev. Lett. , 1988, 60: 1351.

[30] Haefner D, Sukhov S, Dogariu A. Spin hall effect of light in spherical geometry. Phys. Rev. Lett., 2009, 102: 123903.

[31] Aiello A, Lindlein N, Marquardt C, et al. Transverse angular momentum and geometric spin Hall effect of light. Phys. Rev. Lett. , 2009, 103: 100401.

[32] Hermosa N, Nugrowati A M, Aiello A, et al. Spin Hall effect of light in metallic reflection. Opt. Lett.. 2011, 36: 3200.

[33] Luo H, Ling X, Zhou X,et al. Enhancing or suppressing the spin Hall effect of light in layered nanostructures. Phys. Rev. A, 2011, 84: 033801.

[34] Dai H, Yuan L, Yin C , et al. Direct visualizing the spin hall effect of light via ultrahigh-order modes. Physical Review Letters, 2020, 124:053902.

[35] Li C. Unified theory for Goos-Hanchen and Imbert-Fedorov effects. Physical Review A, 2007, 76: 013811.

[36] Costa de Beauregard O. Translational Inertial Spin Effect with Photons. Phys. Rev., 1965, 139: B1443.

[37] Artmann K. Berechnung der seitenversetzung des totalreflektierten strahles. Ann. Phys. 1948, 2: 87-102.

[38] Resch K J, Lundeen J S, Steinberg A M. Total reflection cannot occur with a negative delay time. IEEE J. Quantum Electron., 2001, 37(6): 794-799.

[39] Tournois P. Negative group delay times in frustrated Gires-Tournois and Fabry-Perot interferometers. IEEE Journal of Quantum Electronics, 1997, 33(4): 519-526.

[40] Tournois P. Apparent causality paradox in frustrated Gires-Tournois interferometers. Optics Letters, 2005, 30(8): 815-817.

第6章　基于超高阶导模的振荡波传感器

　　光学传感器是强有力的探测和分析工具,广泛应用于生物医学研究、健康医疗、制药工程、环境监测以至国土安全等领域。本章主要讨论超高阶导模在高灵敏度光学传感检测方面的应用。首先简单介绍同类型传感器的发展近况,然后介绍超高阶导模传感的基本原理和应用实例。按照探测的光学信号,可以把超高阶导模传感分为角度调制、光强调制和位移调制三种类型。

6.1　高灵敏光学传感器

　　一般而言,光学传感有两种传感机制:基于荧光标记的探测和非标记的探测。在基于荧光标记的探测中,用染料将目标物质或者生物功能物质进行荧光标记,荧光的强度就可以表示目标物质的存在以及目标物质和生物功能物质之间的反应程度。这种探测精度非常高,可精细到单个细胞,但标记过程相当复杂并且可能对生物分子本身的功能造成影响,同时由于单个分子的标记量不能精确控制,对定量分析也是一大挑战。而在非标记探测中,目标物质的生物性质并不会发生变化,探测是在其自然形态下进行的。这种探测相对简单,成本较低,可以对物质反应进行定量和动态的测量,在生物传感领域发展和应用得非常迅速。本小节介绍几种主要的非标记型光学生物传感器,包括表面等离子体共振传感器、干涉仪传感器、环型谐振腔传感器和光纤传感器。

6.1.1　表面等离子体共振传感器

　　表面等离子体共振(surface plasmon resonance, SPR)是指发生在介电系数符号相反的两层物质(如金属和电介质)分界面上的电荷密度谐振。SPR 技术最早在1983 年由 Liedberg 等应用于生物传感[1],在过去近三十年中,基于 SPR 技术的传感器的研究特别是在生化领域中的应用研究,吸引了相当多的关注。SPR 传感器种类繁多,根据 SPR 的激发方式主要可分为棱镜耦合型[2]、波导耦合型[3,4]、光纤耦合型[5,6]以及光栅耦合型[7]等,如图 6.1 所示。

　　在棱镜耦合激发 SPR 的结构中(图 6.1(a)),当入射光波矢的水平分量满足表面等离子体波的位相匹配条件(3.69)时,光能量耦合到表面等离子体波中,引起反射光强度变化。这种结构称为 Kretschmann 结构,是最常见的 SPR 耦合方式,一般具有很高的传感分辨率，但同时也存在着体积较大、不利于集成的缺点。

图 6.1(b)表示基于波导耦合激发的 SPR 传感器的基本结构。该传感器由一个薄膜平板波导和一层金属包覆层组成，分为信号光输入、传感和输出三个功能区域。入射光利用全反射耦合进入波导传播，经过传感区域时导波光在波导-金属界面产生迅衰场，进而在金属-样品介质界面激发表面等离子体波，当信号光离开传感区域后光能量继续沿波导传播。与棱镜耦合方式相比，波导耦合方式更容易与其他光学和电子元件集成。

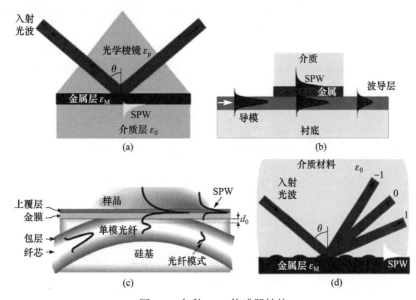

图 6.1　各种 SPR 传感器结构

耦合方式包括：(a)棱镜耦合型；(b)波导耦合型；(c)光纤耦合型；(d)光栅耦合型

光纤结构也被用于表面等离子体波的激发，图 6.1(c)表示基于单模光纤耦合的 SPR 传感器。通过打磨去掉光纤局部包覆层后镀上一层薄的金膜，在相位匹配条件下，金膜-样品介质界面上的表面等离子体波可由光纤中传播的导模激发。表面等离子体波与光纤模式的相互作用与样品介质的折射率密切相关，并最终表现为光纤模式信号强度的变化。

图 6.1(d)表示光栅耦合激发 SPR 的结构。光入射到金属光栅表面，当衍射光平行于光栅表面的波矢分量与表面等离子体传播常数相等时，表面等离子体波在金属光栅-介质材料界面上激发，激发条件可表示为

$$k_0 n_{\mathrm{d}} \sin\theta + m\frac{2\pi}{\Lambda} = \pm\beta_{\mathrm{sp}} \tag{6.1}$$

式中，n_{d} 为介质材料折射率；m 为光栅衍射阶数；Λ 为光栅周期；β_{sp} 为表面等

离子波传播常数。

6.1.2　干涉仪传感器

相干光干涉时，干涉光光强或其空间分布与光束之间的相位关系密切相关。当外界条件改变时，光束之间相位关系发生变化，从而使干涉光的强度或空间分布也随之改变。干涉仪传感器正是利用这一原理对某些物理参量进行测量的，如距离、温度、折射率等。图 6.2 展示了几种干涉仪传感器的结构，分别为马赫-曾德尔干涉仪(Mach-Zehnder interferometer，MZI)[8]、多通道杨氏干涉仪(multi-channel Young's interferometer，MCYI)[9]和哈特曼干涉仪(Hartman interferometer，HI)[10]。

MZI 传感器结构如图 6.2(a)所示，激光器产生的单一偏振的相干单色光进入波导后在 Y 结点处等分为两部分，分别进入两个分支波导，其中一个为传感分支波导在探测区域去掉了包覆层形成探测"窗口"，使导波的迅衰场与待测样品相互作用；另一个为参照分支波导，由于保留了很厚的包覆层，导波不与样品作用。两个分支波导在出口处重新合二为一，干涉光光强用光电二极管进行探测。用于传感的分支波导由于样品折射率变化而产生的相位改变(以单模为例)为

$$\Delta\varphi = \frac{2\pi}{\lambda} L_{int}\Delta n_{eff} \tag{6.2}$$

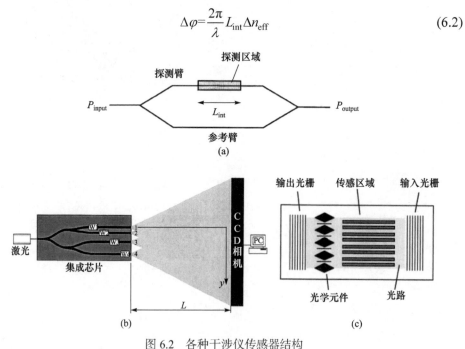

图 6.2　各种干涉仪传感器结构

(a)马赫-曾德尔干涉仪传感器；(b)多通道杨氏干涉仪传感器；(c)哈特曼干涉仪传感器

式中，λ 表示真空中的波长；L_{int} 表示探测区域的长度；Δn_{eff} 表示因样品折射率改变而引起的导波有效折射率变化。出口处干涉光的光强可以表示为

$$I_{\text{out}} = I_{\text{in}} \left(1 + \cos \Delta \varphi \right) \tag{6.3}$$

从上两式可以看出，通过增加探测区域的长度，或者减小光波长，可提高 MZI 传感器的灵敏度。

MCYI 传感器(图 6.2(b))与 MZI 传感器最大的不同之处在于，各分支波导在出口处相互平行，出射的发散光在空间中相互交叠，形成干涉条纹。干涉光空间强度分布可表示为

$$I(y) = NI_0 + 2I_0 \sum_{i,j=1;i<j}^{N} \cos \left[\Delta \phi_{ij}(y) + \Delta \varphi_{ij} \right] \tag{6.4}$$

式中，N 表示分支波导数目；$\Delta \phi_{ij}(y)$ 表示第 i 和 j 通道的出射光因各自光通道长度不同而产生的相位差；而 $\Delta \varphi_{ij}$ 表示第 i 和 j 通道的出射光由于折射率变化不同引起的相位差。从方程(6.4)可以看出，样品折射率改变引起的相位差变化最终表现为干涉条纹空间位置的移动。

图 6.2(c)所示为 HI 传感器结构。激光经过光栅耦合进入波导薄膜内，传感器的传感区域由波导表面的多条平行受体结构组成，用于与分析物结合。传感器芯片表面集成了光学元件阵列，用于将通过每一对相邻受体结构的光合并，产生的干涉光信号由另一个光栅耦合出去。

6.1.3　环型谐振腔传感器

环形谐振腔传感器因其体积小、灵敏度高而得到大量关注。图 6.3 展示了几种环形谐振腔传感器结构，包括微型环芯(microtoroid，MT)[11]、绝缘层硅晶环形谐振腔(silicon-on-insulator ring resonator，SOIRR)[12]和光环流谐振腔(opto-fluidic ring resonator，OFRR)[13]。

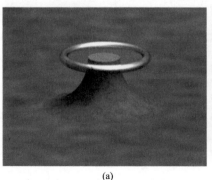

(a)

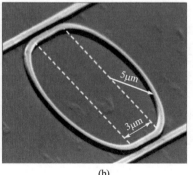

(b)

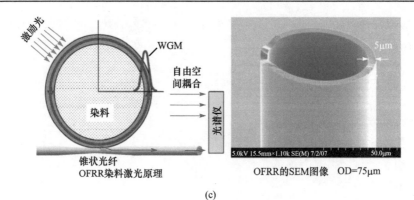

(c)

图 6.3　几种环形谐振腔传感器结构

(a) 微型环芯；(b) 绝缘层硅晶环形谐振腔；(c) 光环流谐振腔

在环形谐振腔中，光以回音壁模式(whispering gallery modes，WGM)或循环波导模式(circulating waveguide modes，CWM)传播，这是由光在高低折射率介质之间的弧形分界面发生全反射而产生的。WGM 和 CWM 在环形谐振腔表面为迅衰场，待测的生物分子即固定在这一区域。与平直波导不同的是，环形谐振腔传感器中光和待测物的有效作用距离并不决定于传感器的物理尺寸，而是由光在谐振腔中旋转的次数决定的。该有效距离(L_{eff})与谐振腔 Q 因子相关，可表示为[14]

$$L_{eff} = \frac{Q\lambda}{2\pi n} \tag{6.5}$$

式中，λ 为谐振波长；n 为环形谐振腔的折射率。WGM 和 CWM 的光谱位置(即共振波长 λ)为

$$\lambda = \frac{2\pi r n_{eff}}{m} \tag{6.6}$$

式中，r 为环形腔的外半径；n_{eff} 为模式的有效折射率；m 为整数。当环形谐振腔表面"捕获"靶分子时，腔表面折射率改变引起 n_{eff} 变化，从而导致模式光谱位置移动。显然，通过直接或间接监测模式光谱位置移动就可以定量测得传感器表面附近靶分子的"黏附"情况。Q 值与光谱峰值曲线宽度相关，即

$$Q = \frac{\lambda}{\Delta\lambda_{3dB}} \tag{6.7}$$

由式(6.7)可知，在高 Q 值情况下，尽管环型谐振腔的尺寸比一般波导小几个数量级，但其传感性能与一般波导相比却丝毫不逊色。MT 结构和 SOIRR 结构的 Q 值分别达到 10^6 和 2×10^4，而 OFRR 结构的 Q 值甚至超过 10^9。

6.1.4　光纤传感器

光纤在光学传感器设计中非常常见，具有很多优异的性能，如光信号传输简单有效、抗电磁干扰、利于集成、耐高温腐蚀等。当前光纤传感器正朝着灵敏、精确、高集成度和适应性强的方向发展，几种典型的光纤传感器结构如图 6.4 所示。

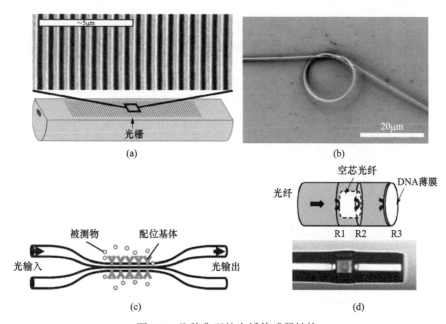

图 6.4　几种典型的光纤传感器结构

(a) 表面刻蚀光栅的 D 型光纤；(b) 纳米光纤环；(c) 光纤耦合传感器；(d) 光纤法布里-珀罗腔 DNA 传感器

图 6.4(a)展示的是一种表面刻蚀光栅的 D 型光纤传感器[15]的结构和扫描电子显微镜图像。这种传感器是基于表面起伏的光纤布拉格光栅(fiber Bragg grating, FBG)结构。FBG 结构的功能相当于一个窄带滤波器，反射光中心波长为布拉格波长(λ_B)，与光栅参数有如下关系：

$$\lambda_B = 2n_{\text{eff}} \Lambda \tag{6.8}$$

式中，Λ 表示光栅周期。可见通过监测 λ_B，FBG 结构就等同于一个折射率传感器，这是该传感器的测量原理。

图 6.4(b)所示的是基于纳米光纤结构的传感器[16]，其直径小于$1\mu m$。这种光纤结构由于尺寸非常小，光传播时在光纤外产生很大的迅衰场，因而对外部样品折射率变化非常灵敏。

基于光纤耦合器的折射率传感器结构[17]如图 6.4(c)所示，耦合器由两个相同的光纤组成，具有正弦形的透射谱。耦合器表面固定有配位体，分析物与配位体结合引起光纤外迅衰场中的折射率改变，使耦合器透射谱产生移动，对固定波长则表现为透射光强的变化。

图 6.4(d)所示的光纤传感器采用了法布里-珀罗(Fabry-Perot，FP)腔结构[18,19]，可用于 DNA 序列探测。FP 腔由一小段中空的光纤夹在另外两段光纤中形成。从三个截止面 R1、R2 和 R3 反射的光相互干涉引起反射谱中出现循环振荡。为了检测特定 DNA，先通过静电自组装在光纤端面 R3 一层一层地固定上相应的探针 DNA 形成一定厚度的薄膜，当靶 DNA 出现时，探针 DNA 与之结合使 FP 腔长度产生微小变化，从而改变反射光谱。

6.2　超高阶导模传感

本节开始介绍超高阶导模在高灵敏度传感领域应用的机制，主要从下面几个方面展开，包括传感原理、灵敏度分析、探测深度。

6.2.1　传感原理

超高阶导模用于高灵敏度传感主要有三种传感机制：角度调制、光强调制和位移调制，其中后两种更加常用。角度调制法是利用 ATR 吸收峰角位置的变化来测量待测样品传感参数的改变。与之密切相关的光强调制法，是将入射角固定于衰减全反射谱线(ATR)的吸收峰上升沿或下降沿的中心附近，该处的斜率一般较大，当样品的传感参数发生变化时，曲线发生移动从而引起探测光强的变化。图 6.5 对比了角度调制法和光强调制法的测量原理。角度调制法实际上是监测曲

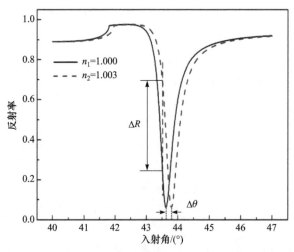

图 6.5　基于 ATR 谱线的角度调制法和光强调制法的测量原理对比

线的整体移动，即图中的 $\Delta\theta$，当 ATR 吸收峰底部较平坦或半宽度较大时，灵敏度较低。光强调制法的工作点选取在曲线斜率较大、线性较好的位置，传感参数变化时，曲线随之产生移动而引起光强的变化，即图中的 ΔR，灵敏度相对较高。下面以超高阶导模为例，说明导波层的介电系数 ε_g 和厚度 d_g 对 ATR 谱线的影响。图 6.6 说明，超高阶导模的共振吸收峰具有极高的灵敏度，而采用角度调制法和光强调制法会产生不同的效果。以导波层的介电系数或厚度为例，若被测参数发生变化，整个共振吸收峰发生平移，而对反射(透射)谱的调制深度并没有产生影响，此时共振角的变化在度的量级，而上升沿或者下降沿的中心处的光强变化已经超出了测量范围。这说明角度调制法可以用在需要较大量程、较低测量精度的场合，而光强调制法则适合较小量程、较高测量精度的场合。

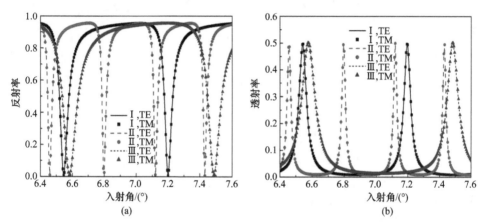

图 6.6 双面金属包覆波导导波层参数对(a)反射率与(b)透射率的影响
上下层金膜厚度分别为 20nm 和 25nm。曲线 I: $\varepsilon_g = 2.5$，$d_g = 0.5\text{mm}$；II: $\varepsilon_g = 2.5$，$d_g = 1\text{mm}$；III: $\varepsilon_g = 5$，$d_g = 0.5\text{mm}$

第三种传感机制是位移传感，目前主要是利用 GH 位移效应。图 6.7 用高斯光束模型计算了对应于一个导模激发时反射光古斯-汉欣位移随波长变化的曲线。位移峰曲线的上升沿或下降沿中间区域变化较快且近似为直线，将工作波长定在这个区域可以获得较高的灵敏度和较好的线性。当导波层折射率发生微小变化时，位移曲线会随着导模共振的改变发生平移，从而表现为反射光侧向位移的改变(ΔL)。

和角度调制法相比，位移调制法具有更高的灵敏度；和光强调制法相比，位移调制法不会受到激光器功率不稳定、漂移的影响，具有更好的稳定性。但位移调制法对环境的振动要求更高，通常只能用在实验室的环境里。6.2.2 节将具体分析三种机制的测试灵敏度。

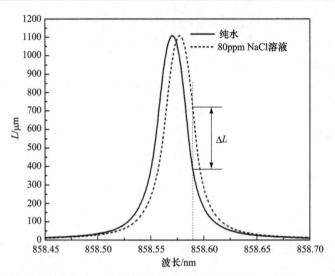

图 6.7　基于古斯-汉欣效应的双面金属包覆波导传感器测量原理。参数为：TE 偏振光，入射角为 $\theta = 4.6°$，实线表示纯水，折射率为 $n_2 = 1.333 \text{RIU}$，虚线表示质量浓度为 80ppm 的 NaCl 溶液，折射率为 $n_2 = 1.333 + 1.056 \times 10^{-5} \text{RIU}$，光束束腰半径为 $w_0 = 0.8 \text{mm}$

6.2.2　灵敏度分析

灵敏度是传感器的关键特征参数之一，随着生物、材料、纳米技术等科学领域的飞速发展，对传感器灵敏度的要求也越来越高。传感器灵敏度 S 的定义与测量时的检测方法有关，可简单定义为

$$S = \frac{\partial \Xi}{\partial \xi} \tag{6.9}$$

式中，Ξ 表示探测的光学信号参数；ξ 表示传感参数，如样品的折射率、吸收及厚度等物理量。下面分别介绍三种调制机制下的灵敏度定义。根据角度调制机制，其灵敏度的表达式可以写作

$$S = \frac{\partial}{\partial \xi}\left(\frac{\partial R}{\partial \theta}\right) = \left(\frac{\partial^2 R}{\partial \theta^2}\right)_{\theta = \theta_r} \cdot \left(\frac{\partial \theta}{\partial \xi}\right) \tag{6.10}$$

式中，θ_r 是共振角的位置。这时，灵敏度为两项乘积，第一项为反射率对入射角的两阶导数在共振角处的数值，与反射率曲线的形状有关；第二项为共振角对传感参数的一阶导数，与传感的效率有关。同理，光强调制法的灵敏度定义式可以写作

$$S = \frac{\partial R}{\partial \xi} = \left(\frac{\partial R}{\partial \theta}\right)_{\theta = \theta_s} \cdot \frac{\partial \theta}{\partial \xi} \tag{6.11}$$

式中，θ_s 是固定的工作角，通常选择在上升沿或者下降沿的中点处。同样，灵敏度为两项乘积，其中第一项显然是反射率上升沿或下降沿曲线的斜率，而第二项也与传感效率相关。最后，基于古斯-汉欣效应的双面金属包覆波导传感器的灵敏度定义为反射光古斯-汉欣位移(L)随导波层折射率($n_2 = n_{\text{sample}}$)的变化率，即

$$S = \frac{\partial L}{\partial n_2} = \left(\frac{\partial L}{\partial N}\right) \cdot \left(\frac{\partial N}{\partial n_2}\right) = S_1 \cdot S_2 \tag{6.12}$$

图 6.8 为对应于某一个导模激发时 L 和 S_1 随有效折射率 N 变化的理论曲线，这里考虑 TE 模，采用静态相位法计算。从图中明显看出，在位移峰曲线的上升沿和下降沿靠中部区域，S_1 达到非常高的灵敏度。

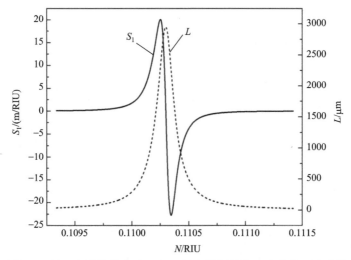

图 6.8　某一个导模激发时 L 和 S_1 随有效折射率 N 变化的理论曲线

　　分析上面三个表达式，可以看出灵敏度的第一项通常是被测的光学信号对某个中间量的导数，第二项是该中间量对需要测量的参量的导数。这个中间量可以是入射角 θ，也可以是有效折射率 N。考虑到在平板波导结构的有效折射率定义为 $N = n\sin\theta$，因此这些灵敏度表达式中的第二项其实是相同的，即有效折射率对待测参量的导数 $\mathrm{d}N/\mathrm{d}\xi$。下面详细讨论这一项。

　　考虑图 6.9 所示的三层平板波导，根据第 3 章的功率约束比例因子式(3.39)~式(3.41)，导波层 1、包覆层 2 和衬底层 0 的功率比例因子分别定义为

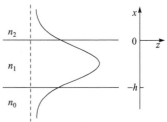

图 6.9　三层平板波导与 TE_0 模的场分布

$$\Gamma_1 = \frac{P_1}{P} = \frac{h + \dfrac{p_0^2}{\kappa_1^2 + p_0^2} + \dfrac{p_2^2}{\kappa_1^2 + p_2^2}}{h_{\text{eff}}} \tag{6.13}$$

$$\Gamma_2 = \frac{P_2}{P} = \frac{\kappa_1^2}{p_2\left(\kappa_1^2 + p_2^2\right)h_{\text{eff}}} \tag{6.14}$$

$$\Gamma_0 = \frac{P_0}{P} = \frac{\kappa_1^2}{p_0\left(\kappa_1^2 + p_0^2\right)h_{\text{eff}}} \tag{6.15}$$

式中，$h_{\text{eff}} = h + \dfrac{1}{p_0} + \dfrac{1}{p_2}$ 为三层波导的有效厚度。图 6.10 计算了三层平板波导 TE_0 模的功率约束比例因子随导波层厚度的变化曲线。对于传统介质波导，衬底层折射率比包覆层折射率大，由图 6.10(a)可见，包覆层功率所占比例最小，而衬底层中功率所占比例大于包覆层，且在接近于波导截止厚度处接近于 1。但随着导波层厚度的增加，包覆层和衬底层的功率比例因子均迅速减小，导波层功率约束因子趋于 1。对于对称波导，衬底层折射率和包覆层折射率相等，波导不存在截止厚度，由图 6.10(b)可见，导波层厚度趋向于零时，包覆层和衬底层的功率比例因子均接近 0.5，而随着导波层厚度增加，导波层功率约束因子趋于 1，这与传统波导相同。

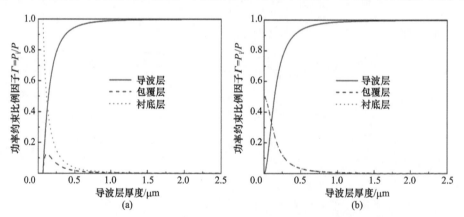

图 6.10　三层平板波导的功率约束比例因子随导波层厚度的变化曲线

(a) 传统波导，参数为 $n_1 = 1.79, n_0 = 1.5, n_2 = 1.3, \lambda = 632.8\text{nm}$；(b)对称波导，参数为

$$n_1 = 1.79, n_0 = n_2 = 1.5, \lambda = 632.8\text{nm}$$

现在我们有足够的信息来进一步量化灵敏度。假设波导层厚度为毫米量级，此时波导层中超高阶导模的模式阶数很高，超高阶导模表现出偏振无关特性，而其色散关系可以简化为式(4.52)，这里根据图 6.9 将式(4.52)改写为

$$\kappa_1 h = m\pi, \quad m > 1000 \tag{6.16}$$

考虑到 $\kappa_1 = \left(k_0^2 n_1^2 - \beta^2\right)^{1/2}$，$\beta = k_0 n_0 \sin\theta = k_0 N$，可以得到有效折射率对导波层、包覆层和衬底层的折射率的导数分别为

$$\frac{\mathrm{d}N}{\mathrm{d}n_1} = \frac{n_1}{N} \cdot \frac{P_1}{P} \tag{6.17}$$

$$\frac{\mathrm{d}N}{\mathrm{d}n_2} = \frac{n_2}{N} \cdot \frac{P_2}{P} \tag{6.18}$$

$$\frac{\mathrm{d}N}{\mathrm{d}n_0} = \frac{n_0}{N} \cdot \frac{P_0}{P} \tag{6.19}$$

N 为有效折射率，P 为导模总功率，P_1、P_2 和 P_0 分别表示导模在导波层、包覆层和衬底层中的功率。式(6.17)~式(6.19)表明，传感效率与传感区域的功率所占总功率的份额成正比，同时还与被传感介质的折射率与有效折射率之比密切相关。从图 6.10 还可以看出，当导波层的厚度逐渐增加时，$P_1/P \to 1$，如果我们忽略这一项，就可以得到超高阶导模对导波层的各种参数的灵敏度正比于

$$\frac{\mathrm{d}N}{\mathrm{d}n_1} = \frac{n_1}{N} \tag{6.20}$$

$$\frac{\mathrm{d}N}{\mathrm{d}\lambda} = \frac{n_1^2 - N^2}{N\lambda} \tag{6.21}$$

$$\frac{\mathrm{d}N}{\mathrm{d}h} = \frac{n_1^2 - N^2}{Nh} \tag{6.22}$$

超高阶导模的一大优势在于，其有效折射率不存在截止下限，即允许 $N \to 0$。从有效折射率的定义来看，只要我们在小角度激发超高阶导模，就可以获得很小的有效折射率，从而获得比较高的探测灵敏度。利用图 6.11 所示的简单原理，可以从另一个侧面说明小角度激发超高阶导模，利用其有效折射率趋于零的特点来增

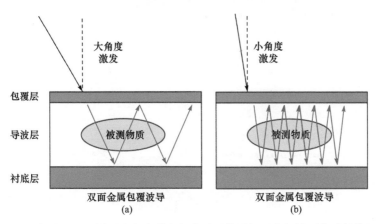

图 6.11　几何光学原理说明小角度激发超高阶导模增加了光与被测物质的作用距离

强传感的灵敏度的原理，很显然，在小角度激发时，光场与待测物质的作用距离显著增大。

最后还要说明，与迅衰场传感器相比，始终有 $n_{sample}/N<1$，这是光场被局限在界面而无法辐射的必要条件；而基于超高阶导模的振荡场传感器，则有 $n_1/N>1$。由以上分析可知，以双面金属包覆波导结构为基础的振荡场传感器的传感效率要比以表面等离子体传感器为代表的迅衰场传感器高得多。

6.2.3　探测深度

表征波导传感器性能的特征参数，除灵敏度外还包含光场在样品中能够达到的覆盖范围。在迅衰场传感中，样品处在指数衰减的光场中，覆盖范围比较有限，其探测深度定义为光场衰减到界面处的 $1/e$ 时到界面的距离，也称为穿透深度。

波导传感器的一个重要应用领域为生物探测，如探测生物细胞的结合、分布和生长过程。一般生物大分子的典型尺寸为 $1\sim10\mu m$，而传统的泄漏波导传感器的穿透深度仅为 100nm 左右，很难满足探测要求。Horvath 等提出采用反对称波导结构可以将传感器的探测深度提高到 $1\mu m$ 左右，可以探测出人体皮肤纤维细胞在波导表面的连接和分布过程[20,21]，如图 6.12 所示。事实上，利用迅衰场进行传感，探测深度与相应波导层的功率比例因子也是密切相关的。我们计算了反对称波导 TE_0 模和 TM_0 模在各层介质的功率分布情况。从图 6.13 可以看到反对称波

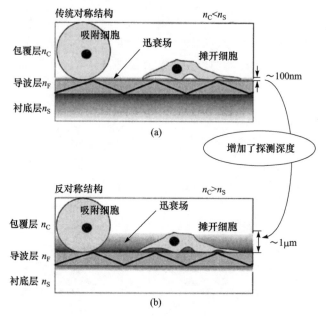

图 6.12　反对称波导结构中探测深度增加

导采用折射率较小的材料作为波导的衬底,与传统波导相比大大提高了包覆层
(待测样品)中的功率分布,迅衰场深度也相应增加。同时我们注意到,反对称
波导中 TM_0 模的截止厚度大于 TE_0 模的截止厚度。在相同的导波层厚度下,
TM_0 模在包覆层的功率分布比例要高于 TE_0 模在包覆层的功率分布比例,因此
采用 TM 模更有利于提高探测深度。这一结论也与 Horvath 等提供的波导参数
相符合。

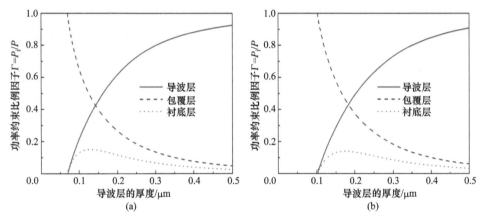

图 6.13　反对称波导结构中的功率分布

(a)为 TE_0 模, (b)为 TM_0 模。波导参数为: $n_F=1.58, n_S=1.2, n_C=1.33, \lambda=632.8$ nm

SPR 传感器的探测深度虽然也很有限,但由于表面等离子体波具有表面增强
效应,界面处的光场强度有较大幅度的提高,这相当于变相地增强了传感器的穿
透深度,因此在生物化学传感领域的应用最广,商业化的规模也是最大的。几种
迅衰场传感器的穿透深度都在 $0.1\sim1\mu m$,使得这些传感器的应用主要限制在表面
探测领域。使用时,传感器表面一般都要经过一定的化学修饰,目的是使待测样
品与经过修饰的表面发生相互作用,从而改变表面的光学性质。但如果要直接测
量样品本身的性质,如溶液或气体的浓度,迅衰场传感器的性能将大大降低。首
先,较小的穿透深度会使测量灵敏度受到一定限制;其次,如果样品本身的吸附
效应比较大,会在导波层表面形成一层分子薄膜,穿透深度较小的传感器将无
法分辨是来自吸附层的变化还是来自样品本身的变化。Polky 在用亚甲蓝溶液研
究传统波导的吸收测量时发现,来自于吸附层的影响甚至大于来自于溶液本身
的影响,可见迅衰场传感器由于探测范围的限制本身存在着缺陷[22]。如果用振
荡场进行探测,探测范围可以遍布整个样品区域,即探测深度与波导的导波层
厚度相同。

与前面所讨论的传感器相比,双面金属包覆波导结构使用振荡场进行探测,
由于其导波层厚度可扩展到毫米量级,相应的探测深度远远大于其他的传感器类

型，即使样品在金属膜表面有一定的吸附效应，但由于其在整个样品中所占的比例相对有限，对测量结果的影响也相对较小。因此，双面金属包覆波导传感器具备更高的灵敏度，可应用的范围更广。表 6.1 对比了双面金属包覆波导传感器与几种常见传感器的探测深度。

表 6.1　几种典型传感器的探测深度

传感器类型	探测深度/nm	
	TE 模	TM 模
表面等离子共振传感器	—	225
泄漏波导传感器	111	105
反对称波导传感器	291	728
双面金属包覆波导传感器	$10^5 \sim 10^6$	$10^5 \sim 10^6$

6.3　具体应用实例

本节简单介绍超高阶导模对一些常用物理量传感检测的实例，包括位移传感、角度传感、波长传感和浓度传感。

6.3.1　位移传感

位移传感器被广泛地用于对一些几何量的超精度测量之中，比如位置、振动、一些工件表面的形貌、平整度测量等。在这些传感器中，基于干涉原理的传感器的使用最为广泛，但是这种方法的缺陷是其光路相对复杂，同时它的灵敏度也受限。本节介绍基于双面金属包覆波导的各种位移传感器，比如通过分析条纹的移动[23]，通过监控反射率的变化[24,25]，以及利用 GH 位移效应[26]。这些位移传感器可以用于实时传感，并且其精度要高于一般的基于光折变干涉仪与散斑相关技术的传感器。

图 6.14 绘制了基于分析条纹移动来进行位移传感的实验装置图[23]，其中双面金属包覆波导结构由两部分组成：固定的组件 1 和可移动的组件 2。组件 1 是一个高折射率棱镜，其底部蒸镀了 50nm 厚的金膜，整个部件被牢固地固定在一个沉重的黄铜块上。组件 2 就是被测量物，它是一个固定在可移动平台上的玻璃板，玻璃板表面镀了 200nm 厚的金膜。两层金膜之间的空气隙的厚度由固定在可移动平台上的差动千分尺来调节。激光器发出的光束先后通过小孔 A$_1$、格兰棱镜和小孔 A$_2$，然后被一个平面镜 M 反射。在通过空间滤波器 SF 滤波以后，入射光

被棱镜 L_1 会聚到它的后焦面上。被波导结构反射的光束，同样由另一个透镜 L_2 进行收集，之后由一个 CCD 相机记录。CCD 相机的位置在透镜 L_2 的焦平面后的某处。由于在导模耦合过程中，能量从入射光中转移到导模中，从而在反射光斑内部形成一条暗纹，每一条暗纹对应一个导模的共振角。这些暗纹又被称为 M 线。如果组件 2 在差动千分尺的调节下产生了微小的位移，则双面金属包覆波导结构的导波层-空气隙会经历同样大小的位移，这会导致这些暗纹所对应的角度发生变化，通过对暗纹的移动进行标定，可以对被测的微小位移进行准确的测量。这种传感方式属于角度调制法，在我们的实验中，测试的量程是$-12.5\sim240\,\mu m$，测试的精度达到 50nm，相对误差低于 0.4%。

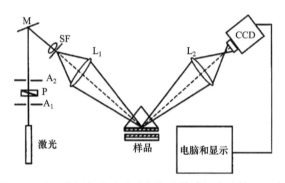

图 6.14　基于分析条纹移动进行位移传感的实验装置示意图

　　如图 6.15 所示，通过检测反射光的强度来测量位移的传感器的核心部件的结构与之前的类似[24]。核心的波导部件也是由两个部分构成：部件 1 是镀了薄金膜的玻璃棱镜，部件 2 被用作压电陶瓷驱动器，它是一块两面都镀了 400nm 厚的金膜的 $LiNbO_3$ 晶体，晶体厚度为 $500\,\mu m$。两个部件被牢固地固定在平台上，它们之间的空气隙的间隔为 $100\,\mu m$。通过对压电陶瓷驱动器两端的金属电极施加直流电压，空气隙的宽度会受到 $LiNbO_3$ 晶体的压电效应的调制作用而改变，相应地，反射率谱线会发生平移，导致反射谷的角度和反射光的强度发生变化。根据探测到的反射光强度变化的分辨率，结合 $LiNbO_3$ 晶体的压电系数和施加电压大小，我们可以估算产生位移的大小。

　　该装置对应前面提到的光强调制法，在理论上，它应该比角度调制法具有更高的灵敏度。图 6.16 给出了实验测量的反射率的变化，其中导波层(空气隙)的厚度 h_1 通过增加或减少施加在压电陶瓷驱动器电极上的电压来改变。图中，空气隙的厚度是先增加后减少，并且每一个台阶对应的电压变化量是 50V。

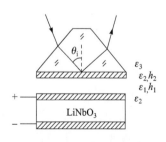

图 6.15　基于检测反射光强
度的位移传感器的结构图

根据沿 Z 轴切割的 $LiNbO_3$ 晶体的压电系数 $d_{33} = 33.45\,pm/V$ ，该实验可测量到的位移的分辨率高达 $S = 50 \times 33.45 \times 10^{-3} \approx 1.7nm$ ，对应的反射率的改变量为 $\Delta R = 1\%$ ，完全可以被现代光学仪器测量。

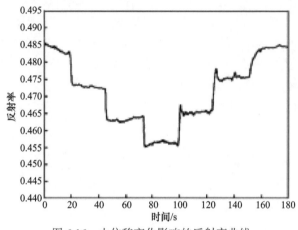

图 6.16　　由位移变化影响的反射率曲线

图 6.16 中的反射率的噪声是影响实验精度的最主要因素。在后续实验中，我们还提出了一个改进版本，该版本主要基于强度调制和锁相放大技术[25]。实验中，锁相放大技术极大地抑制了实验中的噪声，实验结果表明，对位移测量的分辨率高达 3.3pm。

虽然在前面的位移传感的实验中已经得到了极高的测试分辨率，但是无论是基于角度调制法，还是光强调制法，测试的精度都受到激光光源的波动的影响。针对这一限制，前面介绍的位移调制法可以有效地消除激光器功率波动的干扰。因此，我们提出基于增强 GH 位移效应的位移传感装置[26]。

图 6.17 所示的基于 GH 位移效应的位移传感器的核心波导组件与图 6.15 所示的结构是类似的，所不同的是，测量光强的光电探测器被测量微位移的位置敏感探测器(PSD)所取代，传感时的工作点也从反射率谱线的上升沿(下降沿)的中点变成了 GH 位移变化率最大的点。实验结果如图 6.18 所示。

在图 6.18 所示的实验结果中，相邻台阶所对应的施加在压电陶瓷驱动器上的电压差为 10V，这种沿 Z 轴切割的 $LiNbO_3$ 晶体的压电系数为 $d_{33} = 8 \times 10^{-12}\,m/V$ 。因此，实验结果中，每一个台阶所对应的位移变化量为 $\Delta d = 8 \times 10^{-12} \times 10m = 8 \times 10^{-11}m$ ，而测量到的 GH 位移的变化量约为 2μm 。在实验结果中，每一个平台对应的位移仍存在噪声干扰，但是它的来源不是激光的强度噪声，干扰的水平约为 0.5μm 。这种程度的噪声导致整个传感器的检测精度约为 40pm。相比于没有使用锁相放大技术的光强调制法，基于位移的测量法测试

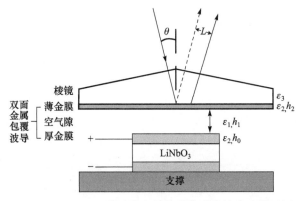

图 6.17　基于 GH 位移效应的位移传感器的实验装置图

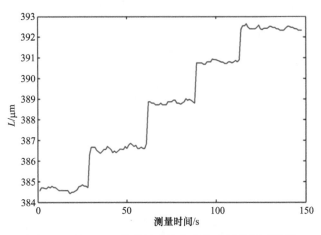

图 6.18　基于 GH 位移效应的位移传感器的测试结果

精度确实获得了极大的提高。

6.3.2　角度传感

　　角度传感在很多领域都有非常重要的应用，包括工业生产、科学研究等。常见的应用，如在一些工件加工过程中的对准、装配和校准工序。对于微小角度的精确测量有两种主要的方法，包括电磁方法和光学方法。比如，电容传感器作为一种非常有效的角度测量方法，可以将角度变化信号转化为电容信号。利用电容电桥技术对微小角度进行测量，其精度可以达到 $1.0 \times 10^{-7} \mathrm{rad}$。通常来说，测试微小角度变化的光学手段都是基于光学杠杆原理[27]。在理论上，这种方法可以将角度信号无限增大。从实际应用上说，很难实现一个装置既具备高的测试精度又具有很高的集成度，同时，为了获得高的灵敏度而增加的体积会导致整个装置的稳定性急剧下降。

图 6.19 绘制了利用双面金属包覆波导结构进行微小角度测量的实验装置图[28]。整个装置由两个部分构成：固定的棱镜结构和悬挂的部件。其中，棱镜被牢固地固定在实验平台上，棱镜的底部镀了金膜 MF2；挂件由玻璃平板和金膜 MF0 组成，由几根钨纤维悬挂，并且保证其侧面始终与棱镜的侧面平行。由图可见，当对挂件施加外力矩时，挂件可以偏离静止位置，绕着悬挂点 O 自由转动。两层金属膜 MF0 和 MF2 之间的空气隙的厚度为 d_1，由此构成了双面金属包覆波导结构。

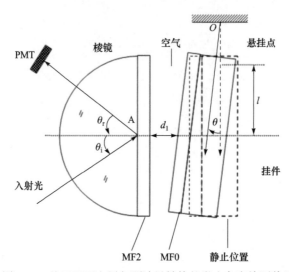

图 6.19　基于双面金属包覆波导结构的微小角度检测装置

上述结构进行微小角度传感的原理如下。假设在外力矩的作用下，挂件绕悬挂点 O 旋转的角度为 θ，而空气隙的厚度变化为

$$d_1 = d_{10} + x\theta \tag{6.23}$$

其中，d_{10} 是挂件未受外力矩时空气隙的厚度；x 是所考察点到悬挂点的距离。如图 6.19 所示，假设光线的入射点对应的 x 的具体数值为 l，则施加外力矩后，入射位置的空气隙厚度的改变量应为 $l\theta$。基于光强调制法，利用一个高灵敏度光电探测器来检测反射光强度的变化，就可以根据上述分析将强度变化最终归结为微小角度的变化。实验研究表明，利用这种方法最终测量得到的角度测试分辨率约为 $1.0\times10^{-11}\,\mathrm{rad}$，而整个测试的量程约为 $\pm2.5\times10^{-9}\,\mathrm{rad}$。

6.3.3　波长传感

波长传感可以用于监测和稳定半导体激光器的发射谱线，对于很多应用场合都十分重要。为了提高检测的灵敏度，通常需要引入很强的波长色散机制。目前已经提出了基于多种结构的波长传感器，包括阵列波导光栅、啁啾光栅、三层平板波导和法布里-珀罗标准具等。在这些结构中，三层平板波导结构对波长传感是一个很好的选择。因为导波层与包覆层之间的折射率差异，可以确保光能被很好地束缚在导波层之中；但另一方面，存在于包覆层之中的迅衰场仍会导致部分光能没有被束缚在导波层中，从而影响了检测精度。

公式(6.21)表明，双面金属包覆波导中所激发的超高阶导模表现出很强的波长色散特性，可以用于波长传感检测。图 6.20 展示了相关的实验结果[29]。实验中，所需的波长变化是通过对可调谐激光器进行温度调控来实现的，相邻台阶之间的激发波长改变量为 0.5pm，测量得到的反射率的起伏 ΔR 约为 2.5%。实验结果表明，光强调制法对波长检测的精度约为 $5\times10^{10}\,\mathrm{m}^{-1}$，实验中波长总共改变约 18pm，而反射率由 0.1 变化至 0.7。

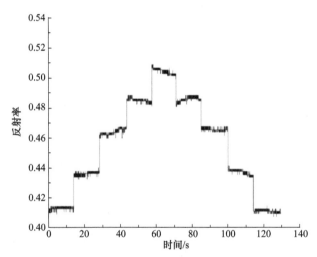

图 6.20　用双面金属包覆波导结构，基于光强调制法进行波长传感的实验结果

相邻台阶之间的激发波长改变量为 0.5pm

我们也进行了基于位移调制法的相关实验。图 6.21 给出了利用 GH 位移效应进行波长传感的实验装置的示意图[30]。其核心的波导部件同样由两部分组成，其一是在底部镀膜的高折射率棱镜，其二是在上表面镀膜的玻璃平板，波导结构同样是由两层金属膜和中间的空气隙构成的。根据式(6.21)，双面金属包覆波导结构的 TE 模和 TM 模的色散可以表示为

$$\frac{\mathrm{d}N}{\mathrm{d}\lambda}=-\frac{\varepsilon_{\mathrm{air}}-N^2}{N\lambda} \tag{6.24}$$

从上式很容易得出，对于波矢的垂直分量，其色散可以写作

$$\frac{\mathrm{d}k}{\mathrm{d}\lambda}=0 \tag{6.25}$$

而对于波矢在界面上的水平分量，其色散可以表示为

$$\frac{\mathrm{d}\beta}{\mathrm{d}\lambda} = -\frac{2\pi\varepsilon_{\mathrm{air}}}{N\lambda^2} \tag{6.26}$$

上面公式表明，在有效折射率 $N \to 0$ 的前提下，波矢的垂直分量 k 不会随着波长的变化而变化，但是其水平分量 β 随着波长的变化表现出很强的色散效应。由于超高阶导模所对应的波矢的两个相互垂直的分量表现出完全不同的色散效应，其反射光的空间位置分布对于光波长的改变变得异常敏感。

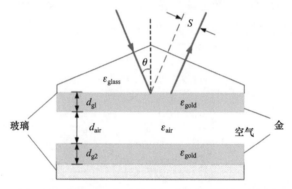

图 6.21　基于 GH 位移效应的波长传感器的示意图

如图 6.22 所示，我们利用不同厚度的双面金属包覆波导开展了波长传感的实验研究，并且将实验结果和基于高斯光束模型的理论计算结果进行了对比，发现两者的趋势是相互吻合的。根据灵敏度因子的定义 $F_S = \Delta S/\Delta\lambda$，当导波层厚度为

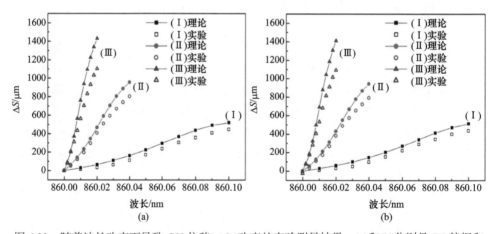

图 6.22　随着波长改变而导致 GH 位移(ΔS)改变的实验测量结果。(a)和(b)分别是 TE 偏振和 TM 偏振。使用的参数为：(I) $d_{\mathrm{air}} = 0.2\mathrm{mm}$，$\theta = 3.72^\circ$；(II) $d_{\mathrm{air}} = 0.5\mathrm{mm}$，$\theta = 3.84^\circ$；(III) $d_{\mathrm{air}} = 1.0\mathrm{mm}$，$\theta = 3.96^\circ$

$d_{air} = 0.2\text{mm}$ 时，其灵敏度因子的平均值达到 $4.5\mu\text{m/pm}$；考虑到测量的 GH 位移的平均扰动水平约为 $1.5\mu\text{m}$，因此相应的波长检测灵敏度达到 0.33pm，动态测量范围达到 100pm。随着导波层厚度的增加，检测灵敏度相应提高。当导波层厚度达到 $d_{air} = 0.5\text{mm}$ 时，灵敏度因子 F_s 达到 $20\mu\text{m/pm}$，波长分辨率为 0.075pm，测试的动态范围为 40pm；当导波层厚度达到 $d_{air} = 1.0\text{mm}$ 时，灵敏度因子 F_s 达到 $55\mu\text{m/pm}$，波长分辨率为 0.027pm，测试的动态范围为 20pm。

6.3.4　浓度传感

将超高阶导模用于液体样品的传感检测，其最重要的光学参数就是液体的折射率。根据第 1 章的讨论，可知吸收可以作为折射率的虚部。而液体的很多物理参数的变化，最终都可以体现为折射率的改变，而相应的超高阶导模传感器也是通过对折射率变化量的测量来实现对液体浓度变化的传感。本节就以液体样品的浓度为例，来说明超高阶导模在液体样品的传感检测方面的应用。这里我们同样考虑三种不同的调制机制，即角度、光强和位移。

图 6.23 和图 6.24 分别给出了基于超高阶导模的液体浓度检测的振荡场传感器的实验装置图和实验结果。利用金的化学稳定性，我们将一个 O 形的垫圈夹在两层金膜之中，构成带样品室的双面金属包覆波导结构。其中一层金膜是镀在耦合棱镜的底部，另一层金膜是镀在平板玻璃的表面，同时在平板玻璃上加了进样口和出样口。高折射率耦合棱镜的折射率为 1.5，其底部的金膜厚度为 30nm，它

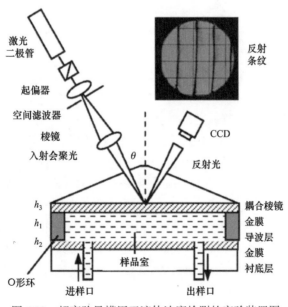

图 6.23　超高阶导模用于液体浓度检测的实验装置图

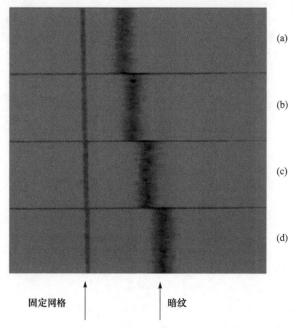

固定网格　　　　暗纹

图 6.24　由 CCD 拍摄的暗纹结构，其中固定的网格作为参照

从上到下的样品依次为(a)纯水，(b)250ppm NaCl 溶液，(c)500ppm NaCl 溶液，(d)750ppm NaCl 溶液

相当于波导的包覆层。当入射光波长为 650nm 时，金的介电常数约为 $-11.4+i1.5$ 。垫圈的厚度约为 $h=500\mu m$ ，镀在平板玻璃上的金膜的厚度约为 300nm ，它相当于波导的衬底。利用蠕动泵将液体样品从进样口注入样品室内部并且充满，此时液体层就充当波导的导波层，如此，我们就构造了金膜/液体/金膜的双面金属包覆波导结构。

一束准直的 TE 偏振激光束在通过空间滤波器，又经过透镜会聚以后照射到传感器的表面，它的孔径角约为 0.7°。通过仔细地调节光路，将光束严格地会聚到棱镜的底部，当超高阶导模的相位匹配条件满足时，光能耦合进导波层中，并且激发导模。在图 6.23 的插图中可以看到由 CCD 拍摄的反射光斑中的几条 M 线。利用上述实验装置，我们测试了几种不同浓度的 NaCl 溶液，分别是 250ppm、500ppm 和 750ppm。当样品室里的溶液浓度改变时，导波层的折射率随之改变，从而引起共振角度的变化，并导致 M 线相应地移动。和纯水相比，250ppm 的 NaCl 溶液会导致 3.3×10^{-5} RIU 的折射率变化，而实验测量的暗纹移动约为 0.014°。这意味着基于角度调制法，超高阶导模对折射率改变的测量灵敏度高达424° / RIU 。作为对比，由 Horvath 等提出的反对称波导的相应测试灵敏度分别为：TM 模式达到33.5° / RIU ，而 TE 模式达到18.8° / RIU [31]。

被测液体的浓度发生微小的变化，会导致液体折射率的变化，最终会使得超高阶导模的反射率的共振角发生变化,从而平移整个谱线。如果采用光强调制法,将工作角度固定在上升沿或者下降沿的中点,同样可以以反射光强度为测量信号来监控液体浓度变化[32]。图 6.25 给出了相关的实验装置图,与图 6.23 不同的是,这里没有使用高折射率棱镜,而是利用超高阶导模的自由空间耦合技术进行直接耦合。

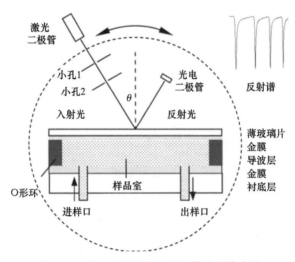

图 6.25　基于光强调制法的液体浓度传感器

图 6.26 给出了基于光强调制法的相应实验结果,实验表明 50ppm 的 NaCl 溶液可以导致约 15%的反射率的变化,而 150ppm 的 NaCl 溶液可以导致将近 52% 的反射率的变化。由于 NaCl 溶液的浓度与折射率之间的关系是可以计算的,因此,50ppm 和 150ppm 的浓度引起的折射率变化约为 6.6×10^{-6} RIU 和 2×10^{-5} RIU。考虑到实验中可以测量出的反射率最小变化量约为 0.2%,我们可以推得基于光强调制法的浓度传感的理想灵敏度约为 8.8×10^{-8} RIU [33]。

最后,我们讨论关于浓度传感的位移调制法,图 6.27 给出了基于 GH 位移效应的液体浓度传感器的原理图和实物图[34]。其中,高折射率棱镜底部的金膜厚度约为 20nm,而作为衬底的金膜厚度为 300nm,样品室的厚度为 0.7mm。密封的样品室与上下两层金膜一起构成双面金属包覆波导结构,被测样品通过蠕动泵由进样口注入样品室。

实验中,我们用纯净的去离子水作为溶剂,配制了一系列等浓度梯度的 NaCl 溶液,其百分比浓度分别为 0ppm、20ppm、40ppm、60ppm 和 80ppm。实验装置如图 6.28 所示,双面金属包覆波导传感器放置在 $\theta/2\theta$ 倍角转台上,由可调谐激光器(DL100, topica photonics)输出的 TE 偏振光经过两个孔径为 2 mm、相距 0.5m 的光阑后入射到波导结构表面,同时利用一个分光镜将部分光导入波长计进行实

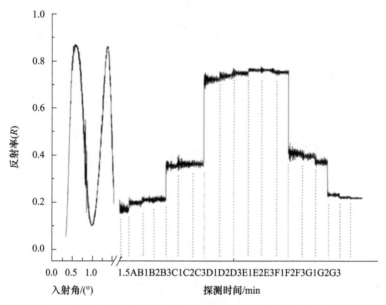

图 6.26 基于光强调制法测量 NaCl 溶液浓度的实验结果

在选定工作角之后，整个光路系统固定。B1 至 B3 段的数据采集间隔为 1min，测量的样品为纯水；通 50ppm 的 NaCl 溶液之后，每间隔 1min 采集一段数据，图中显示为 C1 至 C3 段；通 150ppm 的 NaCl 溶液之后，采集数据 D1 至 D3 段。为了检测装置的稳定性，E1 至 E3 段为再次通 150ppm 的 NaCl 溶液之后的结果，F1 至 F3 段为再次通 50ppm 的 NaCl 溶液后的结果，而 G1 至 G3 段为再次通纯水之后的结果

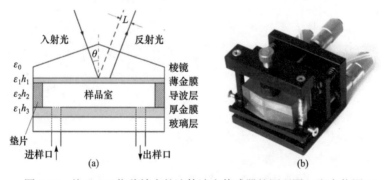

图 6.27 基于 GH 位移效应的液体浓度传感器的原理图(a)和实物图(b)

时波长测量。实验时，我们先往样品室中通入纯净的去离子水，利用角度扫描后将入射角固定在反射率最大处，由于远离共振条件，GH 位移非常小，可将此时的反射光位置作为测量基准，将其垂直入射到 PSD 中心，然后调谐激光波长，最后固定在位移峰曲线下降沿的中点处($\lambda=858.58$nm)。将不同浓度样品分别导入传感器样品室，反射光侧向位移变化由 PSD 直接读出。实验过程中对实验室温度进行恒温控制，保持在 22.4℃附近，同时还将传感器和样品放置于用 PMMA 制作的隔热箱内进一步减小温度变化。

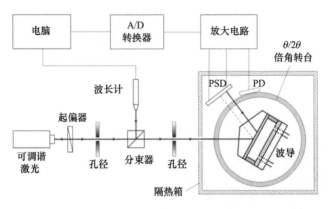

图 6.28　基于 GH 位移效应的液体浓度传感器的实验装置图

　　实验测量结果如图 6.29 所示，考虑到 NaCl 溶液 20ppm 浓度的变化间隔，相当于 2.64×10^{-6} RIU 的折射率变化，引起的反射光的 GH 位移变化间隔至少为 $20\mu m$。考虑实验中的噪声强度，在测量同一浓度的样品溶液时反射光 GH 位移测量精度约为 $1.5\mu m$，由此可得出实验的测量分辨率达到 2.0×10^{-7} RIU。值得注意的是，这个分辨率虽然只略高于同样基于 GH 位移的 SPR 传感器 4.0×10^{-7} RIU 的分辨率，但主要是由实验中 PSD 对光束位移测量精度决定的。后者使用了锁相放大器，PSD 对位移的测量精度达到 20nm，如果在同样的位移测量精度条件下，双面金属包覆波导传感器对折射率的分辨率比 SPR 传感器高 150 倍。

　　从实验结果来看，GH 位移变化的测量值比理论值小，主要因素有双面金属

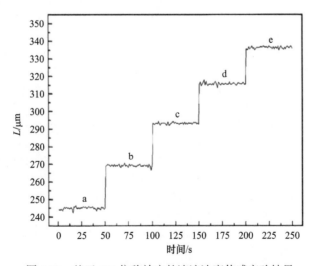

图 6.29　基于 GH 位移效应的溶液浓度传感实验结果

台阶 a 所对应的样品为纯水,台阶 b~e 所对应的样品为 NaCl 溶液,其百分比浓度依次为:20ppm,40ppm,60ppm,

80ppm

包覆波导传感器的金膜成膜质量和样品室垫圈的平整度(导波层平行度)，另外还与激光的发散度有关。由于双面金属包覆波导结构导模共振峰宽度非常窄，当光束发散角偏大时会在很大程度上影响能量的耦合，进而影响反射光 GH 位移的增强效应。

6.4 本 章 小 结

本章回顾了几种光学传感器的发展与应用，从平板波导的理论出发分析了影响传感器灵敏度、传感效率及探测深度的主要因素。将双面金属包覆波导的导波层作为样品室，由于超高阶导模对导波层的各种物理参数都具有非常高的灵敏度，样品的微小变化可引起反射光的共振角、光强或侧向位移的较大改变。本章还介绍了超高阶导模在位移、角度、波长、浓度传感的应用实例。基于 GH 位移效应，超高阶导模对位移的最小分辨率约为 40pm，对波长的分辨率为 0.027pm，对折射率的分辨率达到 $2.0 \times 10^{-7} \text{RIU}$。

参 考 文 献

[1] Liedberg B, Nylander C, Lunstrom I. Surface plasmon resonance for gas detection and biosensing. Sensors and Actuators, 1983, 4: 299-304.

[2] Matsubara K, Kawata S, Minami S. Optical chemical sensor based on surface plasmon measurement. Applied Optics, 1988, 27(6): 1160-1163.

[3] Ctyroky J, Homola J, Lambeck P V, et al. Theory and modelling of optical waveguide sensors utilising surface plasmon resonance. Sensors and Actuators B-Chemical, 1999, 54: 66-73.

[4] Levy R, Ruschin S. SPR waveguide sensor based on transition of modes at abrupt discontinuity. Sensors and Actuators B-Chemical, 2007, 124(2): 459-465.

[5] Slavik R, Homola J, Ctyroky J, et al. Novel spectral fiber optic sensor based on surface plasmon resonance. Sensors and Actuators B-Chemical, 2001, 74: 106-111.

[6] Sharma A K, Jha R, Gupta B D. Fiber-optic sensors based on surface plasmon resonance: A comprehensive review. IEEE Sensors Journal, 2007, 7: 1118-1129.

[7] Alleyne C J, Kirk A G, McPhedran R C, et al. Enhanced SPR sensitivity using periodic metallic structures. Optics Express, 2007, 15(13): 8163-8169.

[8] Heideman R G, Lambeck P V. Remote opto-chemical sensing with extreme sensitivity: design, fabrication and performance of a pigtailed integrated optical phase-modulated Mach-Zehnder interferometer system. Sensors and Actuators B-Chemical, 1999, 61: 100-127.

[9] Ymeti A, Kanger J S, Greve J, et al. Realization of a multichannel integrated Young interferometer chemical sensor. Applied Optics, 2003, 42(28): 5649-5660.

[10] Schneider B H, Edwards J G, Hartman N F. Hartman interferometer: versatile integrated optic sensor for label-free, real-time quantiflcation of nucleic acids, proteins, and pathogens. Clinical

Chemistry, 1997, 43(9): 1757-1763.

[11] Armani A M, Vahala K J. Heavy water detection using ultra-high-Q microcavities. Optics Letters, 2006, 31(12): 1896-1898.

[12] De Vos K, Bartolozzi I, Schacht E, et al. Siliconon-Insulator microring resonator for sensitive and label-free biosensing. Optics Express, 2007, 15(12): 7610-7615.

[13] Lacey S, White I M, Sun Y, et al. Versatile opto-fluidic ring resonator lasers with ultra-low threshold., Optics Express, 2007, 15(23): 15523-15530.

[14] Gorodetsky M L, Savchenkov A A, Ilchenko V S. Ultimate Q of optical microsphere resonators. Optics Letters, 1996, 21(7): 453-455.

[15] Lowder T L, Gordon J R, Schultz S M, et al. Volatile organic compound sensing using a surface-relief D-shaped fiber Bragg grating and a polydimethylsiloxane layer. Optics Letters, 2007, 32(17): 2523-2525.

[16] Tong L M, Gattass R R, Ashcom J B, et al. Subwavelength-diameter silica wires for low-loss optical wave guiding., Nature, 2003, 426: 816-819.

[17] Tazawa H, Kanie T, Katayama M. Fiber-optic coupler based refractive index sensor and its application to biosensing. Applied Physics Letters, 2007, 91(11): 113901.

[18] Wang X W, Cooper K L, Wang A B, et al. Label-free DNA sequence detection using oligonucleotide functionalized optical fiber. Applied Physics Letters, 2006, 89(16): 163901.

[19] Zhang Y, Shibru H, Cooper K L, et al. Miniature fiber-optic multicavity Fabry-Perot interferometric biosensor. Optics Letters, 2005, 30(9): 1021-1023.

[20] Horvath R, Pedersen H C, Skivesen N, et al. Monitoring of living cell attachment and spreading using reverse symmetry waveguide sensing. Applied Physics Letters, 2005, 86(7): 071101.

[21] Horvath R, Pedersen H C, Skivesen N, et al. Fabrication of reverse symmetry polymer waveguide sensor chips on nanoporous substrates using dip-floating. Journal of Micromechanics and Microengineering, 2005, 15(6) : 1260-1264.

[22] Polky J N, Harris J H. Absorption from thin-fllm waveguides. Journal of the Optical Society of America, 1972, 62(9): 1081-1087.

[23] Shi J, Cao Z Q, Zhu J, et al. Displacement measurement in real time using the attenuated total reflection technique. Appl. Phys. Lett., 2004, 84(17): 3253-3255.

[24] Chen F, Cao Z Q, Shen Q S, et al. Nanoscale displacement measurement in a variable-air-gap optical waveguide. Appl. Phys. Lett., 2006, 88(16): 161111.

[25] Chen F, Cao Z Q, Shen Q S, et al. Picometer displacement sensing using the ultrahigh-order modes in a submillimeter scale optical waveguide. Opt. Express, 2005, 13(25): 10061-10065.

[26] Yu T Y, Li H G, Cao Z Q, et al. Oscillating wave displacement sensor using the enhanced Goos-Hänchen effect in a symmetrical metal-cladding optical waveguide. Opt. Lett., 2008, 33(9): 1001-1003.

[27] Zhang S Z, Kiyono S, Uda Y. Nanoradian angle sensor and in situ self-calibration. Appl. Opt., 1998, 37(19): 4154-4159.

[28] Chen F, Cao Z Q, Shen Q S, et al. Optical approach to angular displacement measurement based on attenuated total reflection. Appl. Opt., 2005, 44(26): 5393-5397.

[29] Chen L, Cao Z Q, Shen Q S, et al. Wavelength sensing with subpicometer resolution using ultrahigh order modes. J. Lightw. Technol., 2007, 25(2): 539-543.

[30] Wang Y, Jiang X G, Li Q, et al. High-resolution monitoring of wavelength shifts utilizing strong spatial dispersion of guided modes. Appl. Phys. Lett., 2012, 101(6): 061106.

[31] Horvath R, Pedersen H C, Larsen N B. Demonstration of reverse symmetry waveguide sensing in aqueous solutions. Appl. Phys. Lett., 2002, 81(12): 2166-2168.

[32] Gu J H, Chen G, Cao Z Q, et al. An intensity measurement refractometer based on a symmetric metal-clad waveguide structure, J. Phys. D: Appl. Phys., 2008, 41(18): 185105.

[33] Homola J, Yee S S, Gauglitz G. Surface plasmon resonance sensors: review. Sens. Actuators. B, 1999, 54(1): 3-15.

[34] Wang Y, Li H G, Cao Z Q, et al. Oscillating wave sensor based on the Goos-Hänchen effect. Appl. Phys. Lett., 2008, 92(6): 061117.

第7章 涡 旋 光 束

本章介绍将涡旋光束和双面金属波导结合在一起的相关工作。首先简单介绍光学角动量的定义，从近轴光线方程推导出 Hermite-Gauss(HG) 和 Laguerre-Gauss(LG) 两种模式，并且说明涡旋光束中每一个光子所携带的轨道角动量与拓扑荷数相关；然后研究涡旋光束的传输特性，建立离轴涡旋点的传输轨迹模型；接着利用波导对涡旋光束的散射研究超高阶导模对涡旋光束光斑形貌的影响，并且基于几何光学原理提出一个简单模型，该模型计算的图样与实验获得的散射光斑十分吻合；最后研究涡旋光的古斯-汉欣位移效应。

7.1 光场的角动量

7.1.1 角动量的定义

本节详细讨论光学角动量的概念，在经典力学中，对一个刚体来说，它的轨道角动量是 $\boldsymbol{L} = \boldsymbol{r} \times \boldsymbol{P}$，扭矩是 $\boldsymbol{\tau} = \boldsymbol{r} \times \boldsymbol{F}$。但是光场除了轨道(orbital)角动量之外，还具有自旋(spin)角动量，两者加在一起是总角动量(total angular momentum)。关于自旋角动量和轨道角动量的划分，目前还存在一些争议。根据 $\boldsymbol{L} = \boldsymbol{r} \times \boldsymbol{P}$，可相应写出光学角动量、源和流三者的密度公式，角动量用上标 A 表示，具体为(为了区分，这里角动量流用 M 表示)

$$\begin{cases} q_i^A = \varepsilon_{ilm} x_l q_m^P \\ \rho_i^A = \varepsilon_{ilm} x_l \rho_m^P \\ M_{ij}^A = \varepsilon_{ilm} x_l j_{mj}^P \end{cases} \tag{7.1}$$

因为动量本身满足连续性方程，故以动量公式推导出的角动量自动满足连续性方程，这里不再继续讨论角动量所满足的连续性方程[1]。

下面主要讨论涡旋光束在真空中传输的特性，所以令所有的源都等于零，即电荷和电流密度 $\rho, \boldsymbol{j}$ 都等于零，而角动量密度可以展开为

$$\begin{cases} \boldsymbol{\rho}^A = \varepsilon_0 \boldsymbol{r} \times (\boldsymbol{E} \times \boldsymbol{B}) \\ \rho_i^A = \varepsilon_0 \left(E_i x_j B_j - B_i x_j E_j \right) \end{cases} \tag{7.2}$$

而真空中光束角动量的流密度矩阵的矩阵元形如

$$M_{ij}^A = \varepsilon_{ilj} x_l w - \varepsilon_{ilm} x_l \left(\varepsilon_0 E_m E_j + \frac{1}{\mu_0} B_m B_j \right) \tag{7.3}$$

其中，w 是能量密度。为了便于理解，下面给出一个实例来计算 M_{12}^A。根据式 (7.1)，有

$$M_{12}^A = \varepsilon_{123} x_2 j_{32}^P + \varepsilon_{132} x_3 j_{22}^P = x_2 j_{32}^P - x_3 j_{22}^P \tag{7.4}$$

其中

$$\begin{cases} j_{32}^P = -\varepsilon_0 E_2 E_3 - \dfrac{1}{\mu_0} B_2 B_3 \\ j_{22}^P = \dfrac{\varepsilon_0}{2} E^2 + \dfrac{1}{2\mu_0} B^2 - \varepsilon_0 E_2 E_2 - \dfrac{1}{\mu_0} B_2 B_2 = w - \varepsilon_0 E_2 E_2 - \dfrac{1}{\mu_0} B_2 B_2 \end{cases} \tag{7.5}$$

结合上面三个式子，可以得到

$$M_{12}^A = \varepsilon_{132} x_3 w - \varepsilon_{123} x_2 \left(\varepsilon_0 E_2 E_3 + \frac{1}{\mu_0} B_2 B_3 \right) - \varepsilon_{132} x_3 \left(\varepsilon_0 E_2 E_2 + \frac{1}{\mu_0} B_2 B_2 \right) \tag{7.6}$$

上式中给出的 M_{12}^A 满足式(7.3)的描述。对于一束沿着 z 轴传输的光束来说，通过一个垂直于 z 轴的横截面平面的角动量流的大小可以由以下积分计算：

$$M_{zz} = \iint M_{zz}^A \mathrm{d}x \mathrm{d}y \tag{7.7}$$

注意，角动量的方向要根据右手螺旋定则来判断。

7.1.2 自旋和轨道角动量的划分

本节讨论将光束的角动量划分成自旋部分和轨道部分。对矢量涡旋光束而言，光束的横截面上存在位相的空间分布(标量光束的横截面的位相分布是常数)，以 Laguerre-Gauss 光束为例，在横截面上绕光轴旋转一周，会导致 $2m\pi$ 的位相变化，这里 m 就是涡旋光束的拓扑荷数。更进一步的解释如下：对左旋/右旋圆偏光而言，每一个光子都具有 $\pm\hbar$ 的自旋角动量(SAM)；而涡旋光束的空间位相分布会导致每一个光子都具有 $m\hbar$ 的轨道角动量(OAM)。即这一宏观特性是由每一个微观的光子的特性所引起的。轨道角动量与光束的位相空间分布有关，而自旋角动量与光束的偏振状态有关。那么，我们是否可以把光束的角动量分割成自旋部分和轨道部分，即下面等式是否成立？

$$A_{\mathrm{t}} = \int \boldsymbol{\rho}^A \mathrm{d}V = \int \mathrm{d}V \varepsilon_0 \boldsymbol{r} \times (\boldsymbol{E} \times \boldsymbol{B}) = \boldsymbol{L} + \boldsymbol{S} \tag{7.8}$$

其中，A_t, L, S 分别表示总角动量、轨道角动量和自旋角动量。划分 L, S 最简单的方法是引入磁矢势 A，可以把式(7.8)化为

$$A_t = \varepsilon_0 \int dV E_i (r \times \nabla) A_i + \varepsilon_0 \int dV E \times A - \varepsilon_0 \int (r \times A) E \cdot dS \qquad (7.9)$$

上式的第三项是表面积分，如果场衰减得足够快，那么表面积分会趋近于零。因此可以把前两项分别记作[2]

$$\begin{cases} L = \varepsilon_0 \int dV E_i (r \times \nabla) A_i \\ S = \varepsilon_0 \int dV E \times A \end{cases} \qquad (7.10)$$

式(7.10)的差异非常明显，因为 L 是和空间坐标相关的，而 S 只和光束的偏振特性相关。但是，进一步深入探索会发现，虽然式(7.8)和式(7.10)所示的角动量划分是有明确物理意义的，但是式(7.10)中的任一积分函数都不能解释为相应的角动量的密度。这背后的深层次原因是：我们不可能仅仅旋转整个光束的空间分布，而不改变光束的偏振特性；或者仅仅旋转光束的偏振，却不改变光束的空间分布，正是这一原因，式(7.10)中两项的积分是有明确物理意义的，但是积分的函数都不能相应地解释为轨道和自旋角动量密度。

下面进一步解释上述结论。首先在无源情况下，Maxwell 方程组在 duplex 变化下是不变的，即如果我们把电场和磁场替换为

$$\begin{cases} E \to \cos\theta E + \sin\theta cB \\ B \to \cos\theta B - \sin\theta \dfrac{1}{c} E \end{cases} \qquad (7.11)$$

Maxwell 方程组依旧成立。这一点不难证明，只需要证明两个旋度方程依旧成立即可，证明过程略去。所有的物理量的具体数值，比如 ρ^E, ρ^P, ρ^A 在 duplex 变化前后不应该发生变化，但是我们会看到式(7.10)的两个积分函数并不遵守这一点，这也是对它们的物理意义提出质疑的原因。如果要写出变换后的磁矢势 A，首先引入无源场的电矢势 C

$$\nabla \cdot E = 0 \to E = -c\nabla \times C \qquad (7.12)$$

将上式代入 $\nabla \times B = \dfrac{1}{c^2} \dfrac{\partial E}{\partial t}$ 可得

$$B = -\dfrac{1}{c} \dfrac{\partial C}{\partial t} \qquad (7.13)$$

同理可以得到电场与电矢势之间的关系

$$E = -\dfrac{\partial A}{\partial t} \qquad (7.14)$$

将式(7.13)和式(7.14)代入式(7.11)，可以得到 duplex 变化后的电矢势与磁矢势

$$\begin{cases} \boldsymbol{A} \to \cos\theta \boldsymbol{A} + \sin\theta \boldsymbol{C} \\ \boldsymbol{C} \to \cos\theta \boldsymbol{C} - \sin\theta \boldsymbol{A} \end{cases} \tag{7.15}$$

如果把式(7.11)和式(7.15)代入式(7.10)中给出的自旋和轨道角动量公式，可以发现，duplex 变化后的 $\boldsymbol{L}, \boldsymbol{S}$ 的值确实发生了变化，这也是它们各自作为角动量被诟病的原因。因为不可能单独改变场分布或者单独改变偏振态，因此从某种程度来说，轨道角动量和自旋角动量是否可以区分还值得商榷。当然，还是可以构造出满足 duplex 变化的角动量公式

$$\begin{cases} \boldsymbol{L} = \dfrac{\varepsilon_0}{2} \int \mathrm{d}V \Big[E_i (\boldsymbol{r} \times \nabla) A_i + c B_i (\boldsymbol{r} \times \nabla) C_i \Big] \\ \boldsymbol{S} = \dfrac{\varepsilon_0}{2} \int \mathrm{d}V \big(\boldsymbol{E} \times \boldsymbol{A} + c \boldsymbol{B} \times \boldsymbol{C} \big) \end{cases} \tag{7.16}$$

可以证明在 duplex 变化前，式(7.16)的形式依旧不变，如下：

$$\boldsymbol{E} \times \boldsymbol{A} + c\boldsymbol{B} \times \boldsymbol{C} \xrightarrow{\text{duplex变化后}}$$

$$(\cos\theta \boldsymbol{E} + \sin\theta c\boldsymbol{B}) \times (\cos\theta \boldsymbol{A} + \sin\theta \boldsymbol{C}) + (\cos\theta c\boldsymbol{B} - \sin\theta \boldsymbol{E}) \times (\cos\theta \boldsymbol{C} - \sin\theta \boldsymbol{A})$$

$$= (\cos^2\theta + \sin^2\theta) \boldsymbol{E} \times \boldsymbol{A} + (\cos^2\theta + \sin^2\theta) c\boldsymbol{B} \times \boldsymbol{C} + \sin\theta\cos\theta (\boldsymbol{E} \times \boldsymbol{C} + c\boldsymbol{B} \times \boldsymbol{A})$$

$$- \sin\theta\cos\theta (\boldsymbol{E} \times \boldsymbol{C} + c\boldsymbol{B} \times \boldsymbol{A}) = \boldsymbol{E} \times \boldsymbol{A} + c\boldsymbol{B} \times \boldsymbol{C} \tag{7.17}$$

并且很容易证明在变化前式(7.16)的数值与式(7.10)相同，由此可见式(7.10)的积分具有相对明确的物理意义。

7.2　涡旋光束的模式特性

7.2.1　近轴光线传输方程

7.1 节给出了光束角动量的定义公式，但是我们还需要光束的空间分布，才能根据上述角动量的定义式来计算实际光束的角动量，而具有轨道角动量的涡旋光束最早被发现是因为近轴(paraxial)光线传输方程。下面就来推导该方程。对光线在真空中传输特性的研究通常不考虑"源"，即有 $\nabla \cdot \boldsymbol{E} = 0, \nabla \times \boldsymbol{B} = \dfrac{1}{c^2} \dfrac{\partial \boldsymbol{E}}{\partial t}$。那么波动方程可以直接从 Maxwell 方程中得到，形如

$$\begin{cases} \nabla^2 \boldsymbol{E} - \dfrac{1}{c^2} \dfrac{\partial^2 \boldsymbol{E}}{\partial t^2} = 0 \\ \nabla^2 \boldsymbol{B} - \dfrac{1}{c^2} \dfrac{\partial^2 \boldsymbol{B}}{\partial t^2} = 0 \end{cases} \tag{7.18}$$

接下来运用谐波条件, 即电场、磁场都可以展开成空间项和时间项, 且时间项形如 $\exp(-\mathrm{i}\omega t)$, 则有

$$\begin{cases} \boldsymbol{E} = \mathrm{Re}\left[\boldsymbol{E}\exp(-\mathrm{i}\omega t)\right] \\ \boldsymbol{B} = \mathrm{Re}\left[\boldsymbol{B}\exp(-\mathrm{i}\omega t)\right] \end{cases} \tag{7.19}$$

其中, $\boldsymbol{E},\boldsymbol{B}$ 分别是电场和磁场的空间项, 将谐波条件式(7.19)代入式(7.18), 可以得到熟悉的亥姆霍兹(Helmholtz)方程

$$\begin{cases} \nabla^2\boldsymbol{E} + k^2\boldsymbol{E} = 0 \\ \nabla^2\boldsymbol{B} + k^2\boldsymbol{B} = 0 \end{cases} \tag{7.20}$$

其中, $k = \omega/c$ 是总波矢。注意, 上述几个方程的推导都没有引入任何近似。但是如果我们对单一的偏振的情形使用近轴近似条件, 所得到的方程与 Maxwell 方程会不一致, 因此必须小心处理。首先把磁矢势概念 $\boldsymbol{B} = \nabla \times \boldsymbol{A}$ 代入法拉第定律 $\nabla \times \boldsymbol{E} = -\partial \boldsymbol{B}/\partial t$ 可得

$$\nabla \times \left(\boldsymbol{E} + \frac{\partial \boldsymbol{A}}{\partial t}\right) = 0 \tag{7.21}$$

由于一个无旋场可以表示成一个标量场的梯度, 进一步可以定义标量场 Φ, 且

$$\nabla \Phi = -\left(\boldsymbol{E} + \frac{\partial \boldsymbol{A}}{\partial t}\right) \tag{7.22}$$

但是, 上面定义的磁矢势 $\boldsymbol{A}$ 和标量场 Φ 并不是唯一的, 因为如果定义任意一个标量函数 ς, 并且做如下变换

$$\boldsymbol{A} \to \boldsymbol{A}' = \boldsymbol{A} + \nabla\varsigma, \quad \Phi \to \Phi' = \Phi - \frac{\partial \varsigma}{\partial t} \tag{7.23}$$

利用这个新的 $\boldsymbol{A}',\Phi'$ 计算出的电场和磁场并没有发生变化。为了消除这种不确定性, 一般采取库仑规范或者洛伦兹规范, 而洛伦兹规范在解决辐射问题时特别方便。它规定了

$$\nabla \cdot \boldsymbol{A} + \frac{1}{c^2}\frac{\partial \Phi}{\partial t} = 0 \tag{7.24}$$

由上式不难证明, 它的引入对原先可以任意选取的标量函数 ς 做了限制, 现在 ς 必须满足

$$\nabla^2\varsigma - \frac{1}{c^2}\frac{\partial^2 \varsigma}{\partial t^2} = 0 \tag{7.25}$$

引入了洛伦兹规范以后, 磁矢势改变的随意性减少了很多, 且 $\boldsymbol{A},\Phi$ 都必须满足下

列波动方程

$$
\begin{cases}
\nabla^2 \boldsymbol{A} - \dfrac{1}{c^2}\dfrac{\partial^2 \boldsymbol{A}}{\partial t^2} = 0 \\[2mm]
\nabla^2 \boldsymbol{\Phi} - \dfrac{1}{c^2}\dfrac{\partial^2 \boldsymbol{\Phi}}{\partial t^2} = 0
\end{cases}
\tag{7.26}
$$

如果对磁矢势 $\boldsymbol{A}$ 也引入谐波条件, 即 $\boldsymbol{A} = \mathrm{Re}\big[\boldsymbol{A}\exp(-\mathrm{i}\omega t)\big]$, 则类似式(7.20)有

$$
\nabla^2 \boldsymbol{A} + k^2 \boldsymbol{A} = 0
\tag{7.27}
$$

在谐波条件下, 如果我们求出 $\boldsymbol{A}, \boldsymbol{B}, \boldsymbol{E}$, 就可以得到相应的磁矢势、电场、磁场等物理量。利用(7.22)和(7.24)两式, 可以得到 $\boldsymbol{E}$ 与 $\boldsymbol{A}$ 之间的关系为

$$
\boldsymbol{E} = \mathrm{i}\omega\left(\boldsymbol{A} + \frac{\nabla(\nabla\cdot\boldsymbol{A})}{k^2}\right)
\tag{7.28}
$$

从(7.20)和(7.27)两式, 可以知道关键的几个物理量 $\boldsymbol{A}, \boldsymbol{B}, \boldsymbol{E}$ 都满足亥姆霍兹方程。为了讨论近轴方程和涡旋光束, 这里再引入最后一步, 即把矢量场转换为标量场, 假设一个物理场的偏振方向与光线轴是垂直的(通常光线轴取 z 轴), 那么可以写作

$$
\mathscr{R} = \tau\xi(\boldsymbol{r})
\tag{7.29}
$$

其中, $\mathscr{R}$ 可以是任意一种矢量物理场, 在这里主要是 $\boldsymbol{A}, \boldsymbol{B}, \boldsymbol{E}$; 而 τ 是该物理场的偏振矢量, 它的模值等于 1; 而 $\xi(\boldsymbol{r})$ 就是剩下的不含偏振信息的标量场, 把式 (7.29)代入式(7.20)或式(7.27), 可以得到

$$
\nabla^2 \xi + k^2 \xi = 0
\tag{7.30}
$$

这个方程可以作为推导近轴光线传输方程的出发点, 而它可以指代磁矢势、电场、磁场等物理量。近轴光线是指光线基本沿着光线轴(z 轴)传输, 因此它的近轴波矢 $\boldsymbol{k}$ 的主要成分是 k_z, 且有

$$
k_z = \sqrt{k^2 - \kappa^2} \simeq k - \frac{\kappa^2}{2k}
\tag{7.31}
$$

其中 $\kappa = \sqrt{k_x^2 + k_y^2} \ll k_z$ 是横向波矢。从基本的标量亥姆霍兹方程(未曾引入近似)推导近轴光线方程的第一步是, 假设式(7.30)的解形如

$$
\xi(\boldsymbol{r}) = u(\boldsymbol{r})\exp(\mathrm{i}kz)
\tag{7.32}
$$

其中, $u(\boldsymbol{r})$ 是振幅的空间分布函数, 它随着坐标 z 的变化也会发生改变。但是与 $\exp(\mathrm{i}kz)$ 相比较, 它的变化是比较小的, 这是一束校准比较好的光束的基本条件,

也正是因为如此，在式(7.32)中才会把 $\exp(\mathrm{i}kz)$ 明确写出来。把式(7.32)代入式 (7.30)可以得到[3]

$$\nabla_t^2 u + \frac{\partial^2 u}{\partial z^2} + 2ki\frac{\partial u}{\partial z} = 0 \tag{7.33}$$

其中在直角坐标系中 $\nabla_t^2 = \frac{\partial^2}{\partial x^2} + \frac{\partial^2}{\partial y^2}$ 。需要指出的是，直到式(7.33)也没有引入任何近似。近轴光线近似是指省略式(7.33)中的第二项，即有下列近似方程

$$\nabla_t^2 u + 2ki\frac{\partial u}{\partial z} = 0 \tag{7.34}$$

式(7.34)就是涡旋光束所遵守的近轴光线传输方程。这里还需要简单讨论一下，略去 $\frac{\partial^2 u}{\partial z^2}$ 所需要满足的条件大致有两种

$$\left|\frac{\partial^2 u}{\partial z^2}\right| \ll \left|\nabla_t^2 u\right| \quad \text{或者} \quad \left|\frac{\partial^2 u}{\partial z^2}\right| \ll k\left|\frac{\partial u}{\partial z}\right| \tag{7.35}$$

其中第一种条件比较苛刻，而第二种条件不会引起太多问题。在直角坐标系下，式(7.34)可以写作

$$\left(\frac{\partial^2}{\partial x^2} + \frac{\partial^2}{\partial y^2} + 2ki\frac{\partial}{\partial z}\right)u(x, y, z) = 0 \tag{7.36}$$

它可以解出近轴方程的 Hermite-Gauss 模式。而在圆柱坐标系下，式(7.34)写作

$$\left(\frac{1}{\rho}\frac{\partial}{\partial \rho} + \frac{\partial^2}{\partial^2 \rho} + \frac{1}{\rho^2}\frac{\partial^2}{\partial^2 \varphi} + 2ki\frac{\partial}{\partial z}\right)u(\rho, \varphi, z) = 0 \tag{7.37}$$

它可以解出很重要的 Laguerre-Gauss 模式，而这种模式是涡旋光束的起源。

7.2.2 Hermite-Gauss 模式

在近轴近似下，Hermite-Gauss 模和 Laguerre-Gauss 模在激光模式的理论中已经被广泛研究；它们都是近轴光线方程的一组正交完备基，所以这两组解集之间是可以相互表征的。而非近轴近似下的一组解集是 Bessel 模式，它是完整的亥姆霍兹方程的正交完备基，因此在分析非近轴近似下的轨道角动量时是非常有用的。最后需要补充的是，直角坐标系(7.36)下推导出的 Hermite-Gauss 模具有矩形对称性，但是它并不携带轨道角动量，而圆柱系(7.37)下推导出的 Laguerre-Gauss 模具有柱对称性，且携带轨道角动量。下面首先讨论近轴近似下的两组正交完备基。

在直角坐标系下，我们可以把式(7.36)的解写成 x, y 两个量各自的函数的乘

积，即 $u(x,y,z)$ 满足

$$u_{nl}^{\mathrm{HG}}(x,y,z) = u_n^{\mathrm{HG}}(x,z)u_l^{\mathrm{HG}}(y,z) \tag{7.38}$$

其实下标 n,l 是函数 u_n,u_l 中包含的 Hermite 多项式的序数。u_n,u_l 这两个函数都满足各自的近轴光束方程，以 u_n 函数为例，满足

$$\left(\frac{\partial^2}{\partial x^2} + 2ki\frac{\partial}{\partial z}\right)u_n^{\mathrm{HG}}(x,z) = 0 \tag{7.39}$$

方程(7.39)的归一化解具有如下形式：

$$
\begin{aligned}
u_n^{\mathrm{HG}}(x,z) = {} & \frac{C_n^{\mathrm{HG}}}{\sqrt{w(z)}}\exp\left[ik\frac{x^2z}{2\left(z_R^2+z^2\right)}\right]\exp\left(-\frac{x^2}{w^2(z)}\right) \\
& \times \exp\left[-i\left(n+\frac{1}{2}\right)\chi(z)\right]H_n\left(\frac{\sqrt{2}x}{w(z)}\right)
\end{aligned}
\tag{7.40}
$$

其中，归一化系数 $C_n^{\mathrm{HG}} = \sqrt{1/\left(2^n n!\right)}\left(2/\pi\right)^{1/4}$，光束宽度的变化是由高斯光斑半径函数 $w(z)$ 决定的，它给出了光斑的光强相对中心强度衰减到 $1/e$ 的距离

$$w(z)^2 = \frac{2\left(z_R^2+z^2\right)}{kz_R} = w_0^2\left[1+\left(\frac{z}{z_R}\right)^2\right] \tag{7.41}$$

其中，w_0 是焦平面($z=0$)上的光斑大小，即束腰半径，由此可以反推出光束的瑞利长度

$$z_R = \pi w_0^2/\lambda \tag{7.42}$$

$(n+1/2)\chi(z)$ 是 Gouy 位相，而函数 $\chi(z)$ 满足

$$\tan\chi(z) = z/z_R \tag{7.43}$$

H_n 是第 n 阶 Hermite 多项式，它的存在保证了式(7.40)作为式(7.39)的一组解的正交性

$$\int_{-\infty}^{\infty} u_n^{\mathrm{HG}}(x,z)\left[u_m^{\mathrm{HG}}(x,z)\right]^* \mathrm{d}x = \delta_{nm} \tag{7.44}$$

下面给出最初几阶 Hermite 多项式为

$$\begin{cases} H_0(x)=1 \\ H_1(x)=2x \\ H_2(x)=4x^2-2 \\ H_3(x)=8x^3-12x \end{cases} \rightarrow \begin{cases} H_0\left(\sqrt{2}x/w_0\right)=1 \\ H_1\left(\sqrt{2}x/w_0\right)=2\sqrt{2}x/w_0 \\ H_2\left(\sqrt{2}x/w_0\right)=8x^2/w_0^2-2 \\ H_3\left(\sqrt{2}x/w_0\right)=16\sqrt{2}x^3/w_0^3-12\sqrt{2}x/w_0 \end{cases} \tag{7.45}$$

根据式(7.40)，我们可以写出 Hermite-Gauss(HG)模式的一般解为

$$u_{nl}^{\mathrm{HG}}(x,y,z)=\frac{C}{w(z)}H_n\left(\frac{\sqrt{2}x}{w(z)}\right)H_l\left(\frac{\sqrt{2}y}{w(z)}\right)\exp\left(-\frac{x^2+y^2}{w^2(z)}\right)$$

$$\times\exp\left[\mathrm{i}k\frac{\left(x^2+y^2\right)z}{2\left(z_R^2+z^2\right)}-\mathrm{i}(n+l+1)\chi(z)\right] \tag{7.46}$$

其中C为系数。由式(7.46)，可以写出焦平面($z=0$)的各阶横模的振幅分布为

$$\begin{cases} HG_{00}(x,y)=C_{00}\exp\left(-\frac{x^2+y^2}{w_0^2}\right) \\ HG_{01}(x,y)=C_{01}y\exp\left(-\frac{x^2+y^2}{w_0^2}\right) \\ HG_{02}(x,y)=C_{03}\left(\frac{4y^2}{w_0^2}-1\right)\exp\left(-\frac{x^2+y^2}{w_0^2}\right) \\ HG_{10}(x,y)=C_{10}x\exp\left(-\frac{x^2+y^2}{w_0^2}\right) \\ HG_{13}(x,y)=C_{13}xy\left(\frac{4y^2}{w_0^2}-3\right)\exp\left(-\frac{x^2+y^2}{w_0^2}\right) \end{cases} \tag{7.47}$$

利用 Matlab 可以很容易地对 HG 模式进行数值模拟。

7.2.3　Laguerre-Gauss 模式

另一组完备解是 Laguerre-Gauss(LG)模式，它具有圆柱对称性，是式(7.37)的解。它的一般形式可写作[4,5]

$$u_{mp}^{\mathrm{LG}}(\rho,\varphi,z)=\frac{C_{mp}^{\mathrm{LG}}}{\sqrt{w(z)}}\left(\frac{\rho\sqrt{2}}{w(z)}\right)^{|m|}\exp\left(-\frac{\rho^2}{w^2(z)}\right)L_p^{|m|}\left(\frac{2\rho^2}{w^2(z)}\right)$$

$$\times\exp\left[-\mathrm{i}k\frac{\rho^2z}{2\left(z_R^2+z^2\right)}\right]\exp(\mathrm{i}m\varphi)\exp\left[-\mathrm{i}\left(2p+|m|+1\right)\chi(z)\right] \tag{7.48}$$

上式的 m 就是拓扑荷数，这里的归一化系数 $C_{mp}^{\mathrm{LG}} = \sqrt{2^{|m|+1} p! \big/ \big[\pi\left(p+|m|\right)!\big]}$，而 $L_p^{|m|}$ 是 Laguerre 多项式，它保证了这组解的正交性：

$$\int_0^{2\pi} \mathrm{d}\phi \int_0^\infty \rho \mathrm{d}\rho\, u_{mp}^{\mathrm{LG}}\left(\rho,\varphi,z\right)\left[u_{nq}^{\mathrm{LG}}\left(\rho,\varphi,z\right)\right]^* = \delta_{mn}\delta_{pq} \tag{7.49}$$

Laguerre 多项式的定义式是

$$L_p^m\left(x\right) = \mathrm{e}^x \frac{x^{-m}}{P!}\frac{\mathrm{d}^p}{\mathrm{d}x^p}\left(\mathrm{e}^{-x} x^{p+m}\right) = \sum_{k=0}^p \frac{\left(p+m\right)!(-x)^k}{\left(l+k\right)!k!(p-k)!} \tag{7.50}$$

最低几阶 Laguerre 多项式为

$$\begin{cases} L_0^m\left(x\right) = 1 \\ L_1^m\left(x\right) = 1+m-x \\ L_2^m\left(x\right) = \dfrac{1}{2}\Big[x^2 - 2\left(m+2\right)x + \left(m+1\right)\left(m+2\right)\Big] \end{cases} \tag{7.51}$$

类似 HG 模式，我们可以根据式(7.48)和式(7.51)得到时间平均的 LG 的振幅分布。

$$\begin{cases} LG_{00}\left(\rho\right) = C_{00}\exp\left(-\rho^2/w_0^2\right) \\ LG_{20}\left(\rho\right) = C_{20}\exp\left(-\rho^2/w_0^2\right) \\ LG_{01}\left(\rho\right) = C_{01}\left(1-\rho\right)\exp\left(-\rho^2/w_0^2\right) \\ LG_{11}\left(\rho\right) = C_{11}\left(2-\rho\right)\exp\left(-\rho^2/w_0^2\right) \\ LG_{12}\left(\rho\right) = C_{12}\left(\rho^2 - 6\rho + 6\right)\exp\left(-\rho^2/w_0^2\right) \end{cases} \tag{7.52}$$

HG 模式与 LG 模式的相互表征在理论上和实验上都很重要，比如说，它告诉我们怎样用不含轨道角动量的 HG 模式产生包含轨道角动量的 LG 模式。下面给出其中一种变换，首先规定 HG 模式的参数 n,l 与 LG 模式的参数 m,p 之间的关系，它们满足

$$m = n-l, \quad p = \min(n,l) \tag{7.53}$$

代入上述关系，我们发现每一个 LG 模式都可以如下表示成 HG 模式的线性叠加

$$u_{nl}^{\mathrm{LG}}\left(x,y,z\right) = \sum_{t=0}^{n+l} i^t b(n,l,t) u_{n+l-t,t}^{\mathrm{HG}}\left(x,y,z\right) \tag{7.54}$$

其中的待定系数为

$$b(n,l,t) = \sqrt{\frac{(n+l)!\,t!}{2^{n+l}\,n!\,l!}}\,\frac{1}{k!}\,\frac{\mathrm{d}^t}{\mathrm{d}s^t}\left[\left(1-s\right)^n\left(1-s\right)^m\right]\bigg|_{s=0} \tag{7.55}$$

7.2.4　Bessel 光束

　　完整的亥姆霍兹方程有一组 Bessel 解，它们在传输过程中横向场分布不会发生变化，因此又被称为无衍射光束(diffraction free beam)[6]。它们的优点是不含近似的精确解，缺点是横向截面无限延伸，因此在实验室条件下受到光学器件有限数值孔径的制约。Bessel 光束的径向、旋向和轴向是完全分离的，即有

$$\xi_m^B\left(\rho,\varphi,z\right) = J_m\left(\kappa\rho\right)\exp\left(im\varphi\right)\exp\left(ik_z z\right) \tag{7.56}$$

可以看出，Bessel 光束具有和 LG 模式一样的位相分布 $\exp(im\varphi)$，因此也携带轨道角动量。Bessel 光束同时也满足近轴光线传输方程；和完整的亥姆霍兹方程相比，近轴光线传输方程的横向分布形式不变，但是 k,κ,k_z 之间的相互关系发生了变化。满足近轴光线传输方程(7.34)的 Bessel 光束的解为

$$u_m^B\left(\rho,\varphi,z\right) = J_m\left(\kappa\rho\right)\exp\left(im\varphi\right)\exp\left(i\tilde{k}_z z\right) \tag{7.57}$$

式中 $\tilde{k}_z = k_z - k$，这是由于式(7.32)的定义 $\xi(\boldsymbol{r}) = u(\boldsymbol{r})\exp(ikz)$。考虑到 Bessel 方程

$$x^2\frac{\mathrm{d}^2 J_m(x)}{\mathrm{d}x^2} + x\frac{\mathrm{d}J_m(x)}{\mathrm{d}x} + \left(x^2 - m^2\right)J_m(x) = 0, \quad x > 0 \tag{7.58}$$

将式(7.57)和式(7.58)代入式(7.37)，化简可得

$$\kappa^2 = -2k\tilde{k}_z \rightarrow k_z = k - 2\frac{\kappa^2}{k} \tag{7.59}$$

上式与式(7.31)给的近轴条件是一样的，这也说明了在近轴近似下，式(7.57)给出的 Bessel 光束分布也是近轴光线传输方程的解。推导式(7.59)的过程中也证明了 Bessel 解满足式(7.37)，和 HG 模式、LG 模式相比，它是最简单的一种解。下面我们将证明 Bessel 光束是完整的亥姆霍兹方程的解，与近轴光线传输方程解不同的是 k_z 的表达式。

　　圆柱坐标系下的完备亥姆霍兹方程(不含近似)可写作

$$\left(\frac{1}{\rho}\frac{\partial}{\partial\rho} + \frac{\partial^2}{\partial^2\rho} + \frac{1}{\rho^2}\frac{\partial^2}{\partial^2\varphi} + \frac{\partial^2}{\partial z^2} + k^2\right)\xi_m^B\left(\rho,\varphi,z\right) = 0 \tag{7.60}$$

将式(7.56)和 Bessel 方程代入式(7.60)，可得

$$\left[\frac{1}{\rho}\frac{\partial}{\partial\rho}+\frac{\partial^2}{\partial^2\rho}+\frac{1}{\rho^2}\frac{\partial^2}{\partial^2\varphi}+\frac{\partial^2}{\partial z^2}+k^2\right]J_m(\kappa\rho)\exp(im\varphi)\exp(ik_z z)$$
$$=\left[-\kappa^2+k^2-k_z^2\right]J_m(\kappa\rho)\exp(im\varphi)\exp(ik_z z) \tag{7.61}$$

从上式可知，如果满足下面条件

$$\kappa^2=k^2-k_z^2\to\kappa=\sqrt{k^2-k_z^2} \tag{7.62}$$

则式(7.56)便是式(7.60)的精确解，这也说明选取不同的 k_z 的表达式，式(7.56)和式(7.57)将分别满足完整的亥姆霍兹方程和近轴光线传输方程。另外，需要注意的是式(7.62)与横向波矢 $\kappa=\sqrt{k_x^2+k_y^2}$ 的定义是一致的。

　　总结一下，本章目前给出了三种模式，其中满足矩形对称的 HG 模式(7.46)不携带轨道角动量；而满足圆柱对称的 LG 模式(7.48)和 Bessel 光束都因为含 $\exp(im\varphi)$ 项而携带轨道角动量，其中 Bessel 光束又包含近轴近似和非近轴两种情形，其差异在于 k_z 的表达式不同。

　　由于 Bessel 光束是一组完备解，可以用它来展开 LG 模式，即

$$u_{mp}^{\mathrm{LG}}(\rho,\varphi,z)=\int_0^\infty d_{mp}(\kappa)J_m(\kappa\rho)\exp(im\varphi)\exp\left[-i\kappa^2 z/(2k)\right]d\kappa \tag{7.63}$$

其中系数 $d_{mp}(\kappa)$ 待定。如果要写出一个非近轴近似下的 LG 模式，那么需要将式 (7.63)中的轴向波矢分量式(7.59)中的 $\tilde{k}_z$ 改变为式(7.62)中的 k_z ，即

$$\xi_{mp}^{\mathrm{LG}}(\rho,\varphi,z)=\int_0^k d_{mp}(\kappa)J_m(\kappa\rho)\exp(im\varphi)\exp\left(i\sqrt{k^2-\kappa^2}z\right)d\kappa \tag{7.64}$$

注意式(7.64)与式(7.63)的差异不仅在于 $\tilde{k}_z\to k_z$ ，还在于积分上限由 ∞ 变为 k ，近轴近似包含了所有 $0\leqslant\kappa<\infty$ 的横向波矢，而非近轴近似则只包含了 $0\leqslant\kappa<k$ 部分，而 $\kappa>k$ 的部分成为迅衰波。为了得到系数 $d_{mp}(\kappa)$ ，利用如下关系

$$\int_0^\infty J_m(\kappa\rho)J_m(\kappa'\rho)\rho d\rho=\frac{1}{\kappa'}\delta(\kappa-\kappa') \tag{7.65}$$

我们得到

$$d_{mp}(\kappa)=\kappa\exp(-im\varphi)\exp\left[-i\kappa^2 z/(2k)\right]\int_0^\infty u_{mp}^{LG}(\rho,\varphi,z)J_m(\kappa\rho)\rho d\rho$$
$$=\exp\left(-\frac{\kappa^2}{2k}z_R\right)\left(\frac{\kappa}{k}\right)^{2p+|m|+1} \tag{7.66}$$

将上述结果代入式(7.64)，可以得到非近轴近似下的 LG 模式。

7.3　涡旋光束的角动量

本节要把角动量概念与前面讨论的光束的各种模式联系起来,尤其是与光束传输方向平行的角动量分量。最简单的方法是利用"角动量流"的概念。一个圆柱对称的光束沿着其光轴的角动量流密度 M_{zz}[7]为

$$M_{zz} = M_{33} = y\left(\varepsilon_0 E_x E_z + \frac{1}{\mu_0} B_x B_z\right) - x\left(\varepsilon_0 E_y E_z + \frac{1}{\mu_0} B_y B_z\right) \tag{7.67}$$

下面尝试把它写成更具体直观的形式。考虑下式所描述的频率为 ω 的平面电磁波,有

$$\begin{cases} E_i = \mathrm{Re}\left[E_i \exp(-\mathrm{i}\omega t)\right] \\ B_i = \mathrm{Re}\left[B_i \exp(-\mathrm{i}\omega t)\right] \end{cases} \tag{7.68}$$

其中复振幅 $\boldsymbol{E}, \boldsymbol{B}$ 所满足的 Maxwell 方程组的两个旋度方程为

$$\begin{cases} E_j = \mathrm{i}\dfrac{c^2}{\omega}\varepsilon_{jkl}\dfrac{\partial}{\partial x_k}B_l \\ B_j = -\mathrm{i}\dfrac{1}{\omega}\varepsilon_{jkl}\dfrac{\partial}{\partial x_k}E_l \end{cases} \tag{7.69}$$

首先将式(7.68)代入式(7.67),并且对一个时间周期 $T = 2\pi/\omega$ 进行积分,利用公式 $\dfrac{\omega}{2\pi}\displaystyle\int_0^{\frac{2\pi}{\omega}} E_x E_z \mathrm{d}t = \dfrac{1}{2}\mathrm{Re}\left(E_x E_z^*\right)$,很容易得到时间平均角动量流密度 $\bar{M}_{zz}$ 为

$$\bar{M}_{zz} = \frac{1}{2}\mathrm{Re}\left[y\left(\varepsilon_0 E_x E_z^* + \frac{1}{\mu_0} B_x^* B_z\right) - x\left(\varepsilon_0 E_y E_z^* + \frac{1}{\mu_0} B_y^* B_z\right)\right] \tag{7.70}$$

接下来利用式(7.69)来消除式(7.70)中电场强度和磁感应强度的 z 分量,则有

$$\begin{aligned}
\bar{M}_{zz} &= \frac{1}{2}\mathrm{Re}\left[\varepsilon_0\left(yE_x - xE_y\right)E_z^* + \frac{1}{\mu_0}\left(yB_x^* - xB_y^*\right)B_z\right] \\
&= \frac{c^2\varepsilon_0}{2\omega}\mathrm{Re}\left\{-\mathrm{i}\left[-y\frac{\partial}{\partial y}\left(E_x B_x^*\right) - x\frac{\partial}{\partial x}\left(E_y B_y^*\right)\right.\right. \\
&\qquad\left.\left. + xE_y\frac{\partial}{\partial y}B_x^* + yE_x\frac{\partial}{\partial x}B_y^* + yB_x^*\frac{\partial}{\partial x}E_y + xB_y^*\frac{\partial}{\partial y}E_x\right]\right\}
\end{aligned} \tag{7.71}$$

然后将上式在整个横截面上进行积分来获得整个光束的总角动量流 M_{zz},利用分部

积分公式 $\int uv'\mathrm{d}x = uv - \int u'v\mathrm{d}x$ ，并且考虑到光束在横截面上迅速衰减，可得

$$M_{zz} = \frac{c^2 \varepsilon_0}{2\omega}\mathrm{Re}\left\{-\mathrm{i}\iint \mathrm{d}x\mathrm{d}y\left[E_x B_x^* - xB_x^*\frac{\partial}{\partial y}E_y - xE_x\frac{\partial}{\partial y}B_y^* + (x \leftrightarrow y)\right]\right\} \quad (7.72)$$

上式中 $(x \leftrightarrow y)$ 表示将前面各项出现的 x, y 互换。下一步是将上式进一步整理，并且转换到圆柱坐标系内表示，从直角坐标系到圆柱坐标系有如下转换关系：

$$\mathrm{d}x\mathrm{d}y \leftrightarrow \rho\mathrm{d}\rho\mathrm{d}\varphi, \quad \frac{\partial}{\partial\varphi} \leftrightarrow x\frac{\partial}{\partial y} - y\frac{\partial}{\partial x} \quad (7.73)$$

利用式(7.73)代入式(7.72)，并且将式(7.72)中的两种写法相结合，我们最终得到

$$M_{zz} = \frac{\varepsilon_0 c^2}{2\omega}\mathrm{Re}\left\{-\mathrm{i}\iint \rho\mathrm{d}\rho\mathrm{d}\varphi\left[\left(E_x B_x^* + E_y B_y^*\right)\right.\right.$$
$$\left.\left. + \frac{1}{2}\left(-B_x^*\frac{\partial}{\partial\varphi}E_y + E_y\frac{\partial}{\partial\varphi}B_x^* - E_x\frac{\partial}{\partial\varphi}B_y^* + B_y^*\frac{\partial}{\partial\varphi}E_x\right)\right]\right\} \quad (7.74)$$

根据式(7.74)，可以将光束的总角动量流分解成自旋(SAM)和轨道(OAM)两部分，即

$$M_{zz}^{\mathrm{spin}} = \frac{\varepsilon_0 c^2}{2\omega}\mathrm{Re}\left\{-\mathrm{i}\iint \rho\mathrm{d}\rho\mathrm{d}\varphi\left(E_x B_x^* + E_y B_y^*\right)\right\} \quad (7.75)$$

$$M_{zz}^{\mathrm{orbital}} = \frac{\varepsilon_0 c^2}{4\omega}\mathrm{Re}\left\{-\mathrm{i}\iint \rho\mathrm{d}\rho\mathrm{d}\varphi\left(-B_x^*\frac{\partial}{\partial\varphi}E_y + E_y\frac{\partial}{\partial\varphi}B_x^* - E_x\frac{\partial}{\partial\varphi}B_y^* + B_y^*\frac{\partial}{\partial\varphi}E_x\right)\right\}$$
$$(7.76)$$

由上面两式可见，SAM 与光束的偏振特性相关，而 OAM 与光束的旋向变量 φ 相关。下面看一个简单的例子。根据式(7.64)，可以首先确定 E_x, E_y 的表达式，这里引入复系数 α, β 来表示不同的偏振状态，且它们满足 $|\alpha|^2 + |\beta|^2 = 1$:

$$\begin{cases} E_x = \alpha\int_0^k d_{mp}(\kappa)\exp(\mathrm{i}m\varphi)\exp\left(\mathrm{i}\sqrt{k^2 - \kappa^2}\,z\right)J_m(\kappa\rho)\mathrm{d}\kappa \\ E_y = \beta\int_0^k d_{mp}(\kappa)\exp(\mathrm{i}m\varphi)\exp\left(\mathrm{i}\sqrt{k^2 - \kappa^2}\,z\right)J_m(\kappa\rho)\mathrm{d}\kappa \end{cases} \quad (7.77)$$

接着，根据式(7.77)和 $\nabla \cdot \boldsymbol{E} = 0$ ，可以写出 E_z 的表达式：

$$E_z = \int_0^k \mathrm{d}\kappa d_{mp}(\kappa)\exp(\mathrm{i}m\varphi)\exp\left(\mathrm{i}\sqrt{k^2 - \kappa^2}\,z\right)\frac{\kappa}{2\sqrt{k^2 - \kappa^2}}$$
$$\times\left[(\mathrm{i}\alpha - \beta)\exp(-\mathrm{i}\varphi)J_{m-1}(\kappa\rho) - (\mathrm{i}\alpha + \beta)\exp(\mathrm{i}\varphi)J_{m+1}(\kappa\rho)\right] \quad (7.78)$$

相应地，根据式(7.69)，我们可以利用上面的电场表达式推导出磁场表达式，这里不再展开。如果将式(7.66)给出的系数 $d_{mp}(\kappa)$ 运用到上述公式，这些系数在 κ 趋于零时迅速衰减，从而保证了单位长度内的能量、动量和角动量都有界。利用上述电场和磁场的分量，代入式(7.75)和式(7.76)所计算得到的 SAM 流和 OAM 流分别为

$$
\begin{cases}
M_{zz}^{\text{spin}} = \mathrm{i}\left(\alpha\beta^* - \alpha^*\beta\right)\dfrac{\pi\varepsilon_0 c^2}{2\omega^2}\int_0^k \mathrm{d}\kappa \left|d_{mp}(\kappa)\right|^2 \dfrac{2k^2-\kappa^2}{\kappa\sqrt{k^2-\kappa^2}} \\[3mm]
M_{zz}^{\text{orbital}} = m\dfrac{\pi\varepsilon_0 c^2}{2\omega^2}\int_0^k \mathrm{d}\kappa \left|d_{mp}(\kappa)\right|^2 \dfrac{2k^2-\kappa^2}{\kappa\sqrt{k^2-\kappa^2}}
\end{cases}
\tag{7.79}
$$

引入 $\sigma_z = \mathrm{i}\left(\alpha\beta^* - \alpha^*\beta\right)$ 来表征光束的偏振状态，可以看到当光束为圆偏振光时，有 $\beta = \alpha\exp(\pm\mathrm{i}\pi/2)$，此时 $\sigma_z = \pm 1$，而当光束为线偏光时，$\beta = k\alpha, \sigma_z = 0$。接下来计算光束的能流密度在横截面内的积分，可以得到

$$
\begin{aligned}
J_z^E &= \iint J_z^E \mathrm{d}S = \frac{1}{2\mu_0\omega}\mathrm{Re}\iint \rho\mathrm{d}\rho\mathrm{d}\varphi\left(E_x B_y^* - E_y B_x^*\right) \\
&= \frac{\pi}{2\mu_0\omega}\int_0^k \mathrm{d}\kappa\left|d_{mp}(\kappa)\right|^2 \frac{2k^2-\kappa^2}{\kappa\sqrt{k^2-\kappa^2}}
\end{aligned}
\tag{7.80}
$$

利用(7.79)、(7.80)两式，可以写出光束 SAM 和 OAM 的流密度相对于光束能流密度的比值分别为

$$
\frac{M_{zz}^{\text{spin}}}{J_z^E} = \frac{\sigma_z}{\omega}, \frac{M_{zz}^{\text{orbital}}}{J_z^E} = \frac{m}{\omega}, \frac{M_{zz}^{\text{total}}}{J_z^E} = \frac{\sigma_z + m}{\omega}
\tag{7.81}
$$

其中 $-1 \leqslant \sigma_z \leqslant 1$。式(7.81)是非常重要的结论，它说明旋向位相分布函数 $\exp(\mathrm{i}m\varphi)$ 会使整个光束携带具有完好定义的 OAM。在量子力学中，波函数如果具有 $\exp(\mathrm{i}m\varphi)$ 的形式，那么它是沿 z 轴的角动量算符的本征函数，其本征值为 $m\hbar$。与量子力学相对应，在上面的讨论中，OAM 与能流的比值为 m/ω，而每一个光子的能量是 $\hbar\omega$，这似乎也说明了：如果一束光具有 $\exp(\mathrm{i}m\varphi)$，那么其中的每一个光子都会携带 $m\hbar$ 的 OAM。7.4 节将会看到 OAM 密度和能量密度之间也有类似的比值关系。

光束涡旋是指光场中的位相奇点(singularity)，并且具有零振幅。而具有位相分布 $\exp(\mathrm{i}m\varphi)$ 的光束会在其中心形成一个奇点，且该奇点的拓扑荷数等于 m。这一结论可以从涡旋荷数的定义求出，它是沿着包围该奇点的闭合曲线对位相进行积分，该拓扑荷数定义为

$$Q = \frac{1}{2\pi}\oint \mathrm{d}\chi = \frac{1}{2\pi}\oint \mathrm{d}\boldsymbol{l}\cdot\nabla\chi \tag{7.82}$$

其中 $\mathrm{d}\boldsymbol{l}$ 是线元，代入 $\chi = m\varphi$ 后，可得到

$$Q = \frac{m}{2\pi}\oint \mathrm{d}\boldsymbol{l}\cdot\nabla\varphi = m \tag{7.83}$$

还需要补充的是 m 的正负决定了等相面(此时为螺旋面)是顺时针还是逆时针走向的。

关于涡旋光束的等位相面，这里还需要补充的一点是，最早确定具有轨道角动量的光束是 LG 模式，在前文中已经详细讨论过。不难证明，如果 LG 模式的振幅分布为 u_{mp}^{LG} 的话，那么它的动量密度分布为

$$\boldsymbol{\rho}^p = \varepsilon_0\left(\frac{\omega k\rho z}{z_{\mathrm{R}}^2 + z^2}\boldsymbol{e}_\rho + \frac{\omega m}{\rho}\boldsymbol{e}_\varphi + \omega k\boldsymbol{e}_z\right)\left|u_{mp}^{\mathrm{LG}}\right|^2 \tag{7.84}$$

从上式可以看出，如果固定半径 ρ，并且忽略动量在径向 $\boldsymbol{e}_\rho$ 的分量的话，那么动量密度的分布是螺线型的，在旋向上它以 $\frac{m\omega}{\rho}$ 的速度旋转，而在轴向上它以 ωk 的速度前进。而这个螺线路径相邻圈之间的间距为动量密度旋转一周以后在轴向上前进的距离，为

$$L_z = v_z\cdot T = \omega k\cdot\frac{2\pi\rho}{\omega m/\rho} = \frac{2\pi k\rho^2}{m} \tag{7.85}$$

式(7.85)给出了关于光束的等相面的特征信息，但是由于忽略了动量密度的径向分量，所以这个模型并没有考虑到涡旋光束在传输过程中的发散特性。接下来根据式(7.84)计算出光束角动量的密度分布，在圆柱坐标系中的位失 $\boldsymbol{r} = \boldsymbol{e}_\rho\rho + \boldsymbol{e}_z z$，故有

$$\boldsymbol{A}^{\mathrm{total}} = \boldsymbol{r}\times\boldsymbol{\rho}^p = \varepsilon_0\left|u_{mp}^{\mathrm{LG}}\right|^2\left(\frac{-\omega mz}{\rho}\boldsymbol{e}_\rho - \frac{\omega k\rho z_R^2}{z_R^2 + z^2}\boldsymbol{e}_\varphi + \omega m\boldsymbol{e}_z\right) \tag{7.86}$$

由上式可以看出，LG 模式具有的沿光传输方向的角动量大小是

$$A_z = \varepsilon_0 m\omega\left|u_{mp}^{\mathrm{LG}}\right|^2 \tag{7.87}$$

下面再给出一个相对简单的例子来验证式(7.81)这一重要结论，不过这次利用 OAM 密度和能量密度。在近轴近似下，根据 $\nabla\cdot\boldsymbol{E} = 0$ 可以得到 E_z 近似到 $1/k$，为

$$E_z \approx \frac{\mathrm{i}}{k}\nabla_t\cdot\boldsymbol{E} \tag{7.88}$$

其中 $\nabla_t = e_x \dfrac{\partial}{\partial x} + e_y \dfrac{\partial}{\partial y}$。根据上式可以把式(7.32)中的电磁场具体写为

$$\begin{Bmatrix} E_x \\ E_y \\ E_z \end{Bmatrix} = \exp(\mathrm{i}kz) \begin{Bmatrix} u_x \\ u_y \\ \mathrm{i}/k\left(\partial u_x/\partial x + \partial u_y/\partial y\right) \end{Bmatrix} \tag{7.89}$$

这里的 u_x, u_y 满足式(7.34)的近轴光传输方程。有了上述讨论，我们来考虑一束线偏光，其中电场的偏振方向为 x 轴方向，则根据式(7.89)有

$$\begin{cases} \boldsymbol{E} = \mathrm{i}\omega \left[e_x u + e_z \dfrac{\mathrm{i}}{k} \dfrac{\partial u}{\partial x} \right] \exp(\mathrm{i}kz) \\ \boldsymbol{B} = \mathrm{i}k \left[e_y u + e_z \dfrac{\mathrm{i}}{k} \dfrac{\partial u}{\partial y} \right] \exp(\mathrm{i}kz) \end{cases} \tag{7.90}$$

上式引入系数是为了保证电磁和磁场之间的比例关系。为了使光束携带 OAM，定义函数 $u(\rho,\varphi,z) = u(\rho,z)\exp(\mathrm{i}m\varphi)$，首先根据式(7.90)计算时间平均的动量密度 $\varepsilon_0 \boldsymbol{E} \times \boldsymbol{B}$，它等于

$$\varepsilon_0 \langle \boldsymbol{E} \times \boldsymbol{B} \rangle = \dfrac{\varepsilon_0}{2} \left[\langle \boldsymbol{E}^* \times \boldsymbol{B} \rangle + \langle \boldsymbol{E} \times \boldsymbol{B}^* \rangle \right] \tag{7.91}$$

其中

$$\boldsymbol{E}^* \times \boldsymbol{B} = \omega k \left(e_x \dfrac{\mathrm{i}}{k} u \dfrac{\partial u^*}{\partial x} - e_y \dfrac{\mathrm{i}}{k} u^* \dfrac{\partial u}{\partial y} + e_z u u^* \right)$$

$$\boldsymbol{E} \times \boldsymbol{B}^* = \omega k \left(-e_x \dfrac{\mathrm{i}}{k} u^* \dfrac{\partial u}{\partial x} + e_y \dfrac{\mathrm{i}}{k} u \dfrac{\partial u^*}{\partial y} + e_z u u^* \right)$$

故有

$$\varepsilon_0 \langle \boldsymbol{E} \times \boldsymbol{B} \rangle = \mathrm{i}\omega \dfrac{\varepsilon_0}{2} \left(u \nabla_t u^* - u^* \nabla_t u \right) + e_z \omega k \varepsilon_0 |u|^2 \tag{7.92}$$

将上式转换为圆柱坐标系，代入 $\nabla_t = e_\rho \dfrac{\partial}{\partial \rho} + e_\varphi \dfrac{1}{\rho} \dfrac{\partial}{\partial \varphi}$ 和 $u = u(\rho,z)\exp(\mathrm{i}m\varphi)$，可得旋向的动量密度分量为

$$\varepsilon_0 \langle \boldsymbol{E} \times \boldsymbol{B} \rangle_\varphi = \varepsilon_0 \omega m |u|^2 / \rho \tag{7.93}$$

而这个旋向角动量分量与 ρ 的乘积就是该光束沿 z 轴的角动量分量，并且由于最初定义的是线偏光，SAM 为零，因此得到了

$$A_z^{\text{orbital}} = L_z = \varepsilon_0 \omega m |u|^2 \tag{7.94}$$

而光束的能量密度为

$$\rho_z^{\text{E}} = c\varepsilon_0 \langle \boldsymbol{E} \times \boldsymbol{B} \rangle_z = c\omega k\varepsilon_0 |u|^2 = \varepsilon_0 \omega^2 |u|^2 \tag{7.95}$$

结合上面两式，可以得到两者的比值为 $\dfrac{L_z}{\rho_z^E} = \dfrac{m}{\omega}$。如果对整个 xy 平面进行积分的话，那么整个光束沿传输方向的角动量密度和能量密度的比值为

$$\frac{L_z^{\text{total}}}{W_z} = \frac{\iint \rho \mathrm{d}\rho \mathrm{d}\varphi \cdot L_z}{\iint \rho \mathrm{d}\rho \mathrm{d}\varphi \cdot \rho_z^E} = \frac{m}{\omega} \tag{7.96}$$

7.4　离轴涡旋点传输的动力学模型

前文已经说明，光涡旋和光学轨道角动量[8]是密切相关的，随着近年研究热度的不断提高，目前已经发展为一门新兴学科"奇点光学"(singular optics)[9]。以 Laguerre-Gauss 模式为例，其等位相面为螺旋状，而其中心轴为相位的奇点，因此光束中心的光场强度降为零。一方面，Laguerre-Gauss 光束中心存在一个光涡旋；另一方面该光束的每一个光子都具有 $l\hbar$ 的轨道角动量[4]。涡旋是流体力学中十分普遍的，而光涡旋(或者光学奇点)在不同光束相互干涉过程中也十分常见，它的存在会导致横向坡印亭矢量的产生，因此光涡旋被广泛用于对微纳米颗粒的光操控上，并由此发展出一种新的工具——光学扳手[10,11]。需要注意的是，光涡旋的很多特性和超流体中的涡旋一样，它们表现出非常丰富的力学特性，它们的轨迹甚至可以是结状的[12]。因此在任何相关应用中，我们需要非常仔细地分析光涡旋的产生、湮灭和移动，并且能够精确地控制它在光束横截面上的位置移动。针对光涡旋的动力学的研究，大部分都集中在非线性光学领域[13-15]，但是在线性光学的领域内，也不乏一些非常奇特并且有研究价值的特性出现。例如，在线性的发散光束中，完全相同的涡旋光束会相互绕着旋转[16]；当含离轴涡旋的光束与 Laguerre-Gauss 光束相互干涉时，会产生额外的光涡旋[17]；经过柱面棱镜时，非正则涡旋光束会导致角动量的不同本征模式之间的相互竞争，并且导致拓扑荷数的反转[18]。

通常认为，在高斯光束背景下，离轴涡旋点会离开光束趋于无穷远处[16,19]。本节通过研究发现，在忽略光束发散的情况下，非正则离轴涡旋点不会离开背景光束，而是具有特定的运动轨迹。在对称高斯光束中，其轨迹为椭圆；而在非对称光束中，涡旋点始终限制在矩形区域内。

假设含涡旋的标量光场 $E(x,y,z)$ 可以表示成如下形式:

$$E(x,y,z) = V(x,y,z)F(x,y,z) \tag{7.97}$$

其中, $V(x,y,z) = \{x - x_1(z) + \mathrm{i}A(z)[y - y_1(z)]\}$ 描述了一个位于 $\boldsymbol{r} = (x_1,y_1)$ 的非正则涡旋, 与 $\mathrm{e}^{\mathrm{i}m\varphi}$ 类似。 (x_1,y_1) 是涡旋点中心坐标, 而复数 A 是非正则参数, 当且仅当 $A = \pm 1$ 时, 该涡旋为正则(对称)涡旋。 $F(x,y,z)$ 是用来描述光束形状的函数, 从原则上讲, 它可以包含其他涡旋。假设 $F(x,y,z)$ 是对称高斯光束, 则在束腰位置 $z = 0$ 的光场分布为

$$E(x,y,0) = \left[x - x_1 + \mathrm{i}A(y - y_1)\right] \cdot E_0 \exp\left(-\rho^2 / w_0^2\right) \tag{7.98}$$

其中 $\rho^2 = x^2 + y^2$, 而 w_0 是束腰半径。光场的强度 $I \propto |E|^2$ 。为了更好地理解 x_1, y_1, A 对涡旋光束的影响, 看图 7.1 中的几个例子。

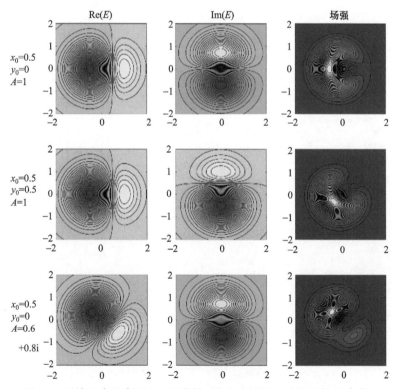

图 7.1 涡旋光束的束腰在不同参数下的振幅实部、虚部和场强分布, 红色标记标出涡旋点位置

根据近轴传输方程, 可以推出下面两个重要等式[19]

$$\frac{\mathrm{d}x_1}{\mathrm{d}z} + \mathrm{i}A\frac{\mathrm{d}y_1}{\mathrm{d}z} + \mathrm{i}L_1\Big[\ln F(x,y,z)\Big]_{x=x_1,y=y_1} = 0 \tag{7.99}$$

$$\frac{\mathrm{d}A}{\mathrm{d}z} - L_2 L_1\Big[\ln F(x,y,z)\Big]_{x=x_1,y=y_1} = 0 \tag{7.100}$$

式中，$L_1 = \partial/\partial x + \mathrm{i}A\partial/\partial y, L_2 = \mathrm{i}A\partial/\partial x - \partial/\partial y$。如果给定函数 F 的表达式，就可以利用上面两式求出 x_1, y_1, A 随光束传输的变化规律，下面首先针对对称高斯光束进行讨论，忽略高斯光束的发散性，将 $F = E_0 \exp\left(-\rho^2/w_0^2\right)$ 代入上面两式，根据式(7.100)可得在对称高斯光束中非正则参数 A 不会发生变化；而式(7.99)可以分解为

$$\begin{vmatrix} \mathrm{d}x_1/\mathrm{d}z \\ \mathrm{d}y_1/\mathrm{d}z \end{vmatrix} = \boldsymbol{M}\begin{vmatrix} x_1 \\ y_1 \end{vmatrix} \tag{7.101}$$

其中

$$\boldsymbol{M} = C\begin{vmatrix} A_i/A_r & -|A|^2/A_r \\ 1/A_r & -A_i/A_r \end{vmatrix} \tag{7.102}$$

且有 $C = 2\ln E_0/w_0^2$。有趣的是，可以解析地证明 $\det\boldsymbol{M} = C$，且 $\boldsymbol{M}^2 = -C^2\boldsymbol{I}$，$\boldsymbol{I}$ 为单位矩阵。在对称高斯光束中，涡旋点的运动轨迹是一个椭圆

$$\begin{cases} x_1 = a\cos\phi\cos(\omega_0 z + \varphi_0) - b\sin\phi\sin(\omega_0 z + \varphi_0) \\ y_1 = a\sin\phi\cos(\omega_0 z + \varphi_0) + b\cos\phi\sin(\omega_0 z + \varphi_0) \end{cases} \tag{7.103}$$

其中，ϕ 是轨迹椭圆的长短轴与 x 轴的夹角，而 φ_0 是涡旋点初始位置 (x_{10}, y_{10}) 在椭圆上的初相位

$$\begin{cases} \omega_0 = \mathrm{sign}(A_r)\cdot C \\ \dfrac{a}{b} = \dfrac{1}{|A_r|}\left(1 + \dfrac{A_i}{\tan\phi}\right) \\ \tan\phi = \dfrac{1 - |A|^2 + \sqrt{\left(1 - |A|^2\right)^2 + 4A_i^2}}{2A_i} \\ \tan\varphi_0 = \left|\dfrac{a}{b}\right|\tan\left[\arctan\left(\dfrac{y_{10}}{x_{10}}\right) - \phi\right] \end{cases} \tag{7.104}$$

由上式可知，当 A 为实数时（$A_i = 0$），$\phi = \pm\pi/2$，即涡旋点运动的椭圆轨迹的长短轴与 x, y 轴相互重合。图 7.2 给出了一个 $A_i = 0$ 的离轴涡旋点的运动轨迹计算实例。

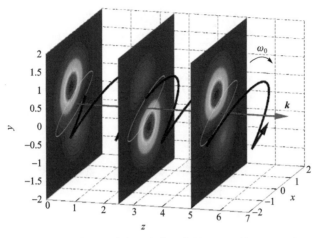

图 7.2 涡旋点随着高斯光束的传输在椭圆轨迹上运动

z 的不同位置上的光束强度分布图及涡旋点的位置(红色星号)和涡旋点在横截面上的运动轨迹(白色);
三维空间中涡旋点的运动轨迹(带箭头的粗线)。仿真使用的参数为 $(x_{1,0}, y_{1,0}) = (0.8, 0)$, $A = 3$, $w_0 = 1$, $E_0 = e$

在更普遍的情形下,比如非对称光束中,涡旋点的轨迹无法用解析的方法获得,因此我们会定义该涡旋点被限制的区域。假设涡旋点所能到达的最大坐标为 x_{max} 和 y_{max},即涡旋点被限制在 $|x| < x_{max}, |y| < y_{max}$ 的矩形区域内。为了描述这一矩形区域,我们可以求解 x_{max}/y_{max} 的比值。针对式(7.102)、式(7.103)描述的对称高斯光束的情形,可以得到

$$\frac{x_{max}}{y_{max}} = \sqrt{\frac{a^2\cos^2\phi + b^2\sin^2\phi}{a^2\sin^2\phi + b^2\cos^2\phi}} \tag{7.105}$$

将式(7.104)代入式(7.105),通过很复杂的数学演算却可以得到下面的简单结论:

$$x_{max}/y_{max} = |A| \tag{7.106}$$

接下来讨论涡旋点运动的力学特性,这些特性与带电粒子非常接近,因此,我们可以定义它的加速度和涡旋点角动量。需要注意,这里定义的涡旋点的角动量与一般所说的光束的轨道角动量不同。因为对称光束中的非正则参数不随传输距离发生变化,因此根据(7.101)、(7.102)两式,可以得到涡旋点运动的加速度为

$$\begin{vmatrix} d^2x_1/dz^2 \\ d^2y_1/dz^2 \end{vmatrix} = -C^2 \begin{vmatrix} x_1 \\ y_1 \end{vmatrix} \tag{7.107}$$

因此,涡旋点在任意位置的加速度都指向背景光束的中心,因此离轴涡旋点在对称高斯光束中的运动非常接近于带电粒子受到位于光束中心的带相反电荷的固定粒子的吸引力的运动。我们可以仿照粒子的模型,定义该涡旋点的角动量为

$$L_z/m_{\text{eff}} = e_z\left(x_1\frac{\mathrm{d}y_1}{\mathrm{d}z} - y_1\frac{\mathrm{d}x_1}{\mathrm{d}z}\right) \tag{7.108}$$

对于对称光束，可以证明

$$L_z/m_{\text{eff}} = e_z ab \tag{7.109}$$

因此涡旋点在对称高斯光束的角动量是守恒的。接下来我们讨论非对称高斯光束。假设非对称的寄主光束形如

$$F(x,y,z) = E_0\exp\left(-\frac{x^2}{w_{0x}^2} - \frac{y^2}{w_{0y}^2}\right) \tag{7.110}$$

其中，w_{0x}, w_{0y} 分别为 x, y 轴的束腰半径。将式(7.110)代入式(7.100)可得

$$\frac{1}{A}\frac{\mathrm{d}A}{\mathrm{d}z} = 2\mathrm{i}\ln E_0\left(\frac{1}{w_{0y}^2} - \frac{1}{w_{0x}^2}\right) \tag{7.111}$$

整理可得

$$A(z) = A(0)\exp(\mathrm{i}k_A z) \tag{7.112}$$

其中

$$k_A = 2\ln E_0\left(\frac{1}{w_{0y}^2} - \frac{1}{w_{0x}^2}\right) \tag{7.113}$$

(7.112)、(7.113)两式说明，在非对称高斯光束中，光涡旋的非正则参数 A 会随着传输距离而发生一个位相上的变化，而该非正则参数的模值不会发生变化。由于非正则参数的实部决定了该涡旋的拓扑荷数，当实部为正(负)时，对应的拓扑荷数为正(负)一，因此可知，在光线传输过程中发生了拓扑荷数反转的现象。因此离轴的涡旋点传输过程中并不满足拓扑荷数守恒。下面讨论涡旋点的运动轨迹。在非对称光束中，由于 A 不是常数，重新考虑式(7.99)。在 $z = 0$ 平面上，记 $A(0) = |A|\mathrm{e}^{\mathrm{i}\phi_A}$，则有 $A(z) = |A|\exp(\mathrm{i}k_A z + \mathrm{i}\phi_A)$；另设 $w_x^2 = \dfrac{w_{0x}^2}{2\ln E_0}, w_y^2 = \dfrac{w_{0y}^2}{2\ln E_0}$，可以得到涡旋点轨迹满足的方程为

$$\begin{vmatrix}\mathrm{d}x_1/\mathrm{d}z\\ \mathrm{d}y_1/\mathrm{d}z\end{vmatrix} = M\begin{vmatrix}x_1/w_x^2\\ y_1/w_y^2\end{vmatrix} \tag{7.114}$$

其中

$$M = \begin{vmatrix} \tan(k_A z + \phi_A) & -\dfrac{|A|}{\cos(k_A z + \phi_A)} \\ \dfrac{1}{|A|\cos(k_A z + \phi_A)} & -\tan(k_A z + \phi_A) \end{vmatrix} \tag{7.115}$$

很容易证明 $|M|=1$。下面计算涡旋点的加速度。根据式(7.113)，有

$$\begin{vmatrix} \mathrm{d}^2 x_1/\mathrm{d}z^2 \\ \mathrm{d}^2 y_1/\mathrm{d}z^2 \end{vmatrix} = N \begin{vmatrix} x_1/w_x^2 \\ y_1/w_y^2 \end{vmatrix} \tag{7.116}$$

$$N = \begin{vmatrix} \dfrac{k_A}{\cos^2(k_A z + \phi_A)} - 1 & -\dfrac{k_A|A|\sin(k_A z + \phi_A)}{\cos^2(k_A z + \phi_A)} \\ \dfrac{k_A \sin(k_A z + \phi_A)}{|A|\cos^2(k_A z + \phi_A)} & -\dfrac{k_A}{\cos^2(k_A z + \phi_A)} - 1 \end{vmatrix} \tag{7.117}$$

容易看出，当 $k_A = 0$ 时，式(7.116)转化为式(7.107)；通过计算还可以证明

$$\det N = 1 - k_A^2 / \cos^2(k_A z + \phi_A) \tag{7.118}$$

可以发现，对称光束是上式在 $k_A = 0$ 下的特例。为了研究涡旋点在非对称光束中是否依旧被束缚在光束附近，我们考察一个具体的例子。设高斯光束的参数为 $w_{0x} = 1\mathrm{mm}, w_{0y} = 0.8\mathrm{mm}, E_0 = e$，而涡旋点的非正则参数为 $A = -1 + 0.5\mathrm{i}$。图 7.3 给出了涡旋点传输了 $z = 50\mathrm{mm}$ 距离后在光束横截面上的运动轨迹，可以看出由于拓扑荷数反转效应的存在，涡旋点的运动轨迹极为复杂，但很明显的是，该涡旋点被限制在一个矩形区域内，并不会向无穷远处运动。

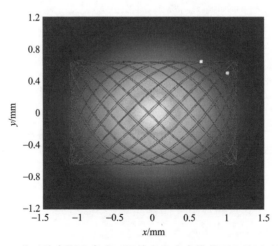

图 7.3 非对称高斯光束中，涡旋点在光束横截面上的运动轨迹

黄色标记为涡旋点的初始位置(1, 0.5)，而白色标记为光束传输 $z = 50$ 距离后的涡旋点终点位置

我们来分析非对称高斯光束中的 $x_{\max}/y_{\max}$，假设涡旋点运动到 $x_1 = x_{\max}$ 处，则有 $\mathrm{d}x_1/\mathrm{d}z = 0$，同理，在 $y_1 = y_{\max}$，有 $\mathrm{d}y_1/\mathrm{d}z = 0$。令上述两个条件同时满足，则有

$$x_{\max}/y_{\max} = |A| w_x^2 / w_y^2 \tag{7.119}$$

对于图 7.3 所示的例子，应有 $x_{\max}/y_{\max} \approx 1.7469$，而数值计算的结果与上述结论完全吻合。下面计算非对称光束中的涡旋点的角动量。首先根据式(7.108)计算 L_z/m_{eff} 随传输距离的变化(图 7.4)，与式(7.109)相比有明显不同，说明在非对称光束的背景下，L_z/m_{eff} 不再守恒，而是随着传输距离发生变化。

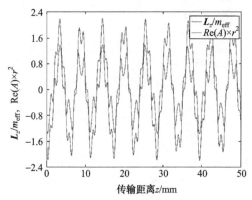

图 7.4　浅色曲线为非对称光束内离轴涡旋点的 L_z/m_{eff} 随传输距离 z 的变化；浅色曲线为非正则参数的实部与涡旋点距离轴心距离平方的乘积 $\mathrm{Re}(A)\times r^2$

经深入分析发现，非对称光束中涡旋点角动量 L_z/m_{eff} 的曲线与 $\mathrm{Re}(A)\times r^2$ 的曲线非常类似，见图 7.4，两者有着对应的峰和变化趋势。而 $\mathrm{Re}(A)\times r^2$ 让我们联想到经典粒子的转动惯量 $I = mr^2$，对此提出假设，对于一个在非对称光束中旋转的涡旋点而言，我们可以把它近似为一个经典粒子，其角动量满足

$$L_z/m_{\mathrm{eff}} \propto \mathrm{Re}(A)\times r^2 \tag{7.120}$$

在涡旋点传输过程中，假设其轨道角动量保持守恒，即与对称光束情形一样，那么唯一的可能就是

$$1/m_{\mathrm{eff}} \propto \mathrm{Re}(A)\times r^2 \tag{7.121}$$

即涡旋点的有效质量在传输过程中与非正则参数的实部成反比，并且与涡旋点位置与光束中心的距离平方成反比。

在前面的讨论中，我们没有考虑高斯光束的发散对涡旋点传输轨迹的影响，下面将对其进行详细讨论。最普遍的高斯光束的公式为

$$F(x,y,z) = \frac{E_0}{1+iz/Z_0} \exp\left(-\frac{x^2/w_{0x}^2 + y^2/w_{0y}^2}{1+iz/Z_0}\right) \tag{7.122}$$

将上式代入式(7.100)可得

$$\frac{1}{A}\frac{dA}{dz} = 2i\left(\frac{1}{1+iz/Z_0}\ln\frac{E_0}{1+iz/Z_0}\right)\left(\frac{1}{w_{0y}^2} - \frac{1}{w_{0x}^2}\right) \tag{7.123}$$

由上式可知，引入光束的发散以后，非正则参数的模值不再恒定，下面看一个具体的例子。

由图 7.5 可知，对非对称高斯光束而言，如果 $w_{0x} < w_{0y}$，则该非正则参数是收敛的，反之非正则参数是发散的。接下来讨论涡旋点的运动轨迹，将式(7.122)代入式(7.99)，可以得到涡旋点的运动轨迹满足的方程

$$\frac{dx_1}{dz} + iA\frac{dy_1}{dz} = i\frac{1}{1+iz/Z_0}\ln\frac{E_0}{1+iz/Z_0}\left(\frac{2x}{w_{0x}^2} + iA\frac{2y}{w_{0y}^2}\right) \tag{7.124}$$

利用(7.123)、(7.124)两式，就可以计算在非对称发散高斯光束中离轴涡旋点随光束传输的运动轨迹，见图 7.6 给出的实例，背景高斯光束的参数为 $w_{0x} = 0.6/\text{mm}$，$w_{0y} = 0.5/\text{mm}$，$Z_0 = 20/\text{mm}$，而涡旋点在光束束腰处的位置为 $(0.4,0.2)$，图例给出了在束腰处的涡旋点的非正则参数。

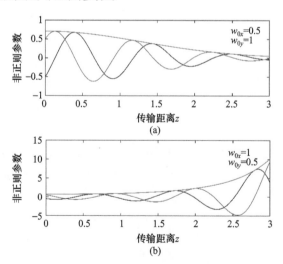

图 7.5　非对称光束背景下，非正则参数随传输距离 z 的变化。仿真参数为
$$Z_0 = 20, A(0) = -0.5 + 0.5i$$

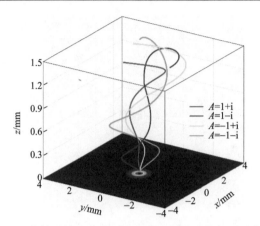

图 7.6　离轴涡旋点在非对称发散高斯光束中的运动轨迹

由上图可知，由于多种因素的影响，包括拓扑荷数反转，非正则参数的变化，以及光束的发散，涡旋点的运动轨迹变得十分复杂；但是与前面两节讨论的因素不同，发散度的影响最终会导致涡旋点离开背景光束，因此可以得到结论，如果背景光束不发散，涡旋点不会运动到无穷远处。

7.5　离轴涡旋点传输的实验研究

7.4 介绍的模型中含有对高斯光束的近似和简化，本节我们将在实验上研究正则离轴涡旋点在对称高斯光束中的传输规律。第 5 章介绍的 BPM 方法也可以用来研究离轴涡旋点的传输特性，通过数值计算的方法探究在光束传输的过程中相位奇点在光束横截面上的运动轨迹。假设一个涡旋光在高斯光束束腰位置的场分布满足如下表达式：

$$E(x,y,z) \propto (x - x_0 + \mathrm{i}ly)\mathrm{e}^{-\rho^2/w^2}\mathrm{e}^{\mathrm{i}k\rho^2/2R}\mathrm{e}^{\mathrm{i}\Phi} \tag{7.125}$$

它的涡旋点位于 $(x_0, 0)$ 位置，为了使问题简单，拓扑荷数仅仅考虑 $l = \pm 1$ 的情形。

图 7.7 计算了离轴涡旋点随光束传输的运动规律，由图可见，涡旋点会发生转动，其转动方向由拓扑荷数的符号决定，当光束发散度达到一定程度时，这种旋转趋于饱和。从焦平面出发，其最大转角小于 90°。通过详细计算我们发现，该旋转最大角度与拓扑荷数以及其初始位置无关。拓扑荷数越大，其转速越快。图 7.8 给出了相关的实验装置和实验结果，(a) 给出了实验装置图，激光经过准直系统准直后先后通过起偏器和 1/4 波片，将光束变成圆偏光，这么做的目的是减少光束偏振特性对实验的影响，随后光束通过相位板变成涡旋光束，通过改变 CCD 的测量位置来检测光束在不同位置的光斑形貌变化，从而检测离轴涡旋光束的旋转程度。(b) 和 (c) 分别检测了具有不同拓扑荷数的离轴涡旋光束的旋转情况，

由于实验用的光束束腰远远小于仿真用的光束束腰，约为 0.1mm，因此离轴涡旋点的旋转速度明显高于仿真结果，这么做的目的是在有限的实验平台上尽快完成光束的旋转。实验结果表明，拓扑荷数为+1 和+2 的离轴涡旋点随着高斯光束的传输都做逆时针旋转，旋转速度差异不大。但实验结果同时也表明，离轴涡旋点在旋转一定角度以后趋于饱和，这与波束传输法的模拟结果是吻合的。7.4 节介绍的解析模型没有考虑光束的发散，因此涡旋点的旋转不会饱和。

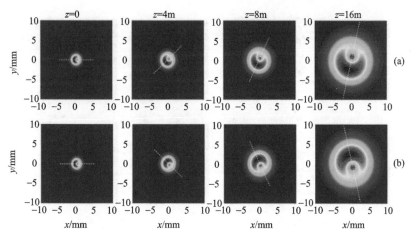

图 7.7 含离轴相位奇点的涡旋高斯光束在不同截面上的光斑图样

图中上下两排的拓扑荷数分别为 ±1，它们的涡旋点的初始位置相同；但是随着光束的传输，正拓扑荷数的涡旋点做逆时针转动，而负拓扑荷数的涡旋点做顺时针转动。离轴涡旋点的中心位于 $x_0 = 0.5$mm 处，高斯光束的束腰半径为 1mm，入射光波长为 785nm，束腰位置在 $z = 0$ 的平面上

关于拓扑荷数相反，其旋转方向相反，实验上也得到了证实，这里不再详述。接下来考虑一个携带多个相位奇点的涡旋光束的运动规律。假设涡旋光束共携带两个涡旋点，其中一个拓扑荷数为 2 的奇点 v_{+2} 的坐标为 $(x_0,\ 0)$；另一个拓扑荷数为-1 的奇点 v_{-1} 的坐标为 $(-x_0,\ 0)$。这样两个涡旋点的表达式可以分别写作

$$v_{+2} = (x - x_0 + \mathrm{i}y)^2 \tag{7.126}$$

$$v_{-1} = (x + x_0 - \mathrm{i}y) \tag{7.127}$$

整个涡旋光束在束腰平面的场分布为

$$E(x,y,z) \propto v_{+2} \cdot v_{-1} \cdot \mathrm{e}^{-\rho^2/w^2} \mathrm{e}^{\mathrm{i}k\rho^2/2R} \mathrm{e}^{\mathrm{i}\Phi} \tag{7.128}$$

图 7.9 分别计算了含上述两个涡旋点的高斯光束在 $z = 0$m，1m，2m，8m 的平面上的分布图。高斯光束使用的参数与图 7.7 一致，且 $x_0 = 0.6$mm。图 7.9 的计算结果给出了一些关于涡旋点的有趣的现象。

根据图 7.7 和图 7.8 给出的规律，拓扑荷数为正的涡旋点应该做逆时针转动，

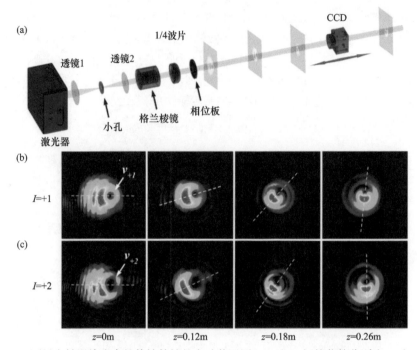

图 7.8　(a)测量离轴涡旋光束的传输特性的实验装置图；(b)和(c)拓扑荷数分别为+1 和+2 的离
轴涡旋点随着高斯光束的传输做逆时针旋转的实验结果图

而拓扑荷数为负的涡旋点应该做顺时针转动。但是图 7.9 说明，当存在两个涡旋
点的时候，它们相互之间存在作用。首先，拓扑荷数为正 2 的涡旋点分裂成两个
涡旋点，其中一个继续做逆时针转动，另一个涡旋点与拓扑荷数为负的涡旋点相
互吸引，它们都改变了自己原本的运动方向。相互吸引的两个涡旋点中，带负荷
的做逆时针转动，带正荷的做顺时针转动。拓扑荷数为 2 的涡旋点是否是平均分
裂？图 7.10 计算了涡旋光束传输到 $z=1.5\mathrm{m}$ 的平面处的位相分布图。从图中可以
清楚地看出，拓扑荷数为 2 的涡旋点分裂成两个拓扑荷数为 1 的独立涡旋点。

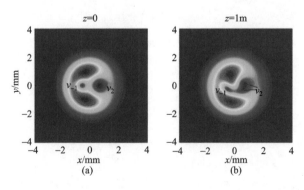

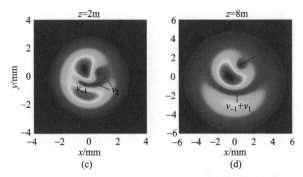

图 7.9　含两个离轴相位奇点的涡旋高斯光束在不同传输距离对应的截面上的光斑图样，
v 指代涡旋点所在位置，而下标标明它的拓扑荷数

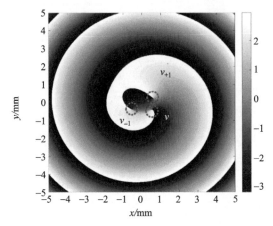

图 7.10　携带两个涡旋点的光束在传输 1.5m 的距离后的相位分布图

为了证明上述结论，我们开展了相关实验。如何产生一个同时含有两个离轴涡旋点的光束？一束高斯光在通过 4f 准直系统以后，又先后通过两块相位板，通过调节这两块相位板的中心位置来产生位于不同位置的两个离轴的涡旋点。这种做法虽然简单，但是对光束的质量产生了比较大的影响。在图 7.11(a) 中，产生了两个涡旋点，位于上方的涡旋点 v_1 的拓扑荷数为 1，而位于下方的涡旋点 v_{-2} 的拓扑荷数为 -2。通过调整 CCD 的位置来观察涡旋点随光束传输的位置变化以及整个光斑的形变。

对比图 7.11 和图 7.9，可以看到实验现象与理论基本吻合，拓扑荷数为 -2 的涡旋点 v_{-2} 首先分裂成两个拓扑荷数为 -1 的涡旋点 v_{-1}。在产生的三个涡旋点中，具有相同拓扑荷数的两个涡旋点 v_{-1} 由于排斥作用而分离。具有相反拓扑荷数的两个涡旋点，即分裂的一个涡旋点 v_{-1} 与涡旋点 v_1 由于相互吸引作用而逐渐靠近。为了解释上述涡旋点运动现象的物理机制，需要分析整个光束截面的能流和角动量分布。由于篇幅所限，本书不再对其展开讨论。

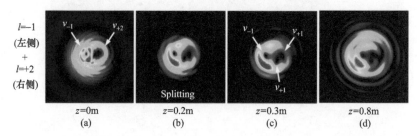

图 7.11 (a)含两个离轴涡旋点的高斯光束，拓扑荷数分别为 1 和–2；(b)传输约 20cm 以后，拓扑荷数为–2 的涡旋点开始分裂；(c)传输约 30cm 时，拓扑荷数为 1 的涡旋点与一个拓扑荷数为–1 的涡旋点相互吸引而靠近，两个拓扑荷数为–1 的涡旋点相互排斥而远离；(d)传输距离约 80cm 时，拓扑荷数为 1 的涡旋点与一个荷数为–1 的涡旋点进一步靠近

7.6 涡旋光束的双面金属包覆波导散射实验

7.6.1 实验及现象

本节简单地介绍涡旋光束在双面金属包覆波导表面的散射实验。实验的流程非常简单，将产生的涡旋光束直接照射到波导的表面，通过角度调制来改变超高阶导模的耦合条件，在此基础上研究透射光或者反射光的光学特性的变化。实验的基本原理图如图 7.12 所示。

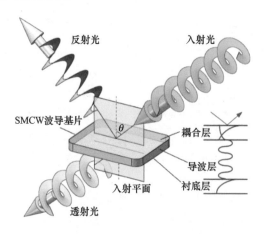

图 7.12 双面金属包覆波导对涡旋光束的散射实验原理图

从图 7.12 可以看出，实验的光路仅需要在原先波导的测试光路上稍加改变即可，即将过去使用的高斯光束改变为涡旋光束，并且基于自由空间耦合技术来激

发超高阶导模,倍角转台可以用来改变入射角,并且监测反射光。实验的关键在于超高阶导模的激发,通过满足波矢匹配等条件来实现导模共振;共振时导模产生的泄漏场与反射光、透射光形成强烈的干涉作用,从而极大地改变反射光场和透射光场。在前面的章节已经详细讨论了双面金属包覆波导对一般高斯光束的调制作用,其中包括 M 线效应、古斯-汉欣位移和 IF 位移效应等。当我们考虑涡旋光束时,其特殊的螺旋状位相分布会带来一些全新的现象,首先是光束的能流方向并不与光束的轴线方向平行,而是具有一定的分布,见图 7.13。

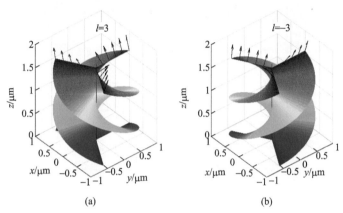

图 7.13 拓扑荷数 $l = 3$ (a) 和 $l = -3$ (b) 的涡旋光束的位相分布图,图中箭头是能流的传输方向

从图 7.13 可以看出,涡旋光束与高斯光束最显著的区别在于:高斯光束的能流传输方向在整个横截面上都可以近似认为是沿光轴方向,而涡旋光束的能流方向并不一致,这种不一致导致入射光波矢的微弱差异。对于超高阶导模来说,其超高的灵敏度可以有效地鉴别这种差异。实验光路并不复杂,将产生的涡旋光束以一定的入射角直接照射到波导的表面,就可以利用 CCD 来测量反射光斑的形变。如果要测量透射光斑的形变,衬底层的厚度不能过大,不能超过 $0.1\mu m$。实验装置图如图 7.14 所示。

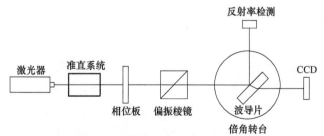

图 7.14 利用超高阶导模散射涡旋光束的实验装置图

在实验中,由光纤激光器产生的 532nm 激光,经过 4f 准直系统校准,再经

起偏器起偏以后，直接照射到空间光调制器上。其中倍角转台由步进电机控制，其角度精度可达 0.012°，涡旋光束由相位板产生，其拓扑荷数通常是固定的；涡旋光束也可以用空间光调制器产生，其拓扑荷数可以设定。图 7.15～图 7.17 给出相关的实验结果。

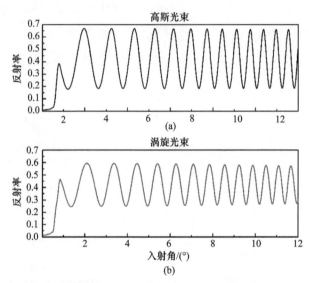

图 7.15　双面金属包覆波导的反射率曲线，(a)为高斯光束；(b)为涡旋光束

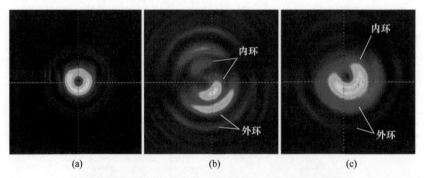

图 7.16　(a)入射光斑；(b)导模耦合时的反射光斑；(c)导模仅部分耦合时的反射光斑

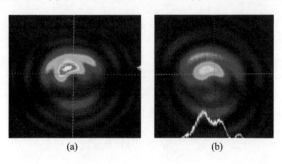

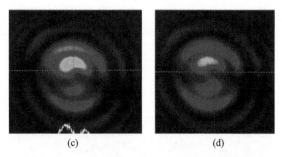

图 7.17　导模耦合过程中的反射光斑的演变

图 7.15(a)和(b)分别给出了该双面金属包覆波导在普通高斯光和涡旋光照射下的反射率曲线。从图中可以看出，涡旋光的耦合效率要低于高斯光束，这可能是由于在光束的横截面上，不同的位置具有不同的能流方向，因此涡旋光束的实际入射角有一定的范围分布。但总体来说，涡旋光还是可以耦合的，其耦合效率超过 50%。图 7.16 给出了双面金属包覆波导在导模耦合和部分耦合两种情况下反射光斑的典型图样。由图可以总结出两个规律。①在耦合角附近，除了位于中心的反射光斑以外，在外围出现了环状的光斑；在耦合角位置，外围的光斑个数要多于远离耦合角区域，其亮度也更亮。②在耦合角附近出现了弯曲的暗带，在耦合角位置，暗带正好穿过中心光斑。为了更清楚地展示反射光斑在耦合角附近的演化规律，图 7.17 详细地给出了暗带从中心光斑的边缘出现到移动到中心的变化过程，该过程对应着反射镜逐渐移动到共振吸收峰的中心位置，在这一过程中，反射率降低，整个光强逐渐减弱，而中心光斑也随着暗带的出现而分裂成两个部分。

7.6.2　基于几何光学的简单模型

为了解释 7.6.1 节所展示的实验现象，必须考虑光波导的耦合情况：在波导未耦合的情况下，能量无法进入波导内部，大部分光线在波导的上表面上直接反射，因此反射光斑并没有发生很大的形变；在波导导模耦合的情况下，能量进入波导内部，并且随着导模的激发沿着波导的横向传输。由于超高阶导模是泄漏模式，因此反射光斑仍旧是由泄漏的部分与上表面直接反射的部分发生干涉而形成的。一个简单的做法是将在波导上表面的反射光与波导导波层底面反射的光相互叠加，由于反射位置不同，导波层底面的反射光相当于经历了一段水平的位移。这种方法可以定性地解释实验观察的光斑的成因，但本节基于几何光学图景给出一个更加复杂的解释。

首先考虑一束携带光涡旋的 Laguerre-Gauss 光束，其拓扑荷数为 l，

$$E_p^l \propto \frac{1}{\sqrt{1+z^2/z_R^2}} \left(\frac{\sqrt{2}\rho}{w(z)} \right)^{|l|} L_p^{|l|}\left(\frac{2\rho^2}{w^2(z)} \right) \exp\left(-\frac{\rho^2}{w^2(z)} - \mathrm{i}\Phi \right) \tag{7.129}$$

其中的位相项由下式给出：

$$\Phi = \frac{k\rho^2 z}{2\left(z^2 + z_R^2\right)} + l\varphi + kz - \left(2p + |l| + 1\right)\arctan\left(z/z_R\right) \tag{7.130}$$

其他的参数为：$z_R = kw_0^2/2$ 是瑞利半径，k 是空间波矢，w_0 是光束的束腰半径，$w(z)$ 是光束半径函数，$L_p^{|l|}$ 是 Laguerre 多项式，而 p 是径向指数。式(7.130)中的最后一项是 Gouy 相位。接下去要讨论的模型的核心思想是，假设在光束截面上任意一点的能流方向 S 都与螺旋状的等相面相互垂直，因此有

$$S \propto \frac{\partial \Phi}{\partial \rho}\boldsymbol{e}_\rho + \frac{\partial \Phi}{\rho\partial \varphi}\boldsymbol{e}_\varphi + \frac{\partial \Phi}{\partial z}\boldsymbol{e}_z \tag{7.131}$$

基于前面的讨论，很容易利用数值的方法画出光束传输过程中不同横截面上的能流分布情况。见图 7.18 所示的数值计算结果，很显然传统方法定义的入射角并不能代表在涡旋光束中不同位置的光能的实际入射角。虽然这些角度可能仅仅分布在传统入射角附近的极小区间内，但是对于像双面金属包覆波导这种对入射光角度极其灵敏的器件来说，仅仅用单一的入射角来表征会产生比较大的问题。

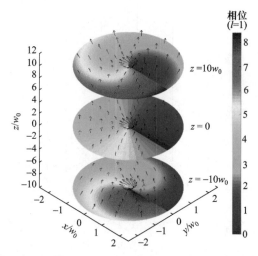

图 7.18　涡旋光束不同横截面上的位相分布(颜色表示)和能流分布(箭头表示)

进一步，如果整个光束以一个非零的入射角 θ 入射到光学器件的表面，那么整个能流的分布会变得更加复杂，因为这种情况下需要考察的面不是光束的横截面，而是一个倾斜了 θ 角的横截面。同样地，图 7.19 给出一个具体的例子，假设涡旋光束依旧沿着 z 轴的正向传输，而用 $\hat{n}$ 表示光学器件表面的法向分量，其与 z 轴的夹角为 θ。很明显，现在每一点的入射角取决于该点能流和器件表面法向

分量 $\hat{n}$ 的夹角。为了与整个光束的入射角 θ 相区分，我们把每一点的实际入射角定义为局域入射角，用符号 θ_L 来表示。

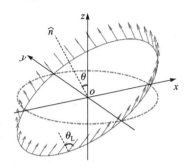

图 7.19　倾斜入射的涡旋光束在器件表面各点的能流分布

为了在图 7.19 所示的直角坐标系中计算 θ_L，首先将式(7.131)改写成如下形式：

$$\boldsymbol{S} \propto S_x \boldsymbol{e}_x + S_y \boldsymbol{e}_y + S_z \boldsymbol{e}_z \tag{7.132}$$

其中

$$\begin{cases} S_x / S_z = \dfrac{\rho z}{z^2 + z_R^2}\cos\varphi - \dfrac{l}{k\rho}\sin\varphi \\[3mm] S_y / S_z = \dfrac{\rho z}{z^2 + z_R^2}\sin\varphi + \dfrac{l}{k\rho}\cos\varphi \end{cases} \tag{7.133}$$

根据图 7.19 所示的坐标系，可以将 x-z 平面定义为入射面，因此法向分量 $\hat{n}$ 可以定义为 $(-\sin\theta, 0, \cos\theta)$。由上述讨论，我们可以将局域入射角 θ_L 的最终表达式写为

$$\theta_L = \arccos \frac{\cos\theta_i S_z - \sin\theta_i S_x}{\sqrt{S_x^2 + S_y^2 + S_z^2}} \tag{7.134}$$

结合(7.133)和(7.134)两式可以计算以不同入射角 θ 入射的涡旋光束在器件表面的局域入射角的分布情况。图 7.20 给出一些实例，计算了光束在焦距前、焦距位置和焦距后三个不同截面上的局域入射角 θ_L。从图中可以看出，θ_L 的分布存在两个极点，第一个极点位于涡旋点中心，其产生的原因是位相在该点没有定义；第二个极点的局域入射角为零度，即光束的能流方向与截面相平行。通常情况下，这两个极点都位于光束中心的暗区内，其光场强度为零。在光场强度不为零的区域，局域入射角的变化范围是很小的，通常有 $\theta_L \approx \theta$。

双面金属包覆波导结构具有足够的分辨率来区分上述微弱的入射角变化，图 7.15 表明在涡旋光束激发下，波导内的超高阶导模也是可以被成功激发的。但涡旋光束的入射角有一定的分布，导致超高阶导模的耦合效率比一般高斯光束低。

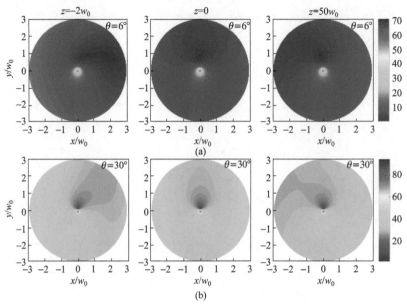

图 7.20　涡旋光束在不同距离的截面上的局域入射角 θ_L 的分布情况

(a)入射角为 6°；(b)入射角为 30°

如果根据光束横截面上每一点的局域入射角来计算该点的反射强度,可以得到反射光的光强分布。为了与实验条件相匹配,使波导位于焦点后足够远的位置,图 7.21 计算了位于焦点后 $z = 50w_0$ 位置处的光强度分布。

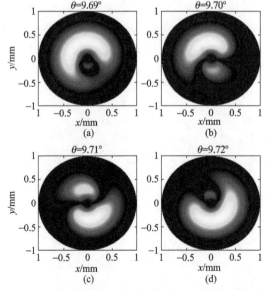

图 7.21　涡旋光被双面金属包覆波导反射后的光斑的数值模拟图

光束的束腰半径为 0.5mm,而双面金属包覆波导位于光束焦距后 50cm 的位置

很明显，图 7.21 的数值模拟结果与图 7.15 和图 7.16 展示的实验结果的相似度是非常高的。但图 7.21 仅仅展示了实验结果中的中心光斑在小角度(小于 10°)的散射图样，并没有得到外层光环结构。我们认为外层光环结构的成因是超高阶导模的模间耦合和模内耦合机制。由于金属膜的自然不平整度，被激发模式的波矢受到了不规则的散射效应，而这种散射会带来两种不同结果。一方面，这种散射会导致能量在同一种模式的不同传输方向上的耦合，从而形成一个光环结构，被称为模内耦合效应；另一方面，由于超高阶导模的模式密度非常高，相邻阶数的模式的传播常数的差异小于散射波矢，会导致能量在不同阶数的模式之间的耦合，从而形成多个光环结构，被称为模间耦合效应。这样，双面金属包覆波导对涡旋光束的散射效应基于上述几何光学模型和模式耦合理论就完全解释清楚了。在导波光学中，利用导模激发在反射光斑中形成的黑线进行检测的技术通常称为 M 线技术。图 7.21 还表明，涡旋光斑的 M 线与普通高斯光斑不同，后者通常是水平地扫过整个光斑，而涡旋光斑的 M 线总是从中心的位相奇点产生，扭曲地扫过整个光斑以后，又消失在中心的暗纹内。这一点也很好理解，因为中心的位相奇点包含各种不同的位相。

图 7.22 比较了具有不同拓扑荷数的涡旋光在双面金属包覆波导表面反射的光斑图样，并且将入射角设定为 30°。引入大的入射角会导致超高阶导模模式密度的增加，有可能让几个超高阶导模的传播常数同时落在入射光的波矢范围内，

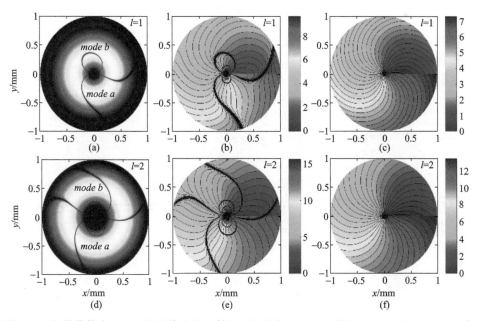

图 7.22　拓扑荷数为 1 和 2 的涡旋光的反射光斑的强度(a)、(d)和位相(b)、(e)的对比图及入射光斑的位相分布图(c)、(f)

从而激发若干根 M 线。而拓扑荷数更大的涡旋光束，由于它的等相面相对于光束的横截面更加倾斜，因此它的局域入射角也具有更大的分布范围，因此当它们以同样的入射角入射时，拓扑荷数更大的光束有可能激发更多的 M 线。因此在图 7.22 中，拓扑荷数为 2 的涡旋光比拓扑荷数为 1 的涡旋光包含了更多的 M 线。比较反射光斑和入射光斑的位相分布，会发现反射光斑的位相分布范围比入射光斑正好大一个 π，这是不是暗示涡旋光与超高阶导模的作用会导致拓扑荷数产生 1/2 的突变，即由原先的 l 变化为 $l+1/2$？仔细分析会发现产生这个 π 的位相增量的原因是 M 线通过了 $\varphi=0$ 这条径线。在入射光的位相分布图中，仅仅在 $\varphi=0$ 的两侧产生了 $l\pi$ 的位相突变，其上方的位相是 0，其下方的位相是 $l\pi$。而根据波导理论，在导模共振的时候，共振角附近也会产生 π 的位相突变，因此当 M 线与 $\varphi=0$ 径线相交的时候，这个 π 的位相突变会叠加在 $l\pi$ 之上。综上所述，在这种实验条件下，超高阶导模的激发并没有引起涡旋光束的拓扑荷数的改变。

7.7　涡旋光束的古斯-汉欣位移效应

古斯-汉欣位移是我们所关注的一个重要的物理效应，在第 5 章中我们对普通高斯光束的古斯-汉欣位移效应做了详细的分析。超高阶导模的激发引起的古斯-汉欣位移增强作用的原理是：导模的泄漏部分与原散射光发生强烈的干涉作用，从而导致光斑的形变并引起光束重心位置的变化。由于涡旋光是利用相位板产生的，而相位板是波长相关的，利用改变波长的方式来调制波导的耦合效率的方法并不可行。因此，为了研究涡旋光的古斯-汉欣位移效应，只能针对透射光束进行实验，这样不会由于光路的改变引起实验的误差。我们针对拓扑荷数为 1 和 2 的涡旋光束进行了古斯-汉欣位移效应的研究，其现象与普通高斯光束的现象有所不同，见图 7.23 和图 7.24，其中图 7.23 是拓扑荷数为 1 的涡旋光的现象，而图 7.24 是拓扑荷数为 2 的涡旋光的现象。

图 7.23 中，黑色的曲线是某一个共振吸收峰的反射率曲线，其耦合效率仅为 40%左右，但由于我们研究的是透射光束，从图中可以看到，在共振吸收峰之外的位置，透射光束的强度是非常低的，因为大部分的能量都被直接反射了。在共振吸收峰处，由于超高阶导模的激发，能量首先进入导波层，再以泄漏模的形式穿过波导的衬底，形成透射光，因此共振角位置的透射光的强度最大。在涡旋光照射下，透射光呈多层环状，形成多层光环的机制是超高阶导模的模内耦合和模间耦合。普通高斯光束是整体的增强，而古斯-汉欣位移表现为光斑的拉伸和形变，而涡旋光束与之不同，它表现为局域光强的增强，并且随着入射角的变化，增强的区域由光斑的一侧向另一侧移动。如果根据光强的峰值位置或者重心来定

义光束的实际位置，则涡旋光呈现出更大的正负古斯-汉欣位移效应，并且这种位移连续可调。

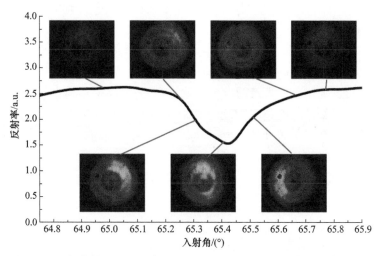

图 7.23　拓扑荷数为 1 的涡旋光在一个共振周期内的古斯-汉欣位移增强

图 7.24 给出了拓扑荷数为 2 的涡旋光在一个超高阶导模的共振周期内的古斯-汉欣位移效应。对比拓扑荷数为 1 的实验结果，可以看到拓扑荷数不同也导致了新的效应的出现。如果在一个共振周期内，将光斑的增强区域从光斑的一侧移动到另一侧称为一次古斯-汉欣正负位移效应，那么拓扑荷数为 1 的涡旋光在一个共振周期内仅有一次古斯-汉欣位移效应。而图 7.24 则表明，拓扑荷数为 2 的涡旋光在一个共振周期内出现了两次古斯-汉欣位移效应，其中插图 1~5 是很明

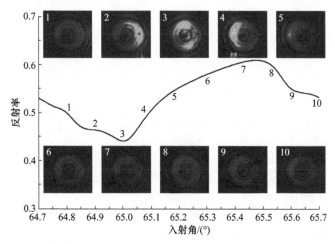

图 7.24　拓扑荷数为 2 的涡旋光束在一个共振周期内的古斯-汉欣位移增强

显第一次古斯-汉欣位移效应，它对应反射率曲线的共振吸收峰的底部位置，而插图 6~10 则是第二次古斯-汉欣位移效应，它位于共振吸收峰的顶部位置，此时光场的强度非常弱，但是依旧可以很清晰地辨别出增强区域由光斑的一侧移动到另一侧。插图 6 的光斑的左侧是第一次古斯-汉欣位移效应的"尾巴"，而它的右侧又一次出现了场强增强的区域；由插图 7、8 可以看到右侧出现的场强增强区域已经移动到了光斑的中央；由插图 9、10 可以看到第二次古斯-汉欣位移效应的场强增强区域到达了光斑的左侧，这样就完成了第二次完整的古斯-汉欣位移效应。这一现象是之前没有发现过的，在一个导模共振周期内出现了两次古斯-汉欣位移增强效应，而出现古斯-汉欣位移增强效应的次数是否与拓扑荷数有关还有待进一步的实验证实。

7.8 本 章 小 结

本章首先介绍了涡旋光束和轨道角动量的概念；接着研究了含离轴涡旋点的涡旋光束在自由空间传输的动力学模型，并且研究了涡旋光束激发超高阶导模以及由于波导散射引起的光束的形变，通过建立一个基于几何光学的简单模型初步解释了这种光斑的形变；最后研究了透射的涡旋光的古斯-汉欣位移效应，并且发现古斯-汉欣位移效应在一个导模共振周期内出现的次数与拓扑荷数有关。

参 考 文 献

[1] Jackson J D. Classical Electrodynamics (Third Edition). Hoboken: Wiely Press, 1998: 35-60.

[2] Barnett S M. Rotation of the electromagnetic field and the nature of optical angular momentum. J. Mod. Opt., 2010, 57(14): 1339-1343.

[3] Lax M, Louisell W H, McKnight B. From Maxwell to paraxial wave optics. Phy. Rev. A., 1975, 11(4): 1365-1370.

[4] Allen L, Beijersbergen M W, Spreeuw R J C, et al. Orbital angular momentum of light and the transformation of Laguerre-Gaussian modes. Phys. Rev. A., 1992, 45(11): 8185-8190.

[5] Beijersbergen M W, Allen L, Van der Veen H E L O, et al. Astigmatic laser mode converters and transfer of orbital angular momentum. Opt. Commun., 1993, 96: 123-132.

[6] Durnin J, Micelli J J, Eberly J H. Diffraction-free beams, Phys. Rev. Lett., 1987, 58(15): 1499-1501.

[7] Barnett S M. Optical angular-momentum flux. J. Opt. B., 2002, 4(2): 7-16.

[8] Padgett M J. Orbital angular momentum 25 years on. Opt. Exp., 2017, 25(10): 11265.

[9] Dennis M R, Kivshar Y S, Soskin M S, et al. Singular Optics: More ado about nothing. J. Opt. A, 2009, 11(9): 586.

[10] Simpson N B, Dholakia K, Allen L, et al. Mechanical equivalence of spin and orbital angular momentum of light: an optical spanner. Opt. Lett., 1997, 22(1): 52.

[11] Liu H. Optical spanner based on the transfer of spin angular momentum of light in semiconductors. Opt. Commun., 2015, 342: 125.

[12] Dennis M R, King R P, Jack B, et al. Isolated optical vortex knots. Nature Phys., 2010, 6: 118.

[13] Reyna A S, De Araújo C B. Taming the emerging beams after the split of optical vortex solitons in a saturable medium, Phys. Rev. A, 2016, 93: 013843.

[14] Toda Y, Honda S, Morita R. Dynamics of a paired optical vortex generated by second-harmonic generation. Opt. Exp., 2010, 18: 17796.

[15] Lenzini F, Residori S, Arecchi F T, et al. Optical vortex interaction and generation via nonlinear wave mixing., Phys. Rev. A, 2011, 84: 242.

[16] Rozas D, Law C T, Swartzlander G A. Jr., Propagation dynamics of optical vortices. JOSA B, 1997, 14: 3054.

[17] Flossmann F, Schwarz U T, Maier M. Propagation dynamics of optical vortices in Laguerre–Gaussian beams. Opt. Comm., 2005, 250: 218.

[18] Molina-Terriza G, Recolons J, Torres J P, et al. Observation of the dynamical inversion of the topological charge of an optical vortex. Phys. Rev. Lett., 2001, 87: 023902.

[19] Molina-Terriza G, Wright E M, Torner L. Propagation and control of noncanonical optical vortices. Opt. Lett., 2001, 26: 163.

第8章 超高阶导模的其他应用

前面几章介绍了超高阶导模在光束位移调制、传感检测、涡旋光束等领域的应用，实际上超高阶导模的应用远远不止这些，本章将集中介绍超高阶导模在慢光、光操控、拉曼增强、染料激光等领域的应用。目前我们课题组还在开展超高阶导模在白激光、非线性效应增强、纳米光刻等领域的研究，但由于这些课题还在实验阶段，本书对此不做详细介绍。总之，双面金属包覆波导以及超高阶导模由于具有结构简单、光学特性优异等特点在很多领域都有很好的应用前景。

8.1 超高阶导模用于产生慢光

近年来，光纤通信系统不断提供更大容量、更高速度的传输能力，其迅猛发展已经全面改变了人们的生活。为了满足日益增长的数据传输业务，光通信的速率在不断提升，但是光通信中还存在很多光电转换环节，有很多电子器件，这些电子器件的工作速率有限，光电相互转化的带宽瓶颈已经成为限制光通信容量的一个主要原因[1-3]。为此，光交换、光路由作为全光网络中的关键节点技术应用在全光交换网络中，但是当两个数据包同时到达光路由器时就会带来一个严重的问题，这就是所谓的数据包线路争夺[4]。为解决这个问题，研究了光纤中群速度的调控[5]，用光学的方法来控制光速，实现光信号的可控延迟或存储。慢光现象的诸多优点引起了人们的注意。慢光技术有望被用于光存储，有助于实现光计算[6,7]。

慢光是指光在介质中传播时群速度减慢的物理现象[8]。慢光的名词早在1880年就被Lorentz等系统地阐述电磁波色散的经典理论[9]时提出。20世纪40年代，人们就观察到了微波范围的群速度减慢现象[10]。伴随着激光的出现，人们对于物质中慢光现象的理论和实验研究才取得了明显的进展。Basov等研究了脉冲在激光放大器的传播过程中出现的反转原子的聚集[11]。1971年，Casperson和Yariv用高增益$3.51\mu m$波长的氙放大器获得低于$C/2.5$的群速度[12]。1983年Hillman等论证了介质吸收系数的急剧变化会伴随着介质折射率发生急剧变化，从而实现光速减慢的关键条件[13]。1999年，Hau等利用电磁诱导透明技术克服了介质的强共振吸收，将光速减慢到$17~m/s$，引发了慢光研究的热潮[14]。2000年，Lin等通过一维体相位光栅的铌酸锂$(LiNbO_3)$晶体减慢了光的群速度，测得群速度为

$v_g = c / 7.5$，这是首次在室温条件下的固体介质中实现了光速减慢[15]。2001 年，Kocharovskaya 等在 *Physical Review Letters* 发表文献，证明了通过电磁诱导透明技术可以在相干驱动多普勒加宽原子介质中使光速减为零，甚至使光速为负[16]。2005 年，Song 等以及 Boyd 小组在光纤中利用受激布里渊散射实现了群延迟可控[17,18]，随后又相继出现了基于光纤的受激拉曼散射[19]和基于四波混频效应的慢光实验报道[20]。

慢光已经成为光物理科学以及光通信领域一个极其热点的研究方向[21-24]。慢光现象还可以被用于传感。例如，利用慢光效应可以提高干涉仪的灵敏度[25-27]。Shi 等在 *Optics Letters* 上发表文章报道了利用慢光技术可以提高 Mach-Zehnder 干涉仪灵敏度[25]。慢光还被用于提高光学陀螺的测试精度、增加陀螺仪的灵敏度[28-30]。瑞士洛桑联邦理工学院的 Thevenaz 和加拿大渥太华大学的 Bao 小组在 2006 年提出了基于慢光的分布式布里渊传感器[31,32]。慢光现象还可以被用于非线性效应增强[33-35]以及相控阵雷达[36]等。

根据多年的光波导技术的研究，我们提出了利用毫米金属包覆波导实现慢光的原理并进行了实验测试。在光波技术上，人们普遍认为金属作为波导包覆层将对传输光能量产生强烈的吸收，导致波导的损耗较大，不利于制作实用型光传输器件。但我们的研究表明，随着导波层厚度的增加，波导的传输损耗也迅速下降，本章中我们利用毫米尺度对称金属实现了慢光传输。

8.1.1 超高阶导模实现慢光原理

波长为 650nm 的激光束入射到对称金属波导上，通过电脑控制转台使入射角发生变化，当入射到波导金属耦合层满足导模共振角度时，产生导模共振。若在反射面上发生衰减全反射，则反射光中出现共振吸收峰，吸收峰的底部对应于入射光耦合入波导层中，在波导层中产生超高阶导模。图 8.1 是处于导模共振时的

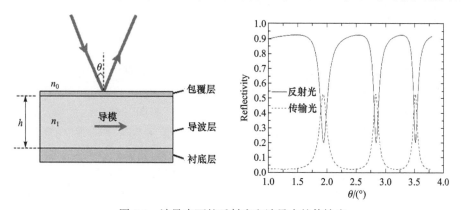

图 8.1 波导表面的反射光和波导中的传输光

波导表面的反射光和波导中的传输光的光强关系，从图中可以看出，若入射光束未处于导模共振耦合角度，则波导中的传输光基本为最小，当入射光角度满足导模共振角度时，入射光耦合到波导里面，此时反射光的光强最弱，产生波导中的传输光，而且传输光达到最大值。

利用毫米尺度波导中的超高阶导模特性方程(4.52)，

$$\kappa_1 h = m\pi, \quad m = 0,1,2,\cdots \tag{8.1}$$

结合 $\kappa_1 = 2\pi/\lambda\sqrt{n_1^2 - N^2}$ ，由方程(8.1)容易得到

$$\frac{\mathrm{d}N}{\mathrm{d}n_1} = \frac{n_1}{N} \tag{8.2}$$

$$\frac{\mathrm{d}N}{\mathrm{d}\lambda} = \frac{n_1^2 - N^2}{N\lambda} \tag{8.3}$$

$$\frac{\mathrm{d}N}{\mathrm{d}h} = \frac{n_1^2 - N^2}{Nh} \tag{8.4}$$

其中有效折射率 $N = n_0 \sin\theta$ 。由式(8.3)可得超高阶模的群速度

$$\frac{\mathrm{d}\omega}{\mathrm{d}\beta} = \frac{Nc}{n_1(n_1 + \omega\,\mathrm{d}n_1/\mathrm{d}\omega)} \tag{8.5}$$

式中，因子 $\dfrac{c}{n_1 + \omega\,\mathrm{d}n_1/\mathrm{d}\omega}$ 显然是光在折射率为 n_1 介质中传输的群速度[5]；而因子 N/n_1 称为慢波因子。波导中的传输光的光速的表达式为式(8.6)，当 $N \to 0$ 时，超高阶导模的群速度也趋于 0。

$$v_{\mathrm{g}} = \frac{N}{n_1} \cdot \frac{c}{n_1 + \omega\,\mathrm{d}n_1/\mathrm{d}\omega} \tag{8.6}$$

根据文献[5]，式(8.7)为材料的色散慢光表达式：

$$v_{\mathrm{g}}' = \frac{c}{n_1 + \omega\,\mathrm{d}n_1/\mathrm{d}\omega} \tag{8.7}$$

比较模式色散慢光表达式(8.6)和材料色散慢光表达式(8.7)，式(8.6)多了一项慢光因子 N/n_1 。在此我们不利用材料色散来实现慢光，可以克服材料色散慢光低延迟-带宽积(DBP)的缺点,利用该原理可有效提高 DBP 值。根据色散方程(8.6)，图 8.2 为波导中超高阶导模数值计算的色散曲线与群折射率，从图中看出，这种波导不同于传统的依靠光传输距离的光延迟线，后者的色散为直线关系。

图 8.2 表明，该波导的反常色散曲线在零波数附近区域非常平坦，所以该区域可以用于实现慢光，这种平坦性不同于材料色散慢光的陡峭而窄的色散曲线(MHz 带宽)。

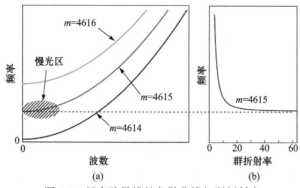

图 8.2 超高阶导模的色散曲线与群折射率

从慢光实现的式(8.5)和式(8.6)可以看出，为了得到更低的慢光光速，应该尽量减小入射光角度 θ 的值，角度小了，从式(8.1)的模式本征方程中得出模阶数的值也就更高，即慢光因子 N/n_1 越小，获得的光速越慢。

8.1.2 慢光的实验研究

为了便于测试波导中慢光的光速，要将入射光耦合到波导里面，并且传输一段距离 L，然后再从波导耦合层中耦合出慢光，进行测试，所以在波导的耦合层中再覆盖一层金属，把慢光约束在波导中传输距离 L。实验样品的结构示意图如图 8.3 所示，厚度为 2mm 的玻璃基片下表面为较厚的银膜，上表面为较薄的银膜，以该薄银膜作为波导的耦合层，同时在此薄银膜的中间位置再镀一层较厚的银膜。两层金属和玻璃基片构成一个对称金属包覆波导结构，上银层既是波导的包覆层又是波导的耦合层。

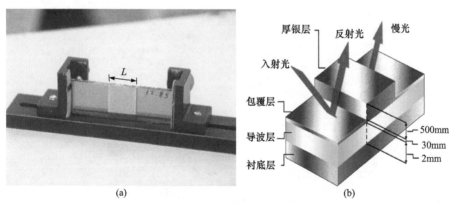

图 8.3 对称金属波导实物图(a)和结构原理图(b)

从不同的入射光角度时波导的 ATR 谱中可以看出高阶导模的特性。模序数较低的谱线，由于模间距小，分离不是很大，不容易在实验中进行操作；而且模序数高的导模,其模式之间分离比较大,容易在实验中利用该导波模式进行实验,对应的入射光角度也小,得到的慢光因子较小,容易得到更慢的光速。

关于波导的制作,我们采用了厚度为 2mm 的光学玻璃,其平行度优于 1 毫弧度,长宽厚为 40mm×12mm×2mm,双面抛光的玻璃基片。将基片置入丙酮溶液中由超声波清洗,经碱液、酸液、超声清洗,再用去离子水清洗后烘干。先在下表面用磁控溅射的方法镀上较厚的金属银,因为我们采用的是反射型结构的波导,当银膜的厚度超过 150nm 时,可完全隔离衬底的影响,所以可把这层银膜看成无穷厚,因此在实验中可以不测量该厚度。根据时间控制溅射下层厚度约 200nm 的银膜,下表面银层溅射好之后,开始在玻璃的上表面溅射厚度约为 30nm 的薄银层,因为该层金属是波导的耦合层,其厚度的大小直接影响波导的耦合效率,而且其银层的介电系数的虚部对波导耦合也有影响。在理论模拟中,此薄银层的厚度为 42nm,实验中溅射的银层经实验测试为 47nm,可以满足波导耦合的要求。上层银膜的厚度和复介电系数可利用陪片经双波长法测得,光波长为 650nm 时测得金属的复介电系数和金属薄膜的厚度 h 分别为 $\varepsilon = -17.3 + \mathrm{i}1.7$,$h = 47\mathrm{nm}$,所得介电系数结果与文献给出的参数十分接近。波导耦合层的银镀好之后,再溅射一层较厚的银作为波导的包覆层,此层厚度大约在 200nm。经样品制作后的波导材料,如图 8.3 所示,在此包覆层的长度为 L=1.1cm。

图 8.4 所示为实验测试装置的示意图,由 650nm 半导体激光器、小孔、偏振器、$\theta/2\theta$ 倍角转台、调制信号源、光电探测器、示波器、控制计算机组成。实验测试中采用的是半导体激光器,其波长为 650nm,光功率为 30mW,光束平行度优于 1 毫弧度。调制信号源采用的是超高频功率信号发生器,型号为:XG82

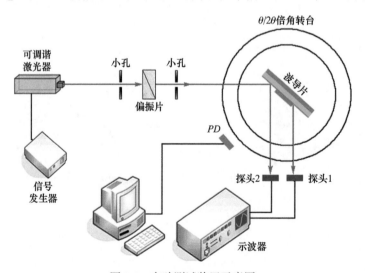

图 8.4　实验测试装置示意图

型，其频率范围是：第一挡 300～1000MHz，第二挡 800～2000MHz，输出波形
为正弦波。光探测器采用带宽为 1GHz 的 PIN 管光空间光探测器。示波器采用带
宽为 2GHz 的高频示波器，型号为 LeCroy 6200。

　　光路调节好之后，分两步进行实验。首先是用 θ/2θ 倍角转台扫描波导样品，
得到波导的 ATR 曲线图。其工作过程是：波长为 650nm 的激光束经小孔 1 整形，
经过偏振器，再经小孔 2 改善平行度，最后入射在波导样品上。用光电探测器接
收经波导传输后的出射光，利用计算机控制 θ/2θ 倍角转台，转动样品，使入射
光角度尽量从小角度开始扫描波导片，这是因为在此尽量用小角度的入射光，可
以得到更慢的传输光。当入射光满足一个合适的入射角度时，使得耦合进入波导
中光能量达到最大，继续转动 θ/2θ 倍角转台，可得到波导反射光 B 点的 ATR 谱
图，如图 8.5 所示。

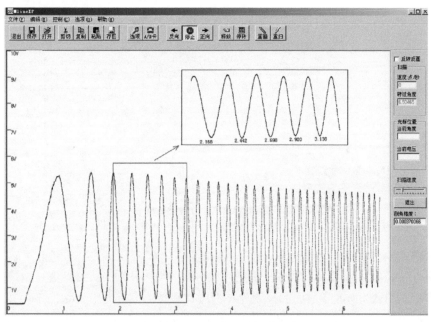

图 8.5　实验样品的 ATR 谱

　　从图 8.5 的 ATR 谱线中看到波导的模式非常多，这是由于波导片很厚，达到
2mm。有了波导样品的 ATR 谱线后，接下来就是选择合适的 ATR 模式共振角度。
从图 8.5 所示 ATR 谱线中选择角度为 2.168°、2.442°、2.698°、2.920°、3.138°
的五个角度测试慢光光速，让 θ/2θ 倍角转台在 5 个导模共振角度处停转，此时
在样品波导上有入射光束，而且还有两束反射光束，离入射光束最近的是波导
包覆层厚银膜的反射光束，该光束没有经过波导传输，另外一束相隔距离 L 的
是波导中的导波光传输距离 L 后，经波导薄银膜的耦合而出的光束，如图 8.3

所示。

　　采用 300MHz(实测 298.3MHz)的正弦波信号调制 650nm 的激光器,光电探测器接收反射光和波导传输光,送示波器显示波形。如图 8.6 所示为入射光角度为 3.138°时的实验波形。图 8.6(a)中的 a1 是调制信号的波形,与之对应的是波导上表面反射光波形 a2,两者波峰相差 2.905ns。图 8.6(b)中的 b1 也是调制信号波形,与之对应的是波导传输光传输距离 L 之后的出射光波形 b2,它的波峰与调制信号波峰时间相差 4.406ns,由此可以得出波导传输光传输距离 L 之后的出射光比波导表面的反射光慢了 1.510ns。

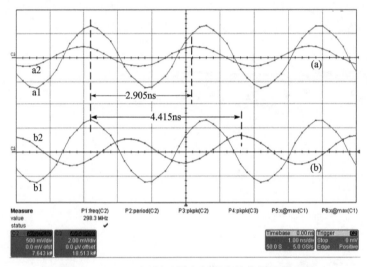

图 8.6　300MHz 调制反射光与慢光的信号波形比较

(a)a1 为激光的调制信号,a2 为反射中的信号;(b)b1 为激光的调制信号,b2 为慢光中的信号

　　进一步改变调制信号的频率,用 1GHz(实测 997.8MHz)的正弦波信号调制了半导体激光器。选择波导入射光角度 2.698°,用探测器收到的光信号波形图见图 8.7。其中 c1 为波导表面的反射光波形图,其光速没有发生变化,c2 为波导慢光传输距离 L 后的出射光波形图。比较两个波峰的延迟时间可以看出相差了 1.755ns。

　　图 8.7 中波形为 1GHz 信号,示波器的带宽为 2GHz,其采样率为 10G/S,所以图中的波形折线感较强,这一点通过更换更高采样率的示波器可以得到改善。在同样实验条件下,利用 1GHz 正弦波调制的 650nm 的激光器,通过改变入射角来改变导模的模式数,获得相应的慢光延迟时间,如图 8.8 所示。图 8.9 比较了不同角度下通过实验获得的延迟时间与理论计算结果,两者是一致的。

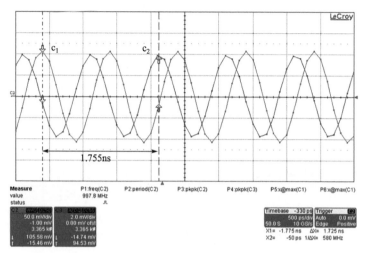

图 8.7 调制的慢光

c1 为激光器的调制波形；c2 为慢光解调后的波形

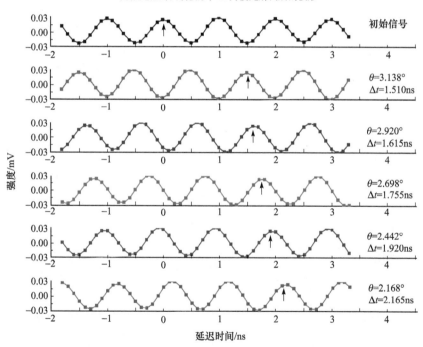

图 8.8 不同角度时 SMCW 中不同的慢光延迟时间

　　根据实验室现有仪器(LeCroy Waverunner 6200 2GHz，转台精度，放大电路等因素)，实验所能得到的慢光最大延迟时间为 2.165ns，波导中的慢光光速为 0.017c。我们测试了超高阶导模机制下的脉冲激光的慢光现象，采用脉冲激光器

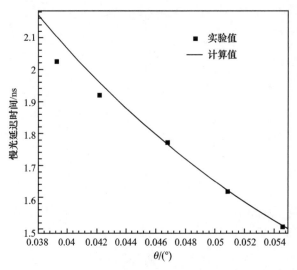

图 8.9　不同角度下慢光延迟时间的实验值与计算值

进行实验。采用的是 YAG 激光器，其激光脉冲约在 10ns 级别，波长为 1064nm。从图 8.10 中看出，慢光脉冲的延迟时间比波导表面反射的光延迟了 1.631ns，在 ns 级的精度内，其脉冲波形没有发生畸变，没有发生波形展宽现象，所以我们说该种方法实现的慢光的带宽可以做到很大，在纳秒级别的范围内没有观察到调制信号的压缩和展宽现象。经计算，可得延迟-带宽积为 2。为了进一步减小光速，根据模式本征方程(8.6)，必须有模阶数更高的导模，即尽量提高 m 的值，可以看出，所采取的方法可以是减小波长、增加波导厚度、减小入射光角度。为了得到

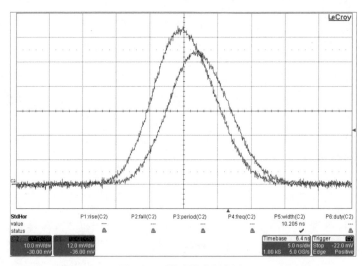

图 8.10　脉冲激光的慢光

模阶数更高的导模，还可以对这些改变慢光速度的参数做进一步的研究。实验研究中波导表面入射点 *A* 处激光功率为 16mW，波导传输后的出射光 *B* 点激光为 1.2mW，即增加对称金属波导厚度达到毫米量级，其损耗并不是很大，而且随着导波层厚度的增加，波导的传输损耗也迅速下降。

综上所述，课题组设计制作了厚度为 2mm 的对称金属波导，在波导中传输了 1.1cm 的慢光，其光速是 0.017*c*，同时进行了脉冲光实验，采用 10ns 的脉冲激光，传输后的光脉冲未见畸变，脉冲没有展宽，测试并达到 GHz 的调制带宽，获得了大的延迟-带宽积。

8.2　超高阶导模在光操控领域的应用

8.2.1　超高阶导模作用于磁流体

磁流体也称为铁磁流体或磁液。它是将掺入载液中的铁磁性微粒(＜10nm)用分散剂均匀地分散，使其成为某种具有流动性的悬浮状的胶态液体。这种液体具有在通常离心力和磁场作用下既不沉降和凝集又能承受磁性并被磁场吸引的特性。磁流体具有以下特点：①在磁场的作用下，磁化强度随外磁场的增加而增加，直至饱和，外磁场去除以后又无任何磁滞现象；②具有液体的流动性，在通常的离心力和磁场的作用下，既不沉降也不凝结；③与一般纳米粒子相同，具有小尺寸效应、表面效应、量子尺寸效应和宏观量子隧道效应。

早在 1779 年，Knight 就首先尝试制备了磁流体[37]，但到 20 世纪 60 年代之前，一直没有获得比较稳定的磁流体材料[38,39]。1965 年，美国国家航空航天局(NASA)的 Papell 通过研磨法获得稳定的磁流体[40]，并在 NASA 航天产品的密封中获得成功应用。自此引发了对这种新型材料的研究开发和应用，例如，人们对磁流体的性质进行了广泛的探索和深入的研究，并将其应用到科学实验和工业装置中[41]。目前有关磁流体的文献资料和专利非常多，研究主要集中在：磁流体的制作和保存，磁流体的动力学、热力学理论、混沌和奇异现象，磁流体的长期稳定性、链接与分离，磁流体的电学、声学、磁光、光学和流变学特性等。

磁流体在静态时无磁性吸引力，当外加磁场作用时才表现出磁性，此时磁流体中的磁性颗粒在一定程度上沿着外磁场的方向做定向的周期性排列，这些微观结构对光产生不同的影响，此时磁流体就会像某些单轴晶体一样呈现出各向异性的光学特性，这称为磁光效应，因此磁流体具有了一些特殊的光学性质。磁流体的这些特性对光产生不同的影响，即能在很大程度上改变光的透射率和折射率，产生大的法拉第旋转、磁二向色性、克尔效应等，并且这些特性的强弱可以通过调整磁场的强度和磁流体的厚度等参数来调节，这在可调谐器件上有着非常有益的应用。这种磁场中的特性在磁光开关、磁光隔离器、磁光调制器等领域有着重要的应用前景。磁流体的磁光效应为光子器件的制作提供了新材料，因此磁流体光子器件具有美好的前景。

我们的实验研究发现，波导中的磁流体样品处于导模共振状态，波导中光场密度非常高，使得其中的磁流体具有了很多新的光学特性，并且发现磁流体处于毫米尺度的对称金属包覆波导中有很多值得探讨的地方，如光俘获、折射率调制等。

根据磁流体的流动特性，研究设计了由三层玻璃构成的波导腔体，图 8.11 为其示意图，图 8.12(b)是其实物照片。采用边长为 15mm 的方形光学玻璃，平行度不低于 1 毫弧度。中间的玻璃厚度为 0.7mm，上下两片玻璃的厚度为 0.3mm。中间玻璃挖出一个直径为 11mm 的圆之后在中心线上切出宽为 0.5mm 的槽，作为注入待测的实验样品之用。

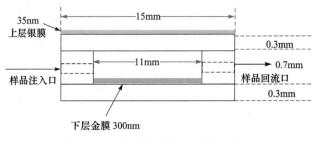

图 8.11　含样品腔的波导结构示意图

采用热蒸镀的方法在样品盒的上下表面镀上所需厚度的金属膜，其中下表面的金膜是直径为 11mm 的圆形，实际镀膜 300nm。上层银膜的厚度需要精确控制，对于波长为 860nm 的激光器，其上层银膜厚度的值应在 28～38nm 之间。对于本实验中蒸镀的银膜包覆层，采用双波长法测得其厚度为 30nm。波导中的三块玻璃是用光刻胶黏合在一起的。图 8.12 是实验纳米磁流体的微观照片以及注入了浓度为 0.157%磁流体的波导的照片。

研究磁流体的磁场装置采用的是电磁铁形式磁场，实验中的磁场采用 6cm×6cm E 形矽钢片，漆包线直径为 0.5mm，在 3cm×3cm×5cm 塑料骨架上绕 500 匝，共绕制 2 个，组合而成一个电控磁场。这种电磁铁提供的磁场大(120mT)、均匀性好，但缺点是磁场的开关性差，开关时间实测约为 100ms。实验研究中磁场探测所用仪器为 HT100G 型高斯计，为了尽量探测到波导入射光点的磁场强度，将高斯计探头上的霍尔元件加以改造。把 HT100G 型高斯计磁场探头的霍尔元件贴于样品盒镀金较厚的一面玻璃上，其位置与入射激光点处于同一高度，这样所测磁场基本上与光反射点处的磁场相同。图 8.13 为磁场探头经改造后贴于样品盒的照片。

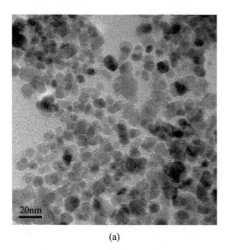
(a)

(b)

图 8.12　(a)纳米磁流体微观照片；(b)注入了浓度为 0.157%磁流体的实物图

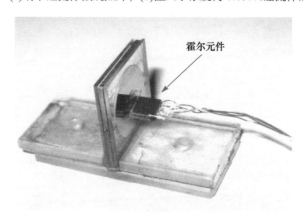

图 8.13　固定在样品盒上的霍尔元件

　　图 8.14 是实验光路装置的示意图，磁流体样品盒放在上下两个电磁铁构成的磁场之间，外加磁场方向沿垂直方向或者水平方向从侧面施加到波导上。对于浓度为 0.158%的磁流体，由于波长为 650nm 的光吸收较大，因此采用波长为 860nm TE 偏振的激光入射到样品盒上，偏振光方向与磁场平行。波导入射光光斑位置与图 8.13 设置好的磁场探测的霍尔元件等高。调节线圈中的电流，使得磁感应强度发生相应的变化。

　　利用上文描述的实验装置，我们针对磁流体和超高阶导模总共开展了三方面的实验：①利用超高阶导模探测磁流体对外磁场的响应时间；②外磁场与模场共同作用对磁流体折射率的影响；③导模场对磁流体的光俘获作用。

　　实验一：磁流体对外磁场的响应时间。

　　将一个均匀磁场沿水平方向从波导的侧面施加在波导内部，波长为 850nm 的

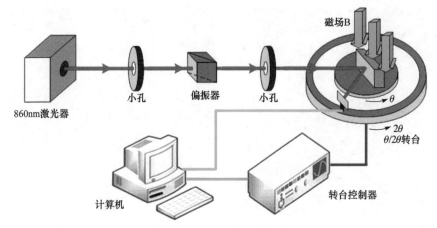

图 8.14　　实验光路装置示意图

入射激光从波导的正面直接照射来激发超高阶导模，其模式为 TM 偏振。调制磁场，通过实时监测波导的反射率的变化来研究磁流体对外磁场的响应时间。图 8.15 给出了随时间变化的磁场以及对应的归一化反射率的变化 $R(t)/R_0$ (R_0 是没有施加磁场时的反射率)。实验中的入射角度为 3.67°，它对应某一共振吸收峰的上升沿的中点位置。图 8.15(a)显示了当施加 125Oe 的磁场以后，反射率在小于 1.2ms 的时间段内降低到一个比较低的水平；相对地，在关闭磁场的时候，反射率在小于 0.9ms 的时间段内恢复到 R_0 的高度。当延长磁场的施加时间时，如图 8.15(b)中磁场施加的时间延长到 4s 左右，反射光的折射率并没有发生太大的变化，这说明磁流体对外磁场的响应在毫秒量级的时间段内已经完成。这一响应时间比文献[42]中报道的响应时间缩短了 3 个数量级，这可能是由于磁流体并不是单纯地位于外磁场的作用下，它始终受到超高阶导模的模场作用，而这种光和物质的相互作用可能更有利于磁流体对磁场做出反应。为了证实这一点，我们只需要用会聚激光替代原先的准直激光，而会聚激光会在波导内同时激发若干个模式，这些周期不同的模式最终形成了均匀的光场强度分布，可以抵消光场对磁流体的作用。图 8.15(c)给出了相关的实验结果，我们发现磁流体对外磁场的响应时间，尤其是对外磁场的上升沿的响应时间增加到了秒的量级。该实验表明，单一超高阶导模的周期性模场对磁流体的作用加快了磁流体对外磁场的响应速度。

从磁场改变的时刻到磁流体开始响应的时刻之间的时间段又被称为"阻滞时间"(retarding time)，由于图 8.15 所表现的响应时间甚至小于文献[43]中报道的阻滞时间，我们进一步开展了导模作用下的磁流体阻滞时间的研究。为了清楚地观察到该效应，将外加磁场脉冲的时间缩短至 1ms。由图 8.16 可知，波导随时间变化的反射率也表现出了阻滞效应。这次所选择的实验角度是某一共振吸收峰下降沿的中点位置，因此反射率的变化与磁场的变化同号。实验结果表明，在开启磁

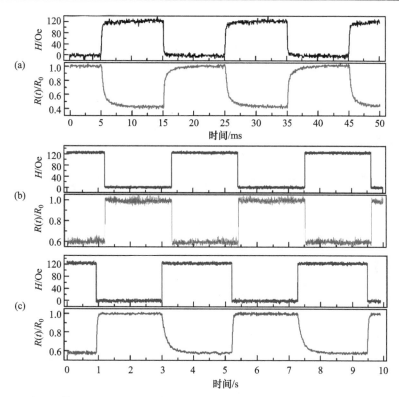

图 8.15　含磁流体的双面金属包覆波导在周期性变化的外磁场作用下的反射率变化情况
$R(t)/R_0$：(a)外磁场 H 的调制周期为 20ms；(b)外磁场 H 的调制周期为 4s；(c)外磁场的调制周期为 4s，并且原先的准直激光光源被会聚激光光源代替以便同时激发多个导模

场的时刻，阻滞时间大约为 0.06ms，而在关闭磁场的时刻，阻滞时间大概仅为 0.01ms。两个阻滞时间都比已报道的单层磁流体薄膜的阻滞时间提高了约 2 个数量级。

　　上述实验证明，在超高阶导模激发的条件下，由于波导模场与磁流体之间的相互作用，磁流体对外磁场的响应时间和阻滞时间都大大缩短了，这一发现有可能在研发磁流体相关的光学器件中有重要的应用。

　　实验二：外磁场和模场共同作用下磁流体折射率的变化。

　　实验一中的波导反射率之所以发生变化，可以解释为磁流体的折射率在光场和外加磁场的共同作用下发生了变化。实验一中使用 TM 偏振的光源激发超高阶导模，而磁场的方向与偏振方向一致，见图 8.17。此外，在保证光的偏振状态不变的情况下，可以改变外加磁场的方向，使得外加磁场方向与偏振方向相互垂直，我们发现两种不同的施加外磁场的方法会导致波导的反射率发生相反的变化，即磁流体的折射率变化与外磁场和光场之间的夹角有关。图 8.18 给出了外磁场与

TM 偏振相互垂直时的实验结果。

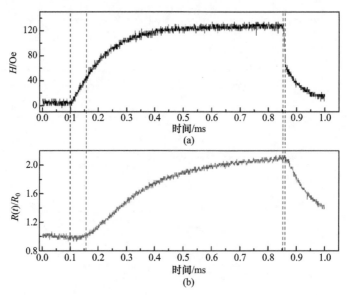

图 8.16　磁场脉冲随时间变化的波形(a)和波导的反射率(b)

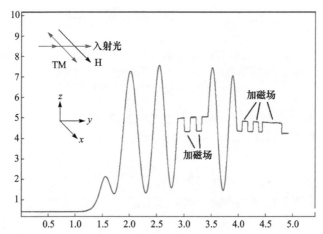

图 8.17　外加磁场与 TM 偏振光的偏振方向平行时，施加磁场导致上升沿和
下降沿的反射率的变化

总结图 8.17 和图 8.18 的实验规律，可以得到以下两个结论。

(1) 当 TM 光的偏振方向与外磁场平行时，将 ATR 曲线工作点选择在上升沿，则加入磁场，波导的反射光强减小；反之，将 ATR 曲线工作点选在下降沿时，波导的反射光强在外加磁场作用下增大。简单地说，当 TM 光偏振方向与外磁场方向平行时，磁流体的折射率增大。

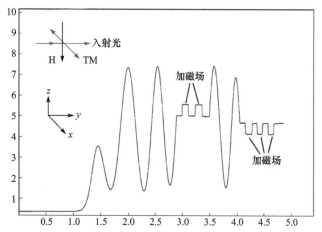

图 8.18 外加磁场与 TM 偏振光的偏振方向垂直时，施加磁场导致上升沿和
下降沿的反射率的变化

(2) 当 TM 光的偏振方向与外磁场垂直时，将 ATR 曲线工作点选择在上升沿，则加入磁场，波导的反射光强增大；反之，将 ATR 曲线工作点选在下升沿时，波导的反射光强在外磁场作用下减小。简单地说，当 TM 光的偏振方向与外磁场方向垂直时，磁流体的折射率减小。上述结论还可以用图 8.19 来表示。

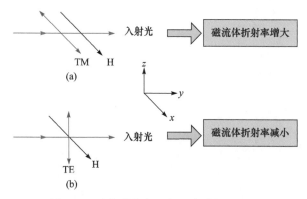

图 8.19 光的偏振与磁场的角度关系结论

基于上述讨论，当 TM 光的偏振方向与磁场垂直或平行时，会导致磁流体折射率发生相反的变化，如果选择两者之间的合适夹角，就有可能抵消外磁场对磁流体折射率的影响。实验 ATR 曲线如图 8.20 所示，由图可见，当施加外磁场时，在测量范围内波导的反射率几乎不发生变化，即磁流体的折射率不发生改变。实验测得这个夹角大约为 46°。

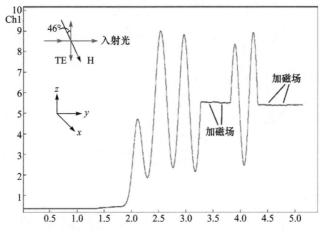

图 8.20　光的偏振与磁场交角为 46°时与磁流体折射率不变

实验三：超高阶导模对磁流体的光俘获。

在前面两个实验中已经暗示了超高阶导模本身也会对磁流体产生影响，这是由于超高阶导模为振荡模式，且由于波导的场增强效应，导模的能量密度非常高。第 4 章中给出了关于场增强效应的说明，这里简单说明如下，见图 8.21。

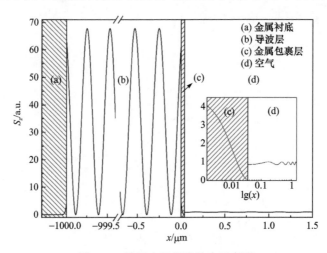

图 8.21　波导中场增强效应示意图

图 8.21 中将入射光的模场进行了归一化，由此可以看出在导波层中计算得到的坡印亭矢量大约是入射光的 70 倍。如此高的场强足以使超高阶导模对磁流体中的一些金属粒子产生影响，利用超高阶导模对大量粒子进行光俘获也是可能的。

为了证明上述结论，在不施加外加磁场的基础上，实验发现反射光的强度会随着开关激光器的简单操作而发生变化。实验流程如下：首先进行波导反射率的

角度扫描，然后将入射角固定在某一个共振吸收峰的上升沿或下降沿的中点
(图 8.22 中为上升沿的中点 *A*)。停止角度扫描以后，反射率不再发生变化，形成
了图 8.22 中的 *AB* 段。接着，关闭激光器，过一会再一次打开激光器，发现打开
的瞬间反射光的强度位于 *C* 点，即小于关闭之前的强度。随着激光的持续照射，
反射光的强度逐渐增加，最后回到关闭前的强度，这个反射光强度上升的过程形
成了图 8.22 中的 *CB* 段。重复上述过程，并且逐渐延长关闭激光器的时间，可以
发现开启瞬间 *C* 点的高度越来越低，而且回复到 *B* 点的时间间隔也越来越长。

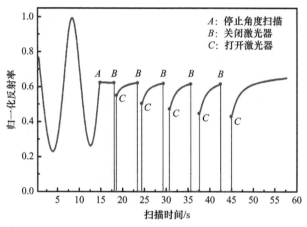

图 8.22　波导中磁流体光俘获实验

　　这个过程的物理机制可以用图 8.23 来表示，(a)对应磁流体没有导模光场的
作用，纳米磁性颗粒位置随机分布，即磁流体未被光俘获，磁流体折射率为 *n*；
(b)表示有导模光场作用时纳米磁性颗粒逐渐成链；(c)表示导波光作用一段时间，
纳米磁性颗粒成链。值得指出的是，此时磁流体虽已经成链，但是其磁极并未按
照南北极连接。而在实验一中，外加磁场之所以还会引起折射率的变化，可能就
是由于磁极在外磁场作用下进一步调整；而由于磁链已经形成，所以磁流体对外

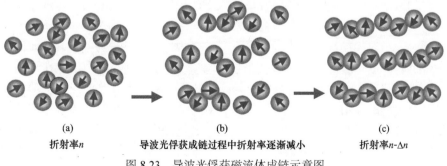

图 8.23　导波光俘获磁流体成链示意图

磁场的响应时间大大缩短。实验中利用光闸门控制 860nm 激光束的通光时间的长短，检测波导反射光变化。我们研究了光俘获磁流体的自组装成链时间特性，发现导波光俘获磁流体的自组装成链时间在秒的数量级。

图 8.24 所示为磁流体在导波光作用下自组装成链时折射率的变化情况。从图可看出，这个过程是折射率逐渐减小，其自组装成链稳定时间约为 10s。通过实验发现，在导波光俘获现象中，将 860nm 激光改变为 TM 偏振，对此没有影响。

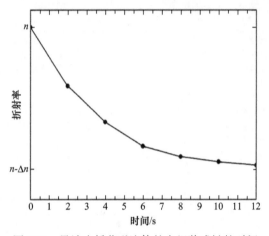

图 8.24　导波光俘获磁流体的自组装成链的时间

综上所述，我们开展了关于超高阶导模作用于磁流体上的相关实验，发现超高阶导模的场增强效应使得光场有足够的强度直接作用于胶体中的纳米金属粒子上，并且光俘获了它。这一现象的发现使得我们进一步开展有关利用超高阶导模对微纳米粒子进行批量光俘获的实验。

8.2.2　超高阶导模组装二氧化硅微球

本节开始讨论超高阶导模的模场对二氧化硅微球的光俘获作用。为了能够直接观察到微观粒子在超高阶导模模场作用下的形貌，必须设法在超高阶导模持续作用的条件下将胶体内的水分蒸发，留下粒子的规则微结构。但是在这之前，我们必须进一步讨论超高阶导模的模场在导波层内部的实际分布情况。在前面的章节中，我们不止一次提到实际的双面金属包覆波导中，超高阶导模存在模间耦合和模内耦合两种耦合机制，这背后的物理根源是金属薄膜和其他结构上的自然不平整度对模场的散射效应。这两种耦合机制的发现源于我们在实验中观察到双面金属包覆波导在小角度激发时的散射光斑[44]，见图 8.25。在观察屏上，除了由几何光学所预言的反射光斑之外，还出现了一系列的同心圆环状的光环，这说明超高阶导模是以一系列的同轴光锥的形式从波导结构中泄漏出来的，但是这明显与传统的波导理论相违背，因为即使考虑了入射光是一个高斯光束，也不可能一下子激发出如此众多的具有不同传播常数和传播方向的导模。鉴于超高阶导模的模式密度非常高，相邻的模式之间的传播常数的差异很小，易发生模式间的耦合现象。

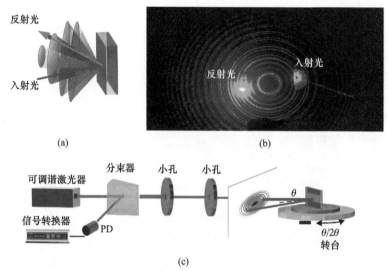

图 8.25 (a)超高阶导模以一系列同心圆锥状散射光的形式沿垂直于波导表面的方向泄漏；
(b)实验结果图；(c)实验装置图

我们把超高阶导模模式之间的耦合分成两大类：第一类是改变了传播常数的方向，使得某一阶超高阶导模形成了一个圆环向外泄漏，称为模内耦合，因为这种耦合不会改变模式的序数；第二类是改变了模式的序数，从而形成了不同的圆环，因此称为模间耦合。从导模的泄漏情况可以推导出导模在导波层内部的空间分布情况。在垂直于波导表面的方向，超高阶导模是振荡场，因此场强是振荡分布，在平行于波导表面的平面内，由于不同模阶序数和传输方向的超高阶导模的激发，因此场强的分布应该也是某种同心圆环形的，见图 8.26。

利用超高阶导模的模场的空间分布模型，并且根据光镊效应的原理，可以设想溶液中的粒子在这种模场的作用下会形成类似的分布，如图 8.26(c)所示。但是在实验中，超高阶导模场必须很好地维持，而粒子也处在溶液内部，因此很难利用扫描电镜等对波导内的微观形貌进行直接观察。因此，我们设想使用第二束激光作为探测光，通过它的散射效应来检验确实存在同心圆环状的粒子分布，图 8.27 给出了相应的实验结果。这种结果非常接近一束激光打在光盘上的散射图样，因此证明了胶体内的粒子确实在超高阶导模作用下排列成同心圆环状。实验中所用的样品为金纳米粒子溶液。

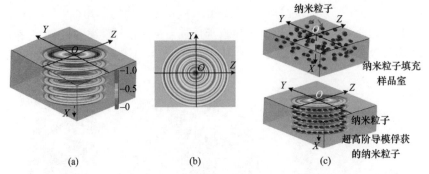

图 8.26　(a)导波层内部超高阶导模场的空间分布示意图；(b)平行于波导片表面的模场分布图；
(c)被超高阶导模所俘获的粒子的分布示意图

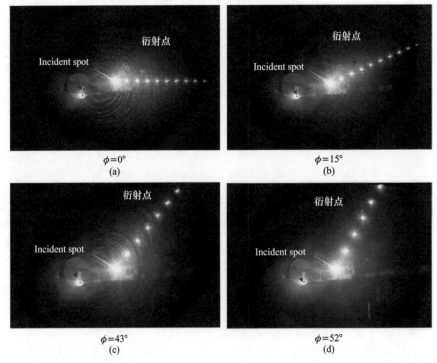

图 8.27　473nm 的探测激光在不同的角度被俘获的粒子所散射的图样的实验结果

　　为了获得更加直接的实验结果，我们将波导水平放置，在小角度下激发超高阶导模之后，维持光路不变，等待胶体中的水分挥发完毕。将波导基片放置到扫描电子显微镜下进行观察，获得如图 8.28 所示的实验结果，这直接证明了超高阶导模可以俘获纳米粒子，并且排列成规则同心圆环状[45]。

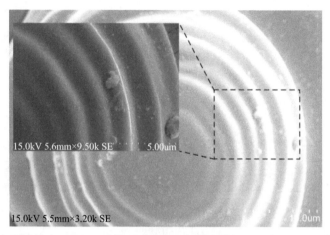

图 8.28　金属包覆波导水平放置，激光近乎垂直入射激发模场，金纳米颗粒最终形成规则同心圆环图样

除了圆环状结构以外，我们可以改变实验条件，利用超高阶导模将微纳米粒子组装成其他结构，得到如图 8.29 所展示的实验结果[46]。

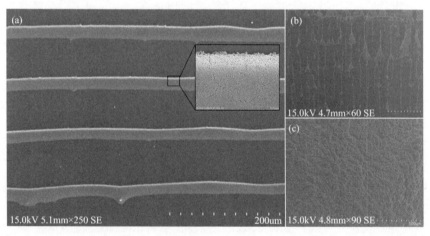

图 8.29　(a)利用双面金属包覆波导结构的高阶模俘获并且将二氧化硅小球组装成呈规则的水平排列；(b)在重力场作用下，二氧化硅小球的排列图案；(c)在无外力作用下二氧化硅小球排列的图案

图 8.29(a)的实验条件如下，波导片垂直放置，并且入射面是与试验台相互垂直的平面，激发角度是大角度，实验样品是二氧化硅微球。从实验结果中我们观察到了一条条水平分布的粒子排列图样，并且从放大图中可以看到，在水平条纹内，粒子呈现密堆积状态，上下大于 3 层，而在条纹之外，几乎找不到粒子。为了分析上述现象的物理原因，我们做了两个对比试验，在图 8.29(b)中，波导片是

垂直放置的，但是没有任何激光照射，因此粒子在溶液自然挥发的状态下，在重力场的影响下挂在波导腔内壁上，我们看到了一系列不规则的竖直条纹；在图 8.29(c)中，波导片是水平放置的，此时重力场的影响可以忽略，实验结果表现出完全无序杂乱的状态。总之，在两个对比实验中没有出现水平条纹状的粒子组装结构，所得到的粒子排列图样与超高阶导模模场截然不同。

为了解释上述实验现象，我们利用有限元仿真的数值方法模拟了超高阶导模在样品腔内液体不断蒸发、液面改变的情况下场强分布的变化规律。图 8.30 中，(a)～(c)为一组模拟结果，(d)～(f)为另一组模拟结果。从(a)到(c)的液面连续降低，从(d)到(f)的液面也是连续降低。在所有的仿真中，入射角度都对应着某一个超高阶导模的激发角度。从图中可以看出，随着液面的不断降低，在液面附近的场强出现强弱交替的情况。这是由于耦合的超高阶导模向液面传输并且在液面位置发生了反射，形成了反向传输的导模。而两个传输方向相反的导模之间发生了干涉的现象，并且干涉条件随着液面的降低连续发生变化，因此液面处的干涉导致光强在相干增强和相干相消两种效应中连续变化。图 8.29(a)中的粒子排布，仅仅只和液面处的场强有关，当液面附近场强很大的时候，大量粒子被俘获到液面附近，随着液面的降低在波导内壁上留下粒子的密堆积条纹。当液面附近场强很小时，几乎没有粒子被俘获在液面附近，因此在波导壁上留下了几乎空白的区域。由此，我们成功地解释了图 8.29 所展示的实验现象。

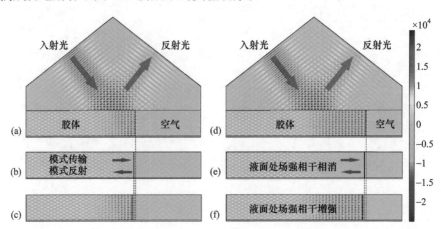

图 8.30　波导片垂直放置时，随着样品腔内液体的不断挥发，液面不断降低，超高阶导模交替出现耦合、不耦合的状况的有限元仿真结果

本节展示了超高阶导模对金属纳米粒子和二氧化硅微球的光俘获作用，并且展示了在不同的实验条件下可以将这些粒子组装成不同的微观结构。

8.3　超高阶导模用于拉曼效应的增强

拉曼光谱是分子的"名片"，可用来鉴别物质，定性和定量地分析样品。然而，传统的拉曼信号十分微弱，仅为激发光强的 $10^{-6} \sim 10^{-8}$。1974 年，Fleischmann 等将拉曼活性的吡啶分子吸附到粗糙的银电极表面，从而发现了表面拉曼增强 (SERS)效应。它主要利用金属纳米结构表面的局域电磁场增强特性来提高样品分子的拉曼散射信号。目前，SERS 被广泛用于生物、临床化学和环境检测等，尤其在无损和单分子检测领域发挥了重要作用。它是迄今所公认的最常用、最有效和最灵敏的拉曼光谱检测技术。

SERS 的增强机制包括电磁场增强和化学增强。电磁场增强源于局域表面等离子共振(LSPR)；化学增强源于样品分子与贵金属表面的相互作用。目前的 SERS 基底主要分成两类：①金属溶胶，比如银或金纳米颗粒的水溶液；②平面基底上的金属纳米微结构。前一种基底常被用于水溶液样品分子的探测。然而，布朗运动的随机性和金银纳米颗粒的团聚效应会产生不稳定、不可控制和不可重复等问题。后一种基底通常利用电子束刻蚀(EBL)或金属纳米颗粒自组装法来制备。EBL 成本高，制备周期很长；自组装是目前应用广泛的方法。

利用双面金属包覆波导结构来增强拉曼散射效应的设想主要源于超高阶导模的以下几个特性。

(a) 可用自由空间耦合技术，这也说明超高阶导模是一种泄漏模。

(b) 当本征损耗与辐射损耗相等时，入射能量可以完全耦合，导模的坡印亭矢量比入射光提高了两个数量级，又称为场增强效应。

(c) 超高阶导模的模式密度大，相邻模式之间传播常数的差异小，这促使不同模式之间的能量得以耦合。

基于上述讨论，我们开展了若干个有关拉曼增强的实验。最简单做法就是利用超高阶导模直接进行拉曼增强的实验。因此，第一个实验采用了图 8.31 所示的实验装置，通过会聚光束来同时激发若干个超高阶导模的模场，并以此来获得拉曼散射效应的增强。采用会聚激光而不是准直激光的原因有两个：①采用垂直入射的方式激发导模，无须角度调制，可以简化实验光路；②拉曼增强只取决于样品腔内的模场强度，与模场的空间结构无关，因此采用会聚激光同时激发若干个超高阶导模，一方面可以进一步提高模场强度，另一方面可以使样品腔内不存在暗区。图 8.32 给出了超高阶导模在耦合和不耦合两种条件下的模场与入射场的对比情况。

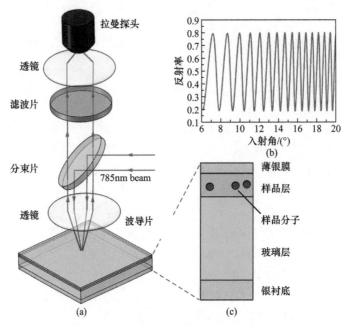

图 8.31　(a)利用双面金属包覆波导增强拉曼散射的实验装置图；(b)双面金属包覆波导反射谱线的实验结果；(c)双面金属包覆波导的结构图

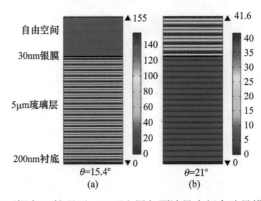

图 8.32　在耦合(a)与不耦合(b)情况下，双面金属包覆波导内超高阶导模强度分布的有限元仿真，其中入射场的强度是恒定的

　　第一个实验结果如图 8.33 所示[47]。实验流程简述如下。首先将 200μL 的 CV(crystal violet)溶液旋涂在 0.17mm 厚的玻璃平板上，之后我们加工了三种不同的波导结构：第一种是在玻璃板上层镀薄的纳米银膜作为耦合层，接着在玻璃板底部镀厚的纳米银膜作为衬底，形成一个金属/样品/介质/金属结构；第二种是仅仅加工耦合层；第三种我们仅仅加工衬底。我们利用上述三种波导结构与没有任何金属膜的玻璃板进行拉曼散射的实验。

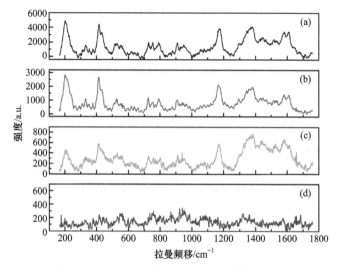

图 8.33　四种不同结构的 CV 拉曼散射实验
(a)金属/样品/介质/金属结构；(b)金属/样品/介质结构；(c)样品/介质/金属结构；(d)样品/介质结构

　　上述实验充分证明了：设计合适的波导结构，利用波导的场增强效应就可增强拉曼信号。在图 8.31(c)中，被测样品是添加在 PMMA 层中的，因此我们想到，通过改变 PMMA 层的厚度，可以对超高阶导模的激发进行有效的调制，为此我们首先进行了数值仿真，仿真结果如图 8.34 所示。从图中可以看到，当改变 PMMA 层的厚度时，同样在导模激发的条件下，超高阶导模场的强度可以保持稳定，但是超高阶导模的结点有所改变。同时，改变了 PMMA 层的厚度可以改变模场与被测样品的作用长度。

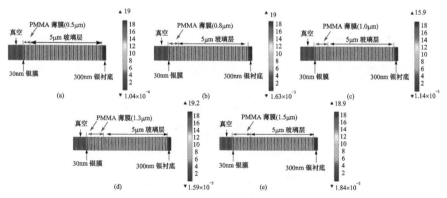

图 8.34　通过改变 PMMA 层厚度可以有效改变超高阶导模与样品的作用长度

　　利用改变 PMMA 层厚度的方法对拉曼散射信号进行有效调制的实验结果如图 8.35 所示，实验证明了改变波导的结构参数，可以成功实现调制。

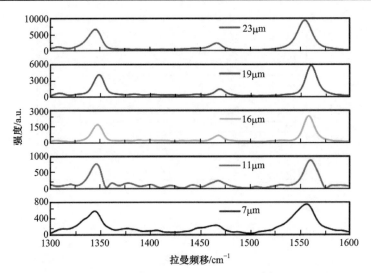

图 8.35　CuPc 的拉曼散射谱线随 PMMA 厚度的改变而调制

五个实验样品的 PMMA 厚度依次为 7μm, 11μm, 16μm, 19μm, 23μm

　　为了使波导模场增强拉曼散射这一设想具有实际应用价值, 在第二个实验中我们开展了将导模共振与 SERS 技术相互结合的实验研究[48]。首先, 我们设计了如图 8.36 所示的实验装置, 通过将样品和含金属纳米颗粒的混合溶液注入波导内部, 利用导模场激发金属纳米颗粒的局域表面等离子共振, 再来激发样品的拉曼散射信号的方法, 获得比较强的拉曼增强效应。图 8.36 中的有限元数值仿真结果证明了这种设想。由图可见, 超高阶导模激发了金属纳米粒子上的局域表面等离子体共振效应, 使得粒子边缘的场强极大地增强, 这就是利用超高阶导模来更加有效地形成 SERS 所需的热点(hot spot)。

　　图 8.37 和图 8.38 给出了相应的实验结果。其中图 8.37 还是不同波导结构对拉曼散射效应增强的实验对比, 并没有添加金属纳米粒子, 实验结果进一步展示了双面金属包覆波导结构的优势。在没有任何金属层的结构中, 拉曼信号十分微

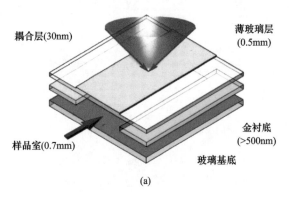

(a)

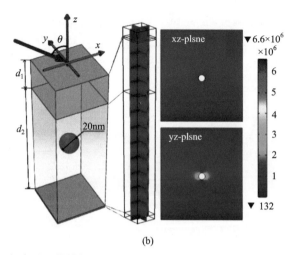

(b)

图 8.36　利用超高阶导模模场激发金属纳米粒子的局域表面等离子场的有限元仿真

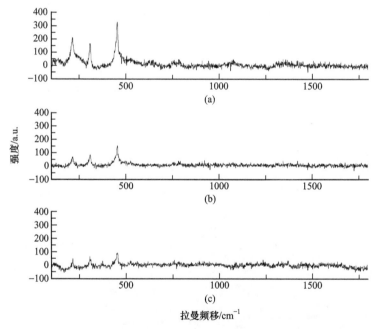

图 8.37　三种不同的波导结构中 CCL$_4$ 的拉曼信号增强的实验结果

(a)~(c): 双面金属包覆波导结构、单面金属波导结构、全介质波导结构

弱，而在单面金属包覆波导结构中，拉曼信号有所增强，在双面金属包覆波导中，拉曼信号得到了最大的增强。

在图 8.38 中，我们比较了同时含有双面金属包覆波导和银纳米粒子及仅仅含有银纳米粒子的两种情况，并且选取了拉曼散射信号比较弱的 CV 作为被测样品。

实验结果证明，当仅仅存在银纳米粒子时，无法检测到 CV 的散射信号，而当波导结构和银纳米粒子同时存在时，可以获得明显的拉曼散射信号。这说明有了超高阶导模的辅助，SERS 的灵敏度进一步得到增强。

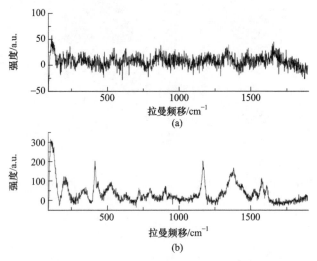

图 8.38　CV 样品在存在金属纳米粒子情况下，在两种波导结构中的拉曼增强

(a)介质波导结构加银纳米粒子；(b)双面金属包覆波导结构加银纳米粒子

最后为了充分发挥波导结构重复性高，易于调节的优点，我们还提出了一种双腔双面金属包覆波导结构[49]，如图 8.39 所示，它由三层金属和两层介质组成，其中一层介质是玻璃层，另一层介质是注入样品腔内的样品。

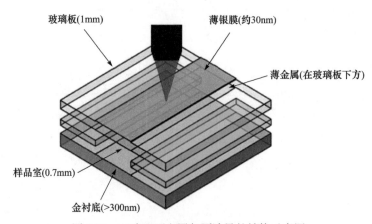

图 8.39　双腔双面金属包覆波导的结构示意图

这种波导结构的工作原理是：它的两个腔内部的超高阶导模存在竞争机制，即场强会集中在折射率较高的那一方，这样可以使用玻璃介质作为基准，而液体

腔内溶液的不同折射率会导致被测样品所接触的场强强度发生变化。因此，可以改变被测样品所处的折射率环境来对拉曼信号进行有效调节。图 8.40 给出了上述原理基于转移矩阵方法的数值仿真结果。

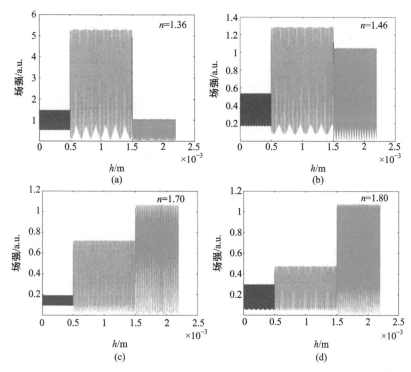

图 8.40　基于转移矩阵方法的超高阶导模在不同样品浓度下的场强空间分布的数值仿真结果

图 8.41 和图 8.42 是用双腔金属包覆波导所进行的实验测试的结果，其中图 8.41 是对不同溶液本身的拉曼散射信号进行测量，可以看到高折射率的溶液的拉曼散射效应更强。这与上面的数值仿真结果是吻合的，即双腔双面金属包覆波导会将场强更多地分配在折射率高的区域。而图 8.42 是将 CV 样品混合在不同的溶液中进行拉曼散射的测试结果。从图中可以看到，CV 样品的特征峰 $1172cm^{-1}$ 仅在两种高折射率的溶液中才被测量出来，而在两种低折射率溶液中无法观察到明显的拉曼散射信号。

本节讨论了超高阶导模在拉曼增强领域内的应用，首先介绍了超高阶导模本身的拉曼增强效果，接着介绍了超高阶导模结合 SERS 技术的相关研究，最后介绍了一种双腔双面金属包覆波导结构的特性。

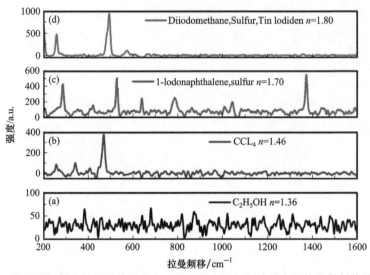

图 8.41　四种不同折射率的纯液体样品在双腔双面金属包覆波导中的拉曼散射信号实验结果

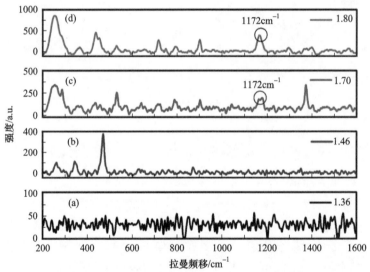

图 8.42　CV 样品在四种液体环境下的拉曼散射信号，只有前两种折射率高的液体样品中可以观察到 CV 的拉曼散射信号

8.4　超高阶导模用于低阈值染料激光的激发

本节将介绍超高阶导模用于染料激光激发的实验研究，这部分工作主要由戴海浪博士完成[50]。实验中产生染料激光的样品为 R6G 和亚甲基蓝两种物质。我们发现利用超高阶导模可以极大地降低产生染料激光的阈值，其中两种染料激光

·的阈值都在 $2\mu W/cm^2$ 左右。

首先，图 8.43 给出了导模激发的低阈值染料激光的实验结果，可以看到波长为 473nm 的蓝色激光激发的导模与 R6G 作用后，产生了 570nm 的红色染料激光。从图 8.43(a)中可以看到，泵浦光在激发超高阶导模以后形成了蓝色的同心圆环，而产生的染料激光则形成了红色的同心圆环。为了区别，我们将产生蓝色圆环的泵浦激光称为反射圆锥，而产生红色圆环的染料激光称为激光圆锥。由图可见，反射圆锥和激光圆锥之间有一定的错位，这背后的原因绘制于图 8.43(b)之中，我们猜想导模激发的主要位置和产生染料激光的主要位置之间存在一定的横向位移(transverse shift)。从图 8.43(c)、(d)可知，染料激光对应的波长为 570nm，其阈值为 $2\mu W/cm^2$。

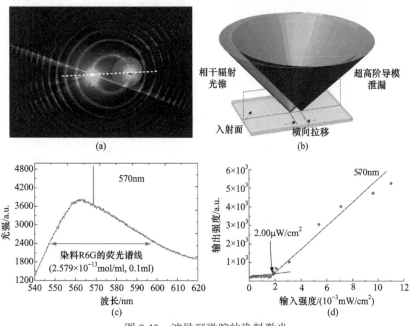

图 8.43　波导型微腔的染料激光

(a)小角度激发超高阶导模的反射圆环(蓝色)和染料激光辐射形成的圆环(红色)；(b)反射圆锥和激光圆锥的示意图；
(c)染料 R6G 的荧光谱线，其中激光波长为 570nm；(d)R6G 染料激光的阈值

图 8.44 是对亚甲基蓝进行实验的结果，从谱线中可以看到超高阶导模成功地激发了两条染料激光。实验中，我们改变超高阶导模的激发条件，改变超高阶导模的耦合效率，而染料激光的谱线也随之发生变化。图中，入射角为 5.6°时对应某一超高阶导模的共振吸收峰的位置，而角度变为 6.2°时，导模的耦合效率已经很低了。实验表明，染料激光的强度与超高阶导模的耦合效率是关联的。因此，我们可以通过改变超高阶导模的耦合条件来调制染料激光的强度。图 8.44 还表明，染料激光激发的过程对染料本身的荧光效应存在抑制作用。

超高阶导模的场增强效应在染料激光的激发中得到了充分体现，与通常采用

脉冲激光作为泵浦源不同，我们的实验中使用连续激光作为泵浦源，并且产生了连续的染料激光。关于亚甲基蓝染料激光阈值的实验结果绘制在图 8.45 中。从图中可以看到，基于超高阶导模共振的亚甲基蓝染料激光的阈值仅为 $2.1\mu W/cm^2$。

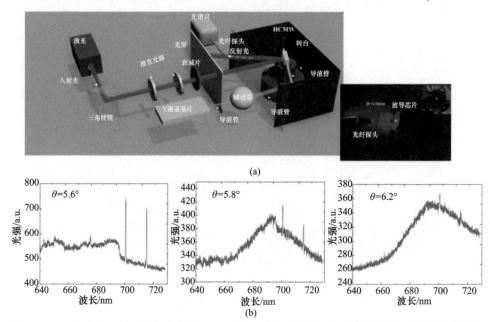

图 8.44　(a)实验装置原理图和实物图；(b)亚甲基蓝在不同耦合角度所测量得到的染料激光的谱线，从左到右，超高阶导模的耦合效率依次降低

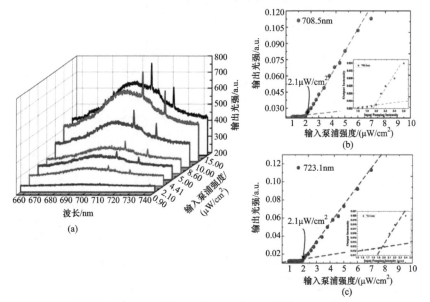

图 8.45　低阈值亚甲基蓝染料激光的阈值测试实验结果

综上所示，本节主要讨论了超高阶导模在激发染料激光方面的应用，其主要优势表现在利用连续的泵浦光源就可以产生连续出射的染料激光，并且极大地降低了泵浦光的阈值。

8.5 本 章 小 结

本章主要讨论了超高阶导模在若干领域中的应用，包括慢光、光操控、拉曼增强和染料激光等领域。当然，超高阶导模的应用远不止这些，目前课题组还在开展超高阶导模在超分辨(光刻)、白激光、非线性等领域的研究，相信超高阶导模的优异特性还会带来更多既具有学术研究价值，又具有实际应用价值的成果。

参 考 文 献

[1] Gauthier D. Slow light brings faster communications. Physics World, 2005, 18: 30-32.

[2] 庞松涛. 光纤中慢光效应的研究. 天津大学硕士学位论文, 2009.

[3] 王东伟. 基于 Bragg 掺铒光纤光栅慢光效应的研究. 吉林大学硕士学位论文, 2010.

[4] Boyd R W, Gauthier D J, Gaeta A L. Applications of slow light in telecommunications. Optics and Photonics News, 2006, 17: 18-23.

[5] 钱楷. 光纤中群速度调控的研究. 上海交通大学博士学位论文, 2011.

[6] 刘宇. 光纤中受激布里渊散射慢光及脉冲失真管理研究. 中国科学院西安光学精密机械研究硕士学位论文, 2008.

[7] 孙中亮. 基于光纤受激布里渊散射的慢光研究. 北京交通大学硕士学位论文, 2008.

[8] Khurgin J B, Tucker R S. Slow light: science and applications. CRC, 2008.

[9] Lorentz L. Ueber die refractionsconstante. Ann. Phys. Chem., 1880, 247(9): 70-103.

[10] Pierce J R. Traveling-wave tubes. Bell System Technical Journal, 1950, 29: 6-19.

[11] Basov N G, Ambartsumyan R V, Zuev V S, et al. Propagation velocity of an intense light pulse in a medium with inverse population. Soviet Physics Doklady, 1966, 10: 1039.

[12] Casperson L, Yariv A. Pulse propagation in a high-gain medium. Physical Review Letters, 1971, 26: 293-295.

[13] Hillman L W, Boyd R W, Krasinski J, et al.Observation of a spectral hole due to population oscillations in a homogeneously broadened optical absorption line. Optics Communications, 1983, 45: 416-419.

[14] Hau L V, Harris S E, Dutton Z, et al. Light speed reduction to 17 metres per second in an ultracold atomic gas. Nature, 1999, 397: 594-598.

[15] Lin S Y, Chow E, Johnson S G, et al. Demonstration of highly efficient waveguiding in a photonic crystal slab at the 1.5-μm wavelength. Optics Letters, 2000, 25: 1297-1299.

[16] Kocharovskaya O, Rostovtsev Y, Scully M O. Stopping light via hot atoms. Physical Review Letters, 2001, 86: 628-631.

[17] Song K Y, Herraez M G, Thevenaz L. Observation of pulse delaying and advancement in optical fibers using stimulated Brillouin scattering. Optics Express, 2005, 13: 82-88.

[18] Okawachi Y, Bigelow M S, Sharping J E, et al. Tunable all-optical delays via Brillouin slow light in an optical fiber. Physical Review Letters, 2005, 94: 153902.

[19] Sharping J, Okawachi Y, Gaeta A. Wide bandwidth slow light using a Raman fiber amplifier. Optics Express, 2005, 13: 6092-6098.

[20] Mork J, Kjer R, vanderPoel M, et al. Slow light in a semiconductor waveguide at gigahertz frequencies. Optics Express, 2005, 13: 8136-8145.

[21] Boyd R W, Gauthier D J. Controlling the velocity of light pulses. Science, 2009, 326: 1074-1077.

[22] 邢亮, 詹黎, 义理林, 等. 光纤中可控光速减慢技术研究的最新进展. 激光与光电子学进展, 2006, 16-21.

[23] 掌蕴东. 光速控制及器件的发展. 激光与光电子学进展, 2007, 492: 73-75.

[24] 义理林. 光分组交换网中的光信号处理技术研究. 上海交通大学博士学位论文, 2008.

[25] Shi Z, Boyd R W, Gauthier D J, et al. Enhancing the spectral sensitivity of interferometers using slow-light media. Optics Letters, 2007, 32: 915-917.

[26] Shi Z, Boyd R W, Camacho R M, et al. Slow-light fourier transform interferometer. Physical Review Letters, 2007, 99(24): 240801.

[27] Terrel M A, Digonnet M J F, Fan S H. Performance limitation of a coupled resonant optical waveguide gyroscope. Journal of Lightwave Technology, 2009, 27: 47-54.

[28] Leonhardt U, Piwnicki P. Ultrahigh sensitivity of slow-light gyroscope. Physical Review A, 2000, 62: 055801.

[29] Matsko A B, Savchenkov A A, Ilchenko V S, et al. Optical gyroscope with whispering gallery mode optical cavities. Optics Communications, 2004, 233: 107-112.

[30] 吕淑媛. 慢光技术及其在微光学陀螺中的应用. 西安邮电学院学报, 2009, 14: 29-31.

[31] Thevenaz L, Song K Y, Herrez M G. Time biasing due to the slow-light effect in distributed fiber-optic Brillouin sensors. Optics Letters, 2006, 31: 715.

[32] Zou L F, Bao X Y, Yang S Q, et al. Effect of Brillouin slow light on distributed Brillouin fiber sensors. Optics Letters, 2006, 31: 2698-2700.

[33] Kash M M, Sautenkov V A, Zibrov A S, et al. Ultraslow group velocity and enhanced nonlinear optical effects in a coherently driven hot atomic gas. Physical Review Letters, 1999, 82: 5229-5232.

[34] Thevenaz L. Slow and fast light in optical fibres. Nature Photonics, 2008, 2: 474-481.

[35] Soljacic M, Johnson S G, Fan S H, et al. Photonic-crystal slow-light enhancement of nonlinear phase sensitivity. Journal of the Optical Society of America B-Optical Physics, 2002, 19: 2052-2059.

[36] Bashkansky M, Dutton Z, Gulian A, et al. True-time delay steering of phased array radars using slow light. Proceedings of SPIE-The International Society for Optical Engineering 7226, 2009, DOI: 10. 1117/12. 816324.

[37] Wilson B. Account of Dr. Knight's method of making artificial Lodeston. Pbil. Tracsact, 1799,

480: 1779.

[38] Bitter F. On Inhomogeneities in the magnetization of ferromagnetic materials. Phys. Rev., 1931, 38:1903.

[39] Bitter F, Experiments on the nature of ferromagnetics. Phys. Rev., 1932, 41: 507.

[40] Papell S S, Low viscosity magnetic fluid obtained by colloidal suspensions of magnetic particles. 1965, DOI: 3215572A.

[41] 腾荣厚. 浅谈磁性液体. 粉末冶金工业, 2001, 11:48.

[42] Horng H, Chen C, Fang K, et al. Tunable optical switch using magnetic fluids. Appl. Phys. Lett., 2004, 85: 5592

[43] Yang S, Hsiao Y, Huang Y, et al. Retarded response of the optical transmittance through a magnetic fluid film under switching-on/off external magnetic fields, J. Magn. Magn. Mater.,2004, 281(1):48-52.

[44] Dai H, Cao Z, Wang Y, et al. Concentric circular grating generated by the patterning trapping of nanoparticles in an optofluidic chip. Scientific Reports, 2016, 6: 32018.

[45] Kan X, Yin C, Xu T, et al. Angular-modulated spatial distribution of ultrahigh-order modes assisted by random scattering. CPB, 2017, 26(11): 114210.

[46] Xu T, Yin C, Kan X, et al. Drying-mediated optical assembly of silica spheres in a symmetrical metallic waveguide structure. Opt. Lett., 2017, 42(15): 2960.

[47] Xu T, Huang L, Yin C, et al. Enhanced Raman scattering assisted by ultrahigh order modes of the double metal cladding waveguide. Appl. Phys. Lett., 2014, 105: 163703.

[48] Yin C, Lu Y, Xu T, et al. Enhanced Raman scattering based on fabryperot like resonance in a metalcladding waveguide. J. Raman Spectr., 2016, 47: 560-564.

[49] Xu T, Lu Y, Li J F, et al. Enhanced Raman spectroscopy by a double cavity metal-cladding waveguide. Appl. Opt.,2017, 56(1): 115.

[50] Dai H, Jiang B, Yin C, et al. Ultralow-threshold continuous-wave lasing assisted by a metallic optofluidic cavity exploiting continuous pump. Opt. Lett., 2018, 43(4): 847.